第9版

物理学実験

名古屋工業大学 物理学教室 編

学術図書出版社

も く じ

付録A　実験機器の使用法

付録B　測定値の解析方法

付録C　付　　表

I

実験の手引

§1　物理学実験の目的

自然科学では，理論と実験によって自然の法則を見出す．理論は主に数学的手法で自然の普遍的法則性を追求する．法則が確立される過程で実験が担っている役割には2つの側面がある．1つは，理論的な研究による新たな予測や仮説を実験で検証することであり，もう1つは，これまでの法則では予想できない新しい質の現象を，注意深い観察や精密な実験で発見し，より深い普遍的な法則性を理論的に追求する契機を与えることである．このように，理論と実験が交互に繰り返されながら科学は発展している．ここでいう実験とは，自然現象をそのまま受け身で観測することとは異なる．科学における実験的手法は，目的とする現象を意図的(しばしば人工的)に発生させその応答を選択的に観測することであり，このために工夫された実験装置，測定技術が必要となる．物理学の歴史のなかで，実験中に新事実が予測と異なる思わぬ発見としてなされることがしばしばある．極論すれば，物理学の歴史は思わぬ発見によって成り立っているともいえる．しかし，“思わぬ”といえども，これは予測あるいは仮説があってのことであり，この発見が，明確な目的意識をもって実験に臨んだ結果であることを忘れてはならない．

物理学実験の目的は，第一に物理的な事柄を自らが実験によって確かめ理解を深めることであり，教科書等で得られる抽象的な知識を具体化することである．本実験では，力学，熱力学，光学，電磁気学などで学ぶことを実験を通して体験する．第二には，実験ができるようになることである．「実験ができる」とは，実験を計画し，実行して報告書を作成するための測定技術および測定データの処理法を習得することを意味する．ここには基本的な目盛の読み方や装置の使い方をはじめ，ノートのとり方，図表の書き方など，実験を行うためのさまざまな能力を身につけることを含んでいる．第三は，実験を行う上での基本的姿勢を身につけることである．実験しようとする事象とそれに影響を及ぼす多くの事象との関係に細心の注意を払い，先入観なく現象を観測し，結果を細大漏らさず記録する実験者としての姿勢を，自らの素養として身につけることをめざしてほしい．

実験の性質や規模，あるいは装置の種類は将来進む方向によって当然異なってくるが，実験者がもつべき能力や姿勢は同じである．各専門分野での研究実験に十分対応できる基礎的な実験を行う力と，実験者としての基本的姿勢を，この物理学実験によって身につけられることを期待する．

§2 実験の手順

2.1 事前の準備

(1) 準備するもの

物理学実験テキストと**筆記用具**のほかに次のものを使用する.

・**実験ノート**(A 4 判糸綴じ) レポート用紙やルースリーフを使用してはいけない.
・**検印表** ガイダンス時に配布する. 実験ノートの表紙裏にホッチキスで止めておく.
・**グラフ用紙** 1 mm 方眼, 片対数, 両対数グラフ用紙を使用する.
・**レポート用紙**(A 4 判) レポートを提出するときに使用する.
・**関数電卓** 実験データを処理するために, 関数機能をもった計算機を使用する.
・**各種定規** 表やグラフ作成のために, 直線定規, 自在定規, テンプレートを使用する.

(2) 予 習

実験の**目的**, **原理**, **実験方法**を理解し, 要点や疑問点などを実験ノートにまとめる. 測定時に必要な表などもあらかじめ準備しておくとよい.

2.2 実験の手順と注意

(1) 入 室

また実験装置を汚したり, 有害な薬品などを口に入れたりしないように, 実験室内での飲食は禁止されている.

各種連絡は実験室中央付近の掲示板上でおこなうので, 入室したら最初に確認する.

(2) 準 備

各自の**実験課題**と**実験班**は「12 C」というように割り当ててある.「12」は課題の番号で,「C」は実験班の番号である.

はじめに実験装置の簡単な組立や配線などをおこなう. 装置や器具をわかりやすく, 楽に測定ができるように配置する. 日当たり, 振動, 風, 人の往来なども測定に影響を与えることがあるので, それらについても考慮する. 実験を再現したり, 実験結果に与えた影響を検討したりできるように, 使用する装置や器具についても, ノートに記録する.

(3) 測 定

測定は**共同実験者**と協力し合っておこなう. 役割分担をしてもよいが, それぞれがより多くの経験をするように, 役割を交代しながら測定した方がよい. 共同実験者に迷惑をかけないためにも, 遅刻や欠席をしてはいけない.

測定は, どのような結果を求めるためのものであるか意識しながらおこない, まちがいや事故，けがなどがないように注意する．装置の故障など異常に気がついたときは，すぐに申し出る．

（4） 記　録

実験の記録を各自が実験ノートにとる．役割を分担したために共同実験者が記録したデータなどは，測定が終わってから書き写す．実験ノートのとり方，表のつくり方，グラフのつくり方については，27～31 ページを参照する．

（5） データ整理

実験時間内に測定データを整理し，実験結果をまとめて，検討課題について考察する．測定は共同実験者と協調しておこなうが，データ整理からは各自でおこなう．相談しながらおこなうと，まちがいに気がつかなかったり，考察するときの発想が狭くなったり，十分な学習にならなかったりしがちだからである．最後になってノートを見せ合い，相互にチェックするとよい．測定データの基本的な取り扱い方については「測定データの取り扱い」(13 ページ～) を参考にする．

（6） 報　告

実験が終了したら，ノートや作成したグラフなどを担当者に見せてチェックを受ける．合格と判断されると，ノートや検印表に検印が押される．不合格の場合には再測定が必要になることもあるので，検印を受けるまでは実験装置を片づけてはいけない．

（7） 退　室

電源を切るなどして実験装置を元の状態に戻し，次に使う人のことを考えて実験机の上を整理清掃する．次の実験課題など実験に関する連絡は掲示板上でおこなうので，最後に確認する．

2.3 実験レポート（報告書）の提出

指定された実験課題についてはレポートを提出する．レポート実験をおこなっている人には実験時間中にレポートの表紙が配布される．レポートは次回の実験開始時に実験室内に設置してある提出箱へ提出する．提出が遅れた場合は減点され，提出しない場合には単位がもらえない．レポートの内容に問題がある場合には再提出が求められる．再提出の期限などは返却されたレポートの表紙に記入されている．レポートの作成は「6.4 レポートの作成方法」(32 ページ～) を参考にする．

§3 物理量と単位

3.1 物 理 量

「一円硬貨の質量」,「試料の**温度**」などのように測定器で直接測定できる量や,「円柱の**体積**」のように測定器で測定した量から算出できて明確な**次元**をもっている量を**物理量**という. もう少し詳しく説明すると,「ある一円硬貨の質量を測定したところ 0.998 g であった」というとき,「その一円硬貨がもっている**質量**」が物理量であり, 0.998 g は物理量に対する**測定値**である. その一円硬貨を別の測定器で測定して 0.03520 oz (オンス) が得られたとすると, それも同じ物理量「その一円硬貨の質量」に対する測定値である. このようにいろいろな測定値が得られることはあっても,「その一円硬貨の質量」という物理量が変わるわけではない.

物理量があるのならば化学量もありそうに思えるが, 化学で扱うときも物理量という. 物理量は英語では physical quantity であって, 物理学と直接には関係がない.

物の「硬さ」,「光沢」などを量的に扱うことがあるが, これらの量は次元が明確ではないので物理量とはいわず**工業量**という. また「暖かさ」,「まぶしさ」など人が感じる量は**心理物理量**という. 心理物理量は物理量には比例しない.

物理学では, 質量や電荷はスカラー量で, 速度や力はベクトル量で表す. このように物理量は一般的にスカラー, ベクトルまたテンソルで表される. しかし**本実験** (このテキストに従っておこなう「物理学実験」をそのようによぶことにする) で求める量は物理量の大きさであるので, 本実験ではベクトルなどを意識する必要はない.

3.2 物理量と単位

「円柱の高さ」と「円柱の直径」という 2 つの物理量があるとき, どちらの物理量も「長さの次元をもっている」という. 同じ次元の物理量であれば,「円柱の高さは円柱の直径の 10.63 倍である」というように数量的に比較することができる. そのように, すべての物理量は, 同じ次元をもった任意の大きさの物理量を基準として選べば, その基準に対する倍率で数量的に表すことができる. このとき基準に選んだ量を**単位** (unit) という.

一般的に物理量は「円柱の高さ $h = 5.035\,\mathrm{mm}$」というような形で表されることが多い. ここで h は「円柱の高さ」という物理量を表すための**量記号**という記号である. 5.035 は倍率を表す数値で, mm は「1 mm (1 ミリメートル) という長さの単位」を表す**単位記号**である. 物理量がもっている値 (測定値など) は, 数値と単位記号を並べて書いて, 両者の積の形で表すことが決められている.

「円柱の高さ $h = 5.035\,\mathrm{mm}$」は, 単位を変えて「円柱の高さ $h = 5.035 \times 10^{-3}\,\mathrm{m}$」と書くこともできる. このとき数値や単位は変わったが,「円柱の高さ」という物理量や h という量記号は変わらない. 一般に量記号は特定の単位にしばられない「物理量」を表しているので, 量記号には単位記号を付けないことが多い.

「円柱の高さ」などという物理量を，測定器を用いて数値と単位で表す操作を**測定**といい，測定することによって得られた「物理量を表す値」を**測定値**という．

3.3 国際単位系(SI)およびその使い方

あらゆる物理量は，いくつかの物理量を基本に選んで組み合わせることによって，すべて表すことができる．この最初に選んだ量を**基本量**，基本量を組み合わせて表わされる量を**組立量**という．基本量の単位を**基本単位**，組立量の単位を**組立単位**とよぶ．基本単位の選び方によって，いくつかの異なる単位の組(系)を定めることができる．そのような単位の組を単位系(system of units)とよぶ．基準量は客観的に同一であることが必要なため，国際的に厳密に定められている．

国際単位系(SI)は，従来から使用されてきたMKS単位系やCGS単位系にかわる国際的標準化をめざして使用され始めた一貫した単位系である．1960年の第11回国際度量衡総会で採用，勧告されたSIは国際単位系の略称で，フランス語の“Le Système International d'Unités”の頭文字をとったものである．英語では“The International System of Units”である．**国際標準化機構**(ISO)は，1971年からISO国際規格としてSIの使用を開始した．日本では1974年から**日本工業規格**(JIS)がSIを採用し，JIS Z 8203「国際単位系(SI)及びその使い方」においてSIの用い方とSIと併用してもよい単位について規定した．日本工業規格は法改正に伴い2019年より**日本産業規格**(JIS)に呼称を変えている．

SIは7つの基本単位およびそれらから組み立てられる組立単位と，10の整数乗倍を表す接頭語からなる．SI単位と併用してもよい単位や，当分の間併用してもよい単位も認めている．

本実験においては，一部の実験テーマを除いて，SIで定められた基本単位，組立単位を採用する．

(1) 基本単位

国際単位系(SI)における基本単位は，表 3-1 に示す 7 つである[注]．これらは明確に定義された，次元的に互いに独立した単位である．

表 3-1 基本単位

物理量	基本単位		
	単位の名称	単位記号	定義
長さ	メートル (metre)	m	1 m は光が真空中で (1/299792458) s の間に進む距離である． 光の速さ c：299792458 m/s
質量	キログラム (kilogram)	kg	1 kg は周波数が $c^2/(6.62607015\times10^{-34})$ ヘルツの光子のエネルギーと等価な質量である． プランク定数 h：6.62607015×10^{-34} m^2·kg/s (もしくは J·s)
時間	秒 (second)	s	1 s は 0 K におかれたセシウム 133 原子の基底状態にある 2 つの超微細準位間の遷移に対応して放射される電磁波が，9,192,631,770 周期間持続する時間である．
電流	アンペア (ampere)	A	1 A は 1 秒間に電気素量の $1/(1.602176634\times10^{-19})$ 倍の電荷が流れることに相当する電流である． 電気素量(電子の電荷)：$1.602176634\times10^{-19}$ C
温度	ケルビン (kelvin)	K	1 K の温度変化は 1.380649×10^{-23} ジュールの熱エネルギーの変化に等しい． ボルツマン定数：1.380649×10^{-23} J·K^{-1}
物質量	モル (mole)	mol	1 mol はアボガドロ定数 (6.02214076×10^{23}) 個の要素粒子を含む系の物質量である．
光度	カンデラ (candela)	cd	1 cd は周波数 540×10^{12} Hz の単色放射を放出し所定の方向の放射強度が (1/683) W·sr^{-1} である光源の，その方向における光度である．

注 2018 年 11 月 16 日に，キログラム，アンペア，ケルビンおよびモルの新しい定義が国際度量総会(CGPM)により承認され，2019 年 5 月 20 日に発行された．表 3-1 に示した定義は，この変更後のものである．

(2) 組立単位

組立単位は，基本単位を用いて代数的な方法で(乗法・除法の数学的記号を使って)表される単位である．このうち固有の名称をもつSI組立単位は，表3-2のとおりである．

表3-2 固有の名称をもつ組立単位

物理量	単位の名称	単位記号	他のSI単位による表し方	SI基本単位による表し方
周波数	ヘルツ(hertz)	Hz		s^{-1}
力	ニュートン(newton)	N	J/m	$m \cdot kg \cdot s^{-2}$
圧力，応力	パスカル(pascal)	Pa	N/m^2	$m^{-1} \cdot kg \cdot s^{-2}$
エネルギー，仕事，熱量	ジュール(joule)	J	N·m	$m^2 \cdot kg \cdot s^{-2}$
仕事率，電力，工率	ワット(watt)	W	J/s	$m^2 \cdot kg \cdot s^{-3}$
電気量，電荷	クーロン(coulomb)	C	A·s	s·A
電圧，電位，電位差，起電力	ボルト(volt)	V	J/C	$m^2 \cdot kg \cdot s^{-3} \cdot A^{-1}$
静電容量，キャパシタンス	ファラド(farad)	F	C/V	$m^{-2} \cdot kg^{-1} \cdot s^4 \cdot A^2$
電気抵抗	オーム(ohm)	Ω	V/A	$m^2 \cdot kg \cdot s^{-3} \cdot A^{-2}$
コンダクタンス	ジーメンス(siemens)	S	A/V	$m^{-2} \cdot kg^{-1} \cdot s^3 \cdot A^2$
磁束	ウェーバ(weber)	Wb	V·s	$m^2 \cdot kg \cdot s^{-2} \cdot A^{-1}$
磁束密度，磁気誘導	テスラ(tesla)	T	Wb/m^2	$kg \cdot s^{-2} \cdot A^{-1}$
インダクタンス	ヘンリー(henry)	H	Wb/A	$m^2 \cdot kg \cdot s^{-2} \cdot A^{-2}$
セルシウス温度	セルシウス度，度(degree Celsius)	℃	K	K
光束	ルーメン(lumen)	lm	cd·sr	
照度	ルクス(lux)	lx	lm/m^2	
放射能	ベクレル(becquerel)	Bq		s^{-1}
吸収線量，質量エネルギー分与カーマ，吸収線量指標	グレイ(gray)	Gy	J/kg	$m^2 \cdot s^{-2}$
線量当量，線量当量指標	シーベルト(sievert)	Sv	J/kg	$m^2 \cdot s^{-2}$
平面角	ラジアン(radian)	rad		$m \cdot m^{-1}$
立体角	ステラジアン(steradian)	sr		$m^2 \cdot m^{-2}$

(3) 接頭語

SI単位は1量1単位が1つの特徴である．しかし実際に物理量を表す場合に，SI単位が実用的な大きさでないことがある．その場合にはSI単位を10の整数乗倍することができる．10の整数乗倍は表3-3に示す**接頭語**で表され，接頭語の記号を単位記号の前につけて用いる．

接頭語の記号と単位記号は一体として扱い，それらは正または負の指数をつけて新しい単位記号にしたり，新しい組立単位の記号にすることができる．

例　$1\,cm^3 = (10^{-2} m)^3 = 10^{-6} m^3$　　$1\,\mu s^{-1} = (10^{-6} s)^{-1} = 10^6 s^{-1}$

接頭語は，数が0.1から1000の間になるように選ぶとよい．

例　0.00345 mよりは3.45 mm，1333 Paよりは1.333 kPaの方がよい．

質量は，基本SI単位の名称としては接頭語のk(キロ)を含んでいるが，10の整数乗倍を表すときは，g（グラム）に接頭語をつける．

例 Mg，kg，g，mg，μg と書く．

接頭語の記号としても単位記号としても用いられている m などを使用する場合は，混同を避けるように注意する．

例 力のモーメントの単位(ニュートンメートル)は N·m または N m と書く．mN と書くとミリニュートンという力の単位になってしまう．

表 3-3 接頭語

単位につける倍数	接頭語		単位に乗ぜられる倍数	接頭語	
	名 称	記 号		名 称	記 号
10^{30}	クエタ (quetta)	Q	10^{-1}	デシ (deci)	d
10^{27}	ロナ (ronna)	R	10^{-2}	センチ (centi)	c
10^{24}	ヨタ (yotta)	Y	10^{-3}	ミリ (milli)	m
10^{21}	ゼタ (zetta)	Z	10^{-6}	マイクロ (micro)	μ
10^{18}	エクサ (exa)	E	10^{-9}	ナノ (nano)	n
10^{15}	ペタ (peta)	P	10^{-12}	ピコ (pico)	p
10^{12}	テラ (tera)	T	10^{-15}	フェムト (femt)	f
10^{9}	ギガ (giga)	G	10^{-18}	アト (atto)	a
10^{6}	メガ (mega)	M	10^{-21}	ゼプト (zepto)	z
10^{3}	キロ (kilo)	k	10^{-24}	ヨクト (yocto)	y
10^{2}	ヘクト (hecto)	h	10^{-27}	ロント (ronto)	r
10	デカ (deca)	da	10^{-30}	クエクト (quecto)	q

（4） SI に含まれない単位の扱い

実用上の重要さから表 3-4 に示す単位は SI 単位と併用してよいことになっている．SI 単位の一貫性を損なわない範囲での限られた場合に使用する．

表 3-4 SI 単位と併用してよい単位

物理量	単位の名称	単位記号	定 義
時 間	分	min	$1\ \mathrm{min} = 60\ \mathrm{s}$
	時	h	$1\ \mathrm{h} = 60\ \mathrm{min} = 3600\ \mathrm{s}$
	日	d	$1\ \mathrm{d} = 24\ \mathrm{h} = 86400\ \mathrm{s}$
平 面 角	度	°	$1^\circ = (\pi/180)\ \mathrm{rad}$
	分	′	$1' = (1/60)^\circ = (\pi/10800)\ \mathrm{rad}$
	秒	″	$1'' = (1/60)' = (\pi/648000)\ \mathrm{rad}$
体 積	リットル (litre)	L	$1\ \mathrm{L} = 1\ \mathrm{dm}^3 = 10^{-3}\ \mathrm{m}^3$
質 量	トン (tonne)	t	$1\ \mathrm{t} = 10^3\ \mathrm{kg}$
エネルギー	電子ボルト	eV	$1\ \mathrm{eV} = 1.60218 \times 10^{-19}\ \mathrm{J}$

§4　測定器の取り扱い

4.1　測　定　器

測定をするために作られた機器を**測定器**という．測定器は物理量を求める方式によって，偏位法を用いたものと零位法を用いたものに分けることができる．**偏位法**とは，水銀温度計や電子天秤のように，測定した物理量を長さや電圧といった他の物理量に変換して直接に表す方法である．**零位法**とは，天秤のように，測定した物理量と標準量とを比較して両者が等しいと認められたときの標準量の値を示す方法である．

測定器は指示の方法によって**アナログ式**と**デジタル式**に分けることができる．アナログ式は測定量を目盛上に示し，デジタル式は数値で表示する．

測定器の物理的な性能としては，精度(13ページ参照)，感度，分解能，応答の速さなどがあり，使用上の性能としては使いやすさや壊れにくさなどがある．**感度**とは測定器が検知できる最小の量，または物理量の変化に対する応答の大きさのことである．微小な量を測定できる測定器ほど，感度が高い測定器という．**分解能**は，2つの量の違いを区別できる能力のことである．一般に感度が高い測定器ほど分解能も高い．

本実験においては，表4-1のようにいろいろな測定器を使用する．各測定器の構造や取り扱い方法については各実験において，また付録で説明するので，この章では主に目盛の読み取りについて説明する．デジタル式の測定器を使用したときには，表示された全桁の数字を読み取って記録すればよい．

表4-1　本実験で用いる測定器のいろいろ

物理量	測定器名	物理量	測定器名
長さ	ステンレスものさし	湿度	乾湿球湿度計
	巻き尺		デジタル湿度計
	ノギス(キャリパー)	電流	可動コイル形電流計
	マイクロメータ		デジタル電流計
	分光計	電圧	可動コイル形電圧計
質量	電子天秤		デジタル電圧計
圧力	アネロイド気圧計		X-t レコーダ
	水銀気圧計(フォルタン気圧計)		X-Y レコーダ
	ピラニー真空計		オシロスコープ
時間	ストップウォッチ	電気抵抗	デジタル抵抗計
	オシロスコープ		テスタ
温度	水銀温度計，エタノール温度計	放射能	GM計数管
	デジタル温度計		

4.2　目盛の読み取り

目盛を読み取る例として，ステレンスものさしによる長さの測定を取り上げる．図4-1に最

小目盛(目量(めりょう))が1 mmのものさしを示す．1 mmごとに引いてある線を**目盛線**といい，下側にあるような最小目盛を分割する短い目盛線を**補助目盛線**という．本実験においては，特に断っていない限り，「最小目盛の10分の1までを**目分量**で読み取る」．目盛を読み取ることのできる最小の値を**最小読取値**という．

ものさしで測定するときは，ものさしを無作為に，すなわち目盛を意識しないで物体に当て，物体の両端の位置を読み取って，その差として長さを求める．図4-1において物体の端Aの位置を12.4 mm，Bの位置を68.3 mmと読み取った場合，物体の長さは68.3 mm−12.4 mm＝55.9 mmとなる．複数回の測定をおこなう場合には，そのたびにものさしを無作為に当てなおす．このように測定すれば，目分量による読み取りの不確かさ(**個人不確かさ**)を小さくする効果も期待できる．物体の端Aをものさしの特定の目盛線に合わせてBの位置を読み取る方法もあるが，特に複数回の測定をおこなう場合には先入観が入って，前回読み取った値の影響を受けてしまう欠点がある．

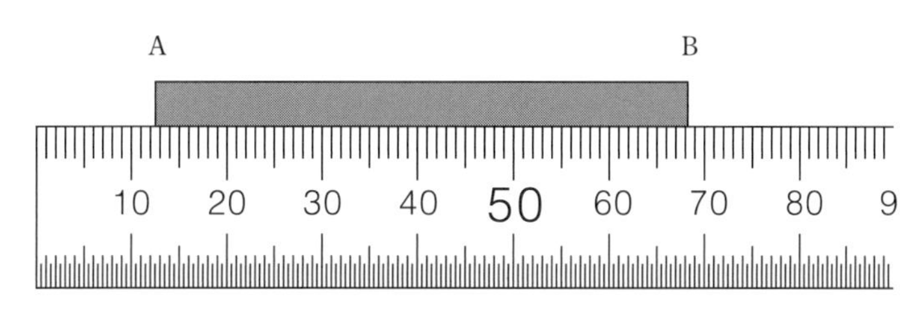

図4-1 ものさしによる長さの測定

4.3 副　尺

最小目盛の10分の1までを目分量で読み取った場合には，±0.1目盛程度の不確かさは避けられない．そこで最小目盛以下を正確に読み取るために，**主尺**のほかに**副尺**(vernier)を設けることがある．副尺は主尺の$kn-1$目盛分の長さをn等分($k=1, 2, 3, \cdots$, $n=10, 20, 30$など)して目盛ったものである．図4-2(a)は$k=1$，$n=10$のときの例で，副尺の0番目と10番目の目盛線が主尺の目盛線と一致している．ここで副尺が，主尺の1/10目盛分だけ右に移動すると，副尺の1番目の目盛線が主尺の目盛線と一致する．さらに副尺が右に移動して，図4-2(b)に示したように副尺の7番目の目盛線が主尺の目盛線と一致したときには，副尺の移

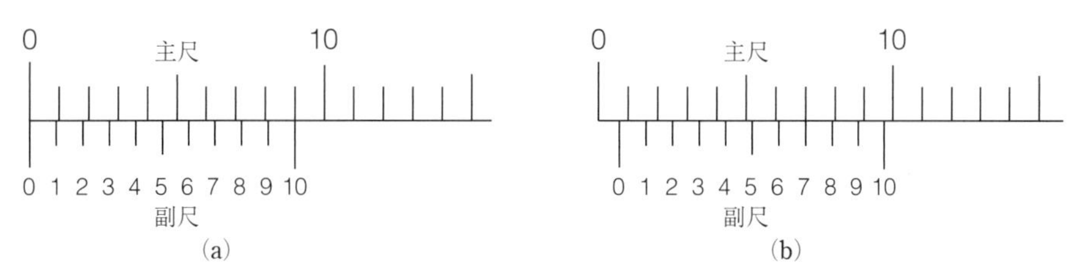

図4-2 主尺と副尺の関係

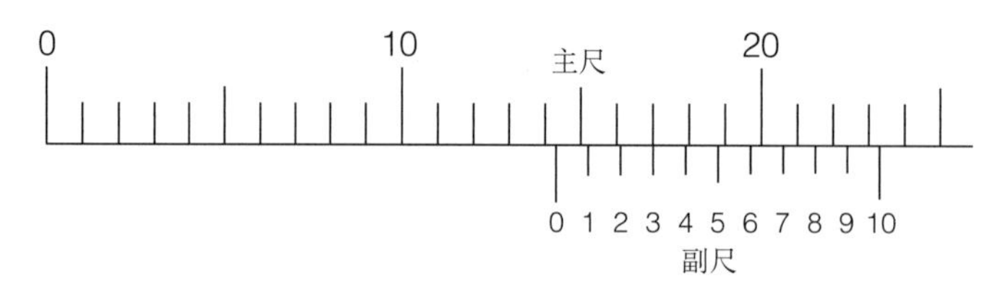

図 4-3　副尺による目盛の読み取り

動量は主尺の 7/10 目盛分である．このように副尺を用いることによって，主尺の $1/n$ 目盛まで正確に読み取ることができる．

図 4-3 を用いて，副尺を用いた目盛の読み取り方法を示す．最初に副尺の目盛線 0 で主尺の目盛を読み取って 14 を得る．次に主尺と副尺の目盛線が最も一致しているところをさがし，副尺の目盛を読み取って 3 を得る．読取値として $14+\frac{3}{10}=14.3$ が求められる．副尺を用いたときには，副尺で読み取ることのできる最下位（この例では 0.1）までを記録する．

4.4　視差と鏡尺

一般に観測する目の位置を変えることによって読取値などが変わることを**視差**という．図 4-4 (a) に水銀温度計の目盛を読み取るときの例を示す．測定対象である水銀柱の頂上 O と目盛との間には距離があるため，A′ の位置から見ると視差のために目盛上の点 P′ を読み取ってしまう．この場合，正しくは視線が目盛面に対して垂直になる A の位置から目盛上の点 P を読み取る必要がある．一般に正しい位置から見ることは意外にむずかしい．この問題を解決するために図 4-4 (b) のように「目盛面に並行な鏡」を設置することがある．このようにすれば測定対象 O と鏡に写った O が重なって見えるときが正しい位置となる．視差をさけるために鏡を設けた目盛を**鏡尺**という．鏡尺は実験 6 で用いるばねばかりや，実験 7 で用いるアナログ式の電流計・電圧計などに使用されている．

図 4-4　視差と鏡尺

§5 測定データの取り扱い

信頼できる実験結果を得るためには，正しい測定をおこなうこととともに，測定値がもつ性質を知って，測定データを正しく処理する必要がある．そして得られた実験結果がどれくらい正確なのか，逆にいうとどれくらい不確かなのかを評価することも大切な課題となる．

5.1 不確かさの定義と分類

(1) 誤差と不確かさの定義

ある物理量 Z_0 を測定して求められた測定値を x，その物理量の真の値を X_0 とするとき，測定値 x と真の値 X_0 との差 δ を**誤差**といい

$$\text{誤差}\ \delta = \text{測定値}\ x - \text{真の値}\ X_0 \tag{5.1}$$

と定義する．**真の値**とは，その物理量がもっている完全に正しい理想的な値という意味であるが，実際には真の値を知ることはできない．したがって定義から誤差を求めることはできないので，式(5.1)は実用性がない．そこで1993年に国際標準化機構(ISO)が「計測における不確かさを表現するためのガイド」をまとめ，そこでは「真の値が存在する範囲を示す推定量」として，誤差(error)ではなく，**不確かさ**(uncertainty)が採用された．国際的にしだいに誤差から不確かさへ移行しているので，本実験においては不確かさを使用する．

物理量 Z の測定結果は，得られた値 x に曖昧さの程度をあらわすパラメータの値 Δx をつけて

$$\text{物理量}\ Z = \text{測定値}\ x \pm \Delta x \tag{5.2}$$

の形に書かれる．この Δx を**絶対不確かさ**，あるいは不確かさと定義する．また，測定値に対する不確かさの割合 $(\Delta x/x)$ を**相対不確かさ**という．不確かさは測定値に付加された情報であるので，不確かさを適切に見積もることが重要である．

(2) 不確かさの種類

ある物理量を繰り返し何回も測定してその分布を調べてみると，図5-1に示したような結果が得られることがある．測定値はばらつきをもって山をつくり，山の中心は真の値からずれてかたまっている．山の中心を真の値から正負どちらかにずらせてしまうような不確かさを**系統不確かさ**，ばらつきを生じさせるような不確かさを**偶然不確かさ**とよぶ．これ以外にも測定値を真の値からずらせてしまう要因として，測定者のミスや計算の誤りなどによる**過失**がある．

一般に「系統不確かさ(かたより)の小さい程度」を**正確さ**，「偶然不確かさ(ばらつき)の小さい程度」を**精密さ**，「系統不確かさと偶然不確かさを合わせた不確かさの小さい程度」を**精度**という．この場合の不確かさは，絶対不確かさを指すことも相対不確かさを指す場合もあって決まっていないが，暗黙のうちに相対不確かさを指していることが多い．

（3） 不確かさの性質と対応

信頼性のある測定値を得るためには，「できるだけ不確かさを取り除くこと」が必要である．それとともに，測定結果に含まれる「不確かさを見積もること」も大切である．不確かさを減らしたり不確かさを見積もったりできるようになるために，この節では不確かさの性質と不確かさを取り除くための対策について学ぶことにする．不確かさをその発生原因によって分類し，不確かさの原因と不確かさを減らすための対策を表 5-1 にまとめておくので，それを見ながら読み進むとよい．

表 5-1　不確かさの分類

<table>
<tr><th></th><th colspan="3">不確かさの分類</th><th>不確かさを減らすための対策</th></tr>
<tr><td rowspan="7">不確かさ</td><td rowspan="5">系統不確かさ</td><td>機器不確かさ</td><td>測定機器の不正確さによって生じる不確かさ
・ものさしの目盛にわずかに狂いがある．</td><td>・さらに精度の高い測定機器を用いる．
・測定機器の校正をおこない測定値を補正する．</td></tr>
<tr><td>理論不確かさ</td><td>実験に用いた理論の不確かさによって生じる不確かさ
・理論の適用範囲を越えて実験に用いた．
・理論式に近似が含まれている．</td><td>・理論式を正しく用いる．
・理論式を改良してより正確な式を用いる．
・測定値に補正を加える．</td></tr>
<tr><td>個人不確かさ</td><td>測定者固有のくせや性質から生じる不確かさ
・目盛を左側から見るくせがあるため，いつも大きめに読み取ってしまう．
・マイクロメータのシンブルを回すスピードが速目のため，測定値が小さ目になる．</td><td>・訓練によってくせを修正する．
・測定方法を工夫して不確かさをキャンセルさせる．</td></tr>
<tr><td>計算不確かさ</td><td>計算時に生じる不確かさ
・不適切に四捨五入した．</td><td>・多めの桁を使って計算する．</td></tr>
<tr><td>環境不確かさ</td><td>温度・風・振動などの環境によって生じる不確かさ
・測定中に室温が上昇し測定値に影響した．</td><td>・測定時に室温を制御する．</td></tr>
<tr><td>偶然不確かさ</td><td colspan="2">原因不明あるいは制御できない原因が多数積み重なって生じる不確かさで除去することができない．</td><td>不確かさの 3 公理に従うことを利用して統計的に処理し，不確かさを評価する．</td></tr>
<tr><td>過　　失</td><td colspan="2">測定者の過失によって生じる不確かさ．
・目盛の読み間違いや記録間違い．
・測定機器の使い方を誤った．</td><td>注意深く測定をおこなうことで過失を起こさない．過失が明らかな場合にはその測定値を解析から除外する．</td></tr>
</table>

（a）　系統不確かさ

系統不確かさは，不確かさを生じさせる原因によって**機器不確かさ**，**理論不確かさ**，**個人不確かさ**，**計算不確かさ**，**環境不確かさ**などに分けることができる．系統不確かさのうち機器不確かさについては測定機器に固有のものであるから，測定者にできることは機器の選択と**校正**(標準試料等を測定することで測定値のずれを求め，測定値を補正すること)，それに正しく使用することだけである．そのかわり測定機器を製造しているメーカが公表している不確かさ(一般に**精度**または**確度**とよばれている)や JIS が定めている**許容差**(19 ページ)を機器不確かさとして扱うことができる．これ以外の系統不確かさについては，他の不確かさに比べて十分に小さくなるように努力する．それらを見積もることは一般に困難である．

（b）　偶然不確かさ

熱振動による揺らぎなど制御することのできない原因で生じる不確かさや，原因がわからない多くの要因によって生じる不確かさを**偶然不確かさ**という．偶然不確かさについては，その扱い方が一般化されているので，次節でまとめて説明する．

（c）　過　　失

測定者の不注意や未熟さが原因で生じる不確かさを**過失**という．過失は不確かさのひとつに分類されてはいるが，本来あってはいけないミスによって生じたものである．ミスをしないように実験を注意深くおこなうことが大切である．たとえば図 5-1 に示した「過失による異常な測定値」のように，他の測定値から大きく離れていて明らかに過失であると判断できるような場合には，その測定値を解析から除外したり，測定をやりなおしたりすることが必要である．過失かどうかの判断が困難な場合には，細心の注意を払って測定と計算をやりなおしてみるとよい．過失の場合は，再現性がないことが多い．

図 5-1 には過失をひとつだけ飛び離れた測定値として示してあるが，たとえば計算間違いによって生じた過失は測定値の分布全体をずらせてしまうことがある．「過失とは 1 つだけ飛び離れた測定値である」というような誤解をしてはいけない．

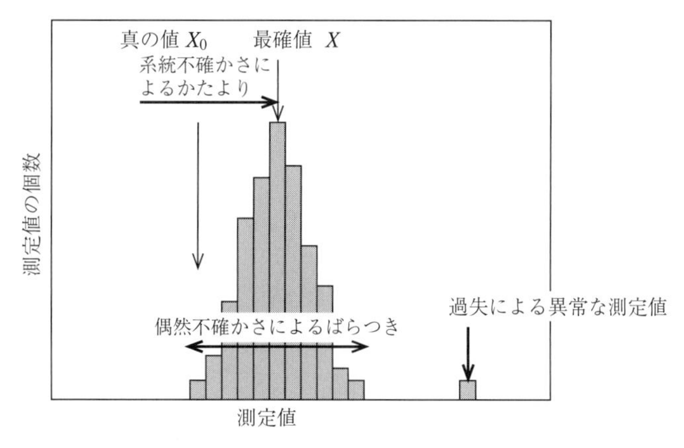

図 5-1　不確かさの性質を表す模式図

5.2 測定データの統計的な取り扱い

「偶然不確かさを発生させる原因は非常に多く，ひとつひとつの不確かさはそれぞれ独立に発生していて小さい」，と考えることができる．偶然不確かさは，これらの基本的考えをもとにした次の3つの性質（不確かさの3公理）をもつことが知られている．

公理1　正負の不確かさが同じ確率で発生する．

公理2　小さい不確かさが発生する確率よりも小さい．

公理3　非常に大きな不確かさが発生する確率は極端に小さい．

偶然不確かさはこの公理をもとに，**不確かさの理論**（**誤差論**）という統計的手法で扱う．

（1） 母集団と標本

ガウス（Gauss）は，偶然不確かさの3公理をもとに，測定値xの分布を表す関数（密度関数）として

$$f(x) = \frac{1}{\sqrt{2\pi}\sigma} e^{-\frac{(x-X_0)^2}{2\sigma^2}} \tag{5.3}$$

を導いた．この分布は**ガウス分布**または**正規分布**とよばれていて，測定を無限回おこなったときに得られる測定値の分布を表している．このとき得られた無限個の測定値からなる全集団を**母集団**とよぶ．X_0は真の値で，**母集団平均値**ともいう．σは関数の変曲点から真の値までの大きさで，**母集団標準偏差**という．ガウス分布をグラフに表すと，図5-2のようになり，標準偏差σが大きいほど幅が広がって低い山になり，逆にσが小さいほど鋭く高い山になるので，「標準偏差は測定値のばらつきの程度を表している」といえる．この関数を$-\infty$から$+\infty$まで積分すると1になる．なお，この節では，偶然不確かさ以外の不確かさは存在しないものとして扱う．

測定を無限回おこなえば，母集団平均値（真の値）と母集団標準偏差を求めることができるが，実際には有限回の測定をおこなうわけだから，「**測定**という作業によって母集団の中から測定データすなわち**サンプル**を抽出し，サンプルの平均値や標準偏差を求めて，それを母集団

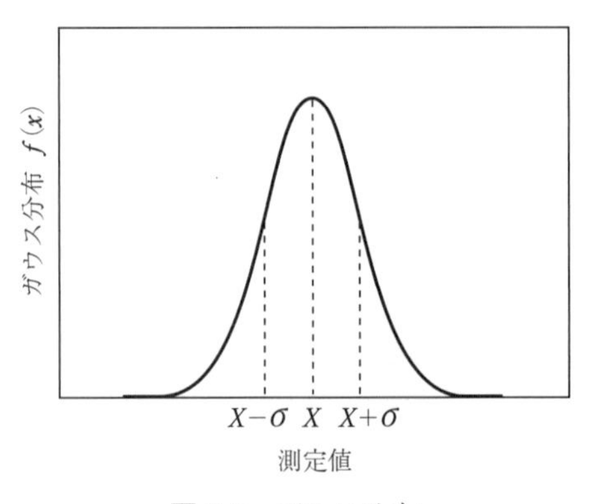

図5-2　ガウス分布

の平均値や標準偏差として扱う」ということになる．サンプルの数（**測定回数**）を多くした方が，母集団の平均値や標準偏差をより正確に求めることができる．

（2） 最　確　値

複数回の測定をすることによって得られた測定値から計算される，最も真の値に近いと考えられる値を**最確値**（most probable value）といい，**平均値**が最確値となることがわかっている．

証明

ある物理量を n 回測定して測定値 $x_1, x_2, x_3, \cdots, x_n$ を得たとき，平均値 $\bar{x}$ は

$$\bar{x} = \frac{x_1 + x_2 + x_3 + \cdots + x_n}{n} = \frac{1}{n}\sum_{i=1}^{n} x_i \tag{5.4}$$

で得られる．真の値を X_0 とすると，各測定ごとに発生した偶然不確かさ δ_i の総和は

$$\sum_{i=1}^{n} \delta_i = \sum_{i=1}^{n}(x_i - X_0) = \sum_{i=1}^{n} x_i - nX_0 = n(\bar{x} - X_0) \tag{5.5}$$

となる．したがって平均値 $\bar{x}$ は

$$\bar{x} = X_0 + \frac{1}{n}\sum_{i=1}^{n} \delta_i \tag{5.6}$$

と表される．ここで測定回数 n を無限大にすると，偶然不確かさの公理1から

$$\lim_{n\to\infty} \frac{1}{n}\sum_{i=1}^{n} \delta_i = 0 \tag{5.7}$$

となり，式(5.6)と(5.7)から，測定回数が多いほど平均値 $\bar{x}$ は真の値 X_0 に近づく．このことから平均値が最も真の値に近い最確値 X であることがわかる．

（3） 測定値の標準偏差

測定を n 回おこなったとき，測定値（サンプル）の分布関数は，式(5.3)の真の値 X_0 を最確値 X に，母集団標準偏差 σ を測定値の**標準偏差**（standard deviation）s に置き換えた

$$f(x) = \frac{1}{\sqrt{2\pi}\,s} e^{-\frac{(x-X)^2}{2s^2}} \tag{5.8}$$

で表される．標準偏差 s は各測定値を x_i として，

$$s = \sqrt{\frac{1}{n-1}\sum_{i=1}^{n}(x_i - X)^2} \tag{5.9}$$

で求められる．式(5.9)の中にある

$$x_i - X \tag{5.10}$$

は，各測定値の平均値からのずれを表していて，**残差**（residual）とよばれる．

（4） 平均値の標準偏差

測定を n 回おこなって最確値（平均値）X を求めるという作業を無限回おこない，得られた

無限個の平均値を調べてみると，やはりガウス分布をしていることがわかる．しかも平均値の分布は，各測定値の分布に比べて，真の値の近くに鋭い山をつくる．**平均値の標準偏差** s_{m} は

$$s_{\mathrm{m}} = \sqrt{\frac{1}{n(n-1)}\sum_{i=1}^{n}(x_i - X)^2} = \frac{1}{\sqrt{n}}s \tag{5.11}$$

で求められるので，たとえば測定を 5 回おこなったときの平均値の分布は，図 5-3 に示すようになる．測定値の標準偏差 s に比べて平均値の標準偏差 s_{m} は $s/\sqrt{5}$ となる．平均値の標準偏差は**標準不確かさ**（standard uncertainty）とよばれ，測定値の偶然不確かさの大きさを表す量として一般に用いられている．測定回数が十分に多ければ，最確値（平均値）X が $X_0 \pm s_{\mathrm{m}}$ の中に入る確率，いいかえれば測定結果 $X \pm s_{\mathrm{m}}$ の中に真の値 X_0 が含まれる確率は 68.3% であることがわかっている．$X \pm 2s_{\mathrm{m}}$ では 95.4%，$X \pm 3s_{\mathrm{m}}$ では 99.7% となる．

図 5-4 は式(5.11)の n と s_{m}/s の関係を表したもので，これを見ると標準不確かさは最初の数回の測定で急速に減少するが，しだいに減りかたは緩やかになってくることがわかる．むやみに回数を増しても，「増した割には効果が得られない」，「偶然不確かさ以外の不確かさは小さくならない」，「測定が雑になりがち」ということから，たとえば 10 回程度の測定を注意深

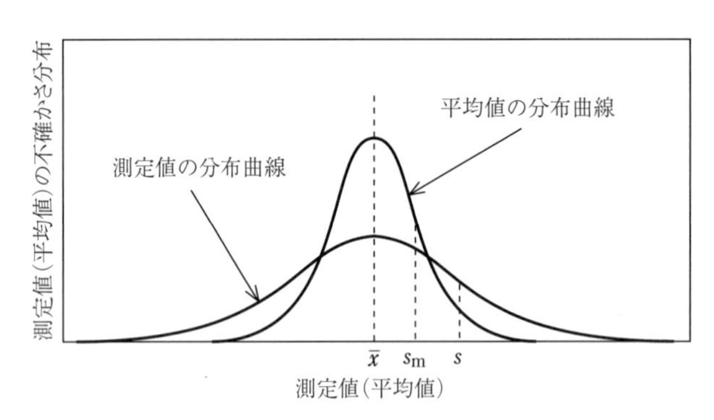

図 5-3　測定値の分布と平均値の分布

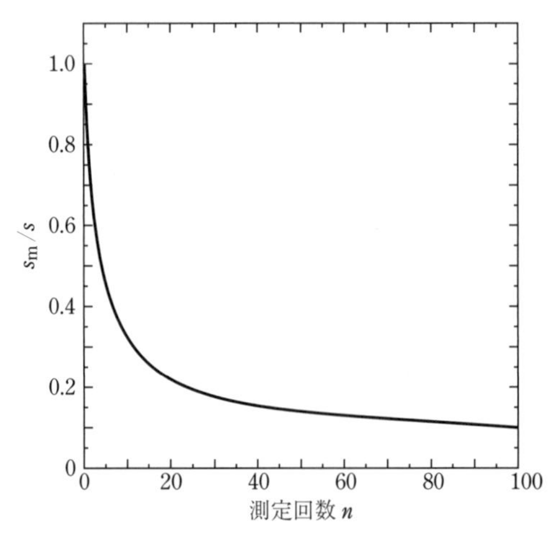

図 5-4　標準不確かさと測定回数

くおこなった方が効果的である．

5.3　測定値の不確かさ

本実験では系統不確かさのうちから機器不確かさだけをとりあげ，それに偶然不確かさをくわえたものを測定値の不確かさとして，以下のように見積もることにする．

理論不確かさなど機器不確かさ以外の系統不確かさを見積もるには，実験を非常に深く理解していることと，実験の経験が豊富であることが必要になる．したがって本実験においては無視するが，それらの不確かさが存在しないわけではないので，注意しないといけない．特に実験初心者の場合，一般に過失によるばらつきが大きい．

（1）　機器不確かさ

表 5-2 に示した測定器については日本産業規格（JIS）が定めている**許容差**（tolerance）を機器不確かさとする．許容差は，測定器などについて，製品出荷時において許される狂いの限界であるから，実際の機器不確かさは許容差以内ということになる．ただし経年変化や乱暴に扱われたりすることによって不確かさが増すことがあるということも心得ておいた方がよい．表 5-2 にはない測定器の機器不確かさは，基本的に各実験課題の中に書いてあるが，書いてない場合には，その実験で指示してある最小読取値を使用する．また許容差よりも最小読取値の方が大きいときは，最小読取値を機器不確かさとして使用する．

表 5-2　本実験で用いる主な測定機器の許容差

測定機器名	許容差	JIS 規格番号	実験番号
巻尺（1 級）	±0.4 mm 注1	JIS B 7512	4，10
ステンレスものさし（1 級）（500～1000 mm）	±0.2 mm 注1	JIS B 7516	3，4，5
ノギス	±0.05 mm	JIS B 7507	1，4，5，6，12
マイクロメータ	±0.002 mm	JIS B 7502	1，4，5，10
水銀温度計（最小目盛 0.1 ℃）	±0.3 ℃	JIS B 7411	6，7，11
電流計，電圧計（0.5 級）	最大目盛の ±0.5%	JIS C 7102	7

巻尺とものさしの許容差は以下の式に基づいて求めている．

注 1　$\pm\left(0.2+0.1L\right)$　L：測定長（単位m），$L=2$ mとして±0.4 mm

注 2　$\pm\left(0.10+0.05\times\dfrac{L}{500}\right)$　L：測定長（単位 mm），$L=1000$ mmとして±0.2 mm

（2）　偶然不確かさ

複数回の測定をおこなって，式（5.11）で求めた標準不確かさ（平均値の標準偏差）を偶然不確かさとする．

（3） 最確値の不確かさ

機器不確かさと偶然不確かさは互いに独立に発生していると考えて，本実験では測定によって得られた**最確値の不確かさ** ΔX を，

$$\Delta X = \sqrt{[\text{標準不確かさ}\, s_{\mathrm{m}}]^2 + [\text{機器不確かさ}]^2} \tag{5.12}$$

によって見積もることにする．

5.4 間接測定における最確値と不確かさ

ノギスで円柱の直径を測ったり，電子天秤で試料の質量を測ったりする場合のように，測定器を用いて測定対象物の物理量を直接的に測定することを**直接測定**という．それに対して円柱の高さと直径を測定し，計算によって円柱の体積を求めるような場合を**間接測定**という．直接測定で求めることのできる物理量は限られているので，多くの物理量は間接測定によって求める必要がある．各課題の実験結果も，ほとんどは間接測定で求める．間接測定によって求めた物理量も測定値というが，本実験では特にことわらない限り，直接測定によるものを測定値という．

（1） 間接測定における最確値

間接測定によって求める量 w が測定量 $x, y, z, \cdots$ の関数（**理論式**など）として $w = f(x, y, z, \cdots)$ として表され，$x, y, z, \cdots$ の不確かさが互いに独立な偶然不確かさだけの場合には，w の最確値 W は，$x, y, z, \cdots$ の最確値を $X, Y, Z, \cdots$ とすると

$$W = f(X, Y, Z, \cdots) \tag{5.13}$$

となることがわかっている．ただし $x, y, z, \cdots$ の不確かさの間に強い相関がある場合などには，w の最確値として，

$$\bar{w} = \frac{1}{n}\sum_{i=1}^{n} f(x_i, y_i, z_i, \cdots) \tag{5.14}$$

を用いたほうが正しいこともあり，どちらの式がその間接測定の最確値を表すかについては，実験や実験式の内容を十分に検討しないと決められない．本実験ではデータ処理が簡単な，式(5.13)を用いることにする．

（2） 間接測定における不確かさ

ある物理量を測定値から関数によって求める場合，求める量についての不確かさは，測定値の不確かさが関数を伝わって生じる．図5-5の模式図で示したように，測定値 X の不確かさ ΔX は，関数 f をとおして，求める量 W に伝わり，求める量の不確かさ ΔW を生じる．一般的には，式(5.13)で求められる量 W があるとき，各測定値 $X, Y, Z, \cdots$ のそれぞれの不確かさ $\Delta X, \Delta Y, \Delta Z, \cdots$ によって生じる W の不確かさは，

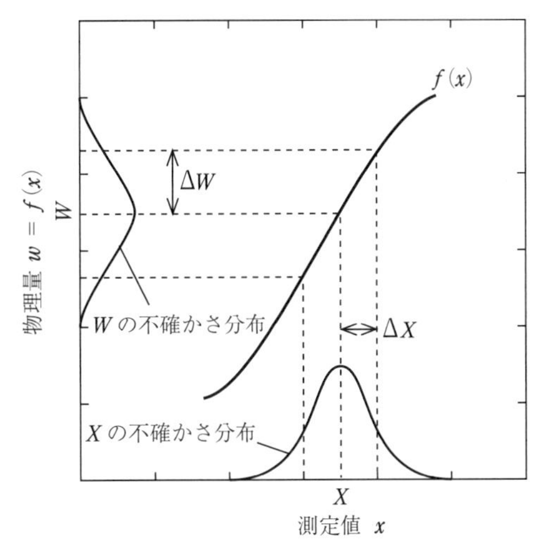

図 5-5　不確かさ伝播

$$\left.\begin{aligned}
\Delta W_X &= f(X+\Delta X,\ Y, Z, \cdots)-f(X, Y, Z, \cdots)\\
\Delta W_Y &= f(X,\ Y+\Delta Y, Z, \cdots)-f(X, Y, Z, \cdots)\\
\Delta W_Z &= f(X,\ Y, Z+\Delta Z, \cdots)-f(X, Y, Z, \cdots)\\
&\cdots\cdots\cdots\cdots\cdots
\end{aligned}\right\} \tag{5.15}$$

となる．さらに各測定値の相対不確かさが十分に小さければ，式(5.15)の1行目は

$$\Delta W_X = \frac{f(X+\Delta X,\ Y, Z, \cdots)-f(X, Y, Z, \cdots)}{\Delta X}\,\Delta X = \frac{\partial f}{\partial X}\,\Delta X \tag{5.16}$$

というように表される．つまり1つの測定値の不確かさが，求める量に伝わる大きさは，偏微分係数(対象にしている変数以外を定数とみなして計算した微分係数)に不確かさを掛けたものとなる．各測定値の不確かさは独立で，正規分布していると考えれば，求める量の不確かさ ΔW は

$$\Delta W = \sqrt{(\Delta W_X)^2+(\Delta W_Y)^2+(\Delta W_Z)^2+\cdots} \tag{5.17}$$

で表すことができ，式(5.16)と式(5.17)から

$$\Delta W = \sqrt{\left(\frac{\partial f}{\partial X}\right)^2(\Delta X)^2+\left(\frac{\partial f}{\partial Y}\right)^2(\Delta Y)^2+\left(\frac{\partial f}{\partial Z}\right)^2(\Delta Z)^2+\cdots} \tag{5.18}$$

が求められる．式(5.18)は**不確かさの伝播則**(**誤差伝播の式**)とよばれている．

間接測定によって求められる量の不確かさを見積もる場合，関数 f が簡単に偏微分できるときには式(5.18)を用いる．そうでないときには式(5.15)を用いて1つずつの測定値をその不確かさ分だけ変化させ，求められる量がそれによって変化する量を計算する．そして計算結果を式(5.17)に代入する．

5.5 有効数字

(1) 有効数字とは

測定値などを表す数字のうちで，位取りのためにつけた0を除いた，「意味がある数字」を**有効数字**(significant figures)という．たとえば測定器で測定して2.08 mが得られたとき，2と0と8の3つの数字は意味をもっているので有効数字という．しかし単位を変えて2080 mmとした場合の最後の0や，0.00208 kmとした場合に最初の方に3つある0は，位取りのためにつけた数字だから有効数字とはいわない．なお有効数字を表現するときは，有効数字が存在する桁の数で表現することが多い．たとえば3.5041 mmは「有効数字5桁」という．

表示された値と有効数字の桁数の関係について，例をいくつか書いておく．

例

5624(4桁)　0.00281(3桁)　−2.9010(5桁)　1500(4桁)　1.3×10^3(2桁)

ところで1500 mmと書いてある場合，0を有効数字のつもりで書いたのか，位取りのつもりで書いたのか区別ができないことがある．0が有効数字であることをはっきり示すときは，1.500×10^3 mmまたは1.500 mというように0が小数にくるように書く．

測定器で測定した1つの測定値の場合，一般に，その測定値がもっている数字はすべて有効数字である．しかし複数回の測定から求めた平均値や，間接測定によって求めた値の場合は，「意味がある数字」の「意味」がはっきりしないこともあって，一義的には決められない．有効数字の桁数は，実験の目的や不確かさの性質(系統不確かさと偶然不確かさのどちらが優勢か)などによって，1桁ほど違ってくることがある．

(2) 有効数字と精度

有効数字の桁数と，精度との間には，密接な関係がある．

例：ある測定試料の長さを不確かさ1 mmの精度で測定したところ1.001 mという測定値が得られた．測定値の有効数字は4桁である．さらに同じ試料を0.1 mmの精度で測定したら1.0001 mと5桁の測定値が得られ，0.05 mmの精度で測定したら1.00005 mという6桁の測定値が得られた．

このように測定の精度が増せば，有効数字の桁数も増すことがわかる．

例：さらに精度をあげて不確かさ0.01 mmの測定器で測定したところ，0.99997 mとなり，有効数字は0.1 mmの精度で測定したときと同じ，5桁になった．

日常的に使用している数値は10進数で表記するため，同じ2桁の数値であっても最小の10と最大の99では約10倍も違う．それに対して2桁で最大の99と3桁で最小の100とでは1/100ほどしか違わない．同じ桁数の有効数字でも，最上位の数が小さいとき(1や2など)と大きいとき(8や9など)では，最大で10倍ほども精度が異なる場合があるので，桁数だけで精度を判断してはいけない．

（3）　最確値の有効数字と不確かさの有効数字

計算によって最確値とその不確かさが求められたとき，最後には最確値と不確かさをまとめ書き表すことが多い．一般的には最初に不確かさの有効数字を2桁と決めて，最確値の最下位を不確かさの最下位に合わせる．たとえば計算によって求められた最確値が5.12523 mmで，見積もられた不確かさが0.00307 mmであったときは，

① 不確かさを，有効数字が2桁になるように丸めて0.0031 mmにする（**丸め**とは数値をある位までの数で近似する操作のことで，一般に1つ下の位で**四捨五入**をおこなう）．

② 最確値の最下位を不確かさの最下位に合わせるように丸めて，5.1252 mmとする．

③ 最確値と不確かさをまとめて，5.1252±0.0031 mmと表す．

というようにする．

測定値や測定結果の表記例

次のように物理量の名称，量記号，最確値 ± 不確かさ，単位記号で表す．10の指数を付けて表記するときは，最確値と不確かさにかっこを付けて，最確値と不確かさの関係がよくわかるようにする．

直径 $d = 5.1252 \pm 0.0031$ mm

表面張力 $T = (7.26 \pm 0.07) \times 10^{-2}$ N·m^{-1}

以下は正しくない例である．上に示したように表記する．

直径 $d = 5.12523 \pm 0.00307$ mm（最確値も不確かさも桁が多すぎる）

直径 $d = 5.12523 \pm 0.0031$ mm（最確値の桁が多すぎる）

直径 $d = 5.125 \pm 0.0031$ mm（最確値の桁が少なすぎる）

表面張力 $T = 7.26 \times 10^{-2} \pm 7 \times 10^{-4}$ N·m^{-1}（最確値と不確かさの関係がわかりにくい）

（4）　計算結果の有効数字

測定データの処理や測定結果の報告は有効数字を考慮しておこなう必要がある．有効数字についての認識がないと，計算時の桁不足によって計算不確かさを発生させてしまったり，電卓が表示する10桁ほどの数字をそのまま書いてしまったりするような，ばかげたことをしかねない．

計算結果の有効数字は，計算結果の不確かさから見積もることができるが，本実験の場合は計算の多くが四則演算であるので，四則演算をおこなうときにどのように不確かさが伝わっていくかを知っているだけで，おおよそ見積もることができる．また，ほとんどの計算について桁不足などのトラブルを避けることができる．

(a) 加減算

方法

① 加減算する各測定値の最下位の位を比較して，最も高い位を見つける.

② 計算結果の最下位が①で見つけた位と同じになるように，計算結果を丸める.

例1

$$652.3+2.46-0.553 = 654.207 = 654.2$$

> 加減算する3つの測定値のうちで最も最下位が高いのは652.3の0.1の位である. そこで計算結果654.207の最下位が0.1の位になるように丸めて654.2とする.

例2

$$5.563-5.551 = 0.012$$

> 加減算する2つの測定値の最下位は0.001の位だから，結果も0.001の位までとする.

引き算をすると，この例のように有効数字の桁数が大きく減少することがあるので注意が必要である. 引き算による有効数字の減少は，実験4, 5, 6, 7, 9, 10, 11，それに最小二乗法などにみられる.

解説

加減算の式

$$W = X+Y-Z$$

について考える. X, Y, Z の不確かさをそれぞれ $\Delta X, \Delta Y, \Delta Z$ とすると，式(5.18)より

$$\Delta W = \sqrt{(\Delta X)^2+(\Delta Y)^2+(\Delta Z)^2}$$

となる. 計算結果の不確かさは，各測定値の不確かさを加算したような形で表されるから，最も大きい不確かさを持っている測定値の不確かさ以上になることがわかる. 測定値の不確かさは，その測定値の最下位付近に存在することを考えると，計算結果の不確かさも，その最下位付近に存在する. そこで計算結果の最下位は各測定値のうちで最下位が最も高い測定値と同じになる.

このことは直感的にも想像がつく. 例1をみると最下位が最も高いのは652.3である. 最下位の3は一般的に不確かさをもっているので，それより下位にある数は，652.3がもっている不確かさに埋もれてしまい，意味がない.

(b) 乗除算

方法

① 各測定値の小数点を取り去って有効数字の部分を正の整数として考える.

② 計算結果は，整数として考えた各測定値のうちで最も小さい数以上の数になるところまでとして，それ以下の位を丸める.

例 1

$$3.2034\times10^2\times71.6\times4.654 = 106745.745 = 106700 = 1.067\times10^5$$

各測定値の小数点を取り去って整数 32034，716，4654 にしたとき，最も小さい数は 716 であるので，計算結果は 716 以上になる 1067 までとして，それ以下の位を丸める．有効数字を明確に示すときには指数をつけて表す．例では，106700 あるいは 1.067×10^5 となる．

例 2

$$3.5031\times2.52/1.0021 = 8.80931 = 8.81$$

例 1 と同様に考えると，最も小さい数が 252 であるので，計算結果は 252 以上になる 880 までとして．それ以下の位を丸める．

解説

乗除算の式

$$W = X\times Y\times Z$$

について考える．X, Y, Z の不確かさをそれぞれ ΔX，ΔY，ΔZ として式(5.18)を用いて計算し，両辺を W で割ると

$$\frac{\Delta W}{W} = \sqrt{\left(\frac{\Delta X}{X}\right)^2+\left(\frac{\Delta Y}{Y}\right)^2+\left(\frac{\Delta Z}{Z}\right)^2}$$

というように，計算結果や各測定値が相対不確かさとして表される．計算結果の相対不確かさは，最も大きい相対不確かさを持っている測定値の相対不確かさ以上になることがわかる．ある測定値 X の相対不確かさは，測定値の有効数字だけを取り出して整数 X_L で表したときに，おおよそ $1/X_L$ となるので，計算結果の相対不確かさは，X_L が最も小さい測定値の相対不確かさと同じ程度になる．

(c)　関数計算

方法

① 電卓等を用いてある値の関数計算をおこない，その結果 X を求める．

② ある値の最下位にある数字を 1 だけ増した値に対して関数計算をおこない，結果 X' を求める．

③ 結果は，$X'-X$ の最上位までとする．

例 1

$$\log_e 251.3 = 5.526647 = 5.5266$$

$\log_e 251.4-\log_e 251.3 = 0.00039$ となるので，結果は 0.0001 の位までとする．

例 2

$$e^{12.7} = 327748 = 3.3 \times 10^5$$

$e^{12.8} - e^{12.7} = 34470 = 0.3 \times 10^5$ となるので，結果は 0.1×10^5 の位までとする．

（d）　定数の桁数

計算時に π などの定数が必要なときは，演算の相手となる測定値の桁数よりも多めの桁数を用いて「定数の桁不足による計算不確かさ」が生じないようにする．

たとえば測定した円柱の直径 $d = 5.6532$ mm から円柱の断面積 S を計算するときは，π として 3.14159 を用いて，$S = \pi d^2/4 = 25.1003\,\mathrm{mm}^2$ とする．π の値として 10 桁の 3.141592654 を使用しても $S = 25.1003\,\mathrm{mm}^2$ は変わらない．ところが π の値としてよく使う 3.14 で計算すると $S = 25.0876\,\mathrm{mm}^2$ となり，かなりの計算不確かさが生じてしまうことがわかる（関数電卓には 10 桁の π を入力するキーがあるので，実際はそれを使用すればよい）．

（e）　計算時と結果の有効数字

計算時には，必要以上にたくさんの桁を用いたとしても，まちがいではない．むしろ少し多めの桁で計算した方が安全である．桁が不足していると計算不確かさを生じる危険がある．

実験結果を報告するときは，測定で得たデータを正しく表現する適切な有効数字で書くことが必要である．桁不足の場合は，測定でせっかく得たデータの一部が失われてしまうことになる．また桁数が過剰の場合は，測定では得られなかった無意味なデータを付け加えたことになるので，その報告だけではなく，報告をした人も信用を失うおそれがある．

§6　実験の記録と報告

6.1　実験ノートのとり方

ノートは実験課題ごとに記録する．実験当日までに，実験題目を書いてから，目的，原理，測定方法などについて，実験中に必要な式や注意点などを1ページ程度にまとめておく．測定データを記録する表なども，準備しておくとよい．記録する内容は，書きやすいように，見やすいように配置する．たとえばノートを見開きにして左側のページに測定データやデータ処理，それに実験結果や検討などの主な流れを記録し，右側のページに細かい計算や，気が付いたこと，その他のメモなどを書く．

実験当日は，実験を始める前に，実験班の番号や共同実験者の氏名を書き，気象環境（室温，湿度，気圧，天候）を観測して，時刻を添えて記録する．温度計，湿度計，気圧計については付録 A1 を参照する．

実験を始めたら，使用する測定機器や測定試料について（主な特長や観察したことなど）を記録し，続いて測定データを記録していく．測定データなどをテキスト等の余白に書いておいて，あとからノートに書き写すようなことをしてはいけない．測定した生のデータは大切だから，きちんとノートに記録する．書き写すとミスをする可能性がある．

測定が終わったらデータの処理を詳しく書いていく．実験結果がでたら結果を整理して記録し，検討課題をおこなってまとめる．ノートは自分が見るために書くのだから，清書の必要はない．

実験ノートのとり方の例を 30〜31 ページに《参考》としてかいておく．このとおりにせよとか，これが最良というのではない．各自で工夫しながらよい実験ノートをつくってほしい．

6.2　表のつくり方

表は次のように作成する．

・表の上側に表番号と表の内容を簡潔にあらわしたキャプション（見出し）を書く．

・必要な線を引く．項目名と測定データ，測定データと合計値などデータ種を区別する横線は目立つように引く．

・一番上の行には項目名を書き，項目が物理量の場合には単位も記入する．

・表の左端の列にデータの種類や測定番号，積極的に変化させた物理量などを記入し，データをその横に並べて記入する．

・数値は小数点や位を縦方向にそろえて見やすいように記入する．

各実験テーマで必要な表は例として示してあるので参考にする．

6.3　グラフのつくり方

グラフ用紙は A 4 判を使い，1 mm 目（方眼），片対数，両対数を目的によって使い分ける．

グラフ化できるデータは測定しながら作図する．グラフ化することによって測定データの傾向をつかんだり，測定間隔を決定したり，測定ミスを発見したりすることができる．

作成したグラフは整理して，その実験を記録したノートのページにはさみ，ホッチキスなど

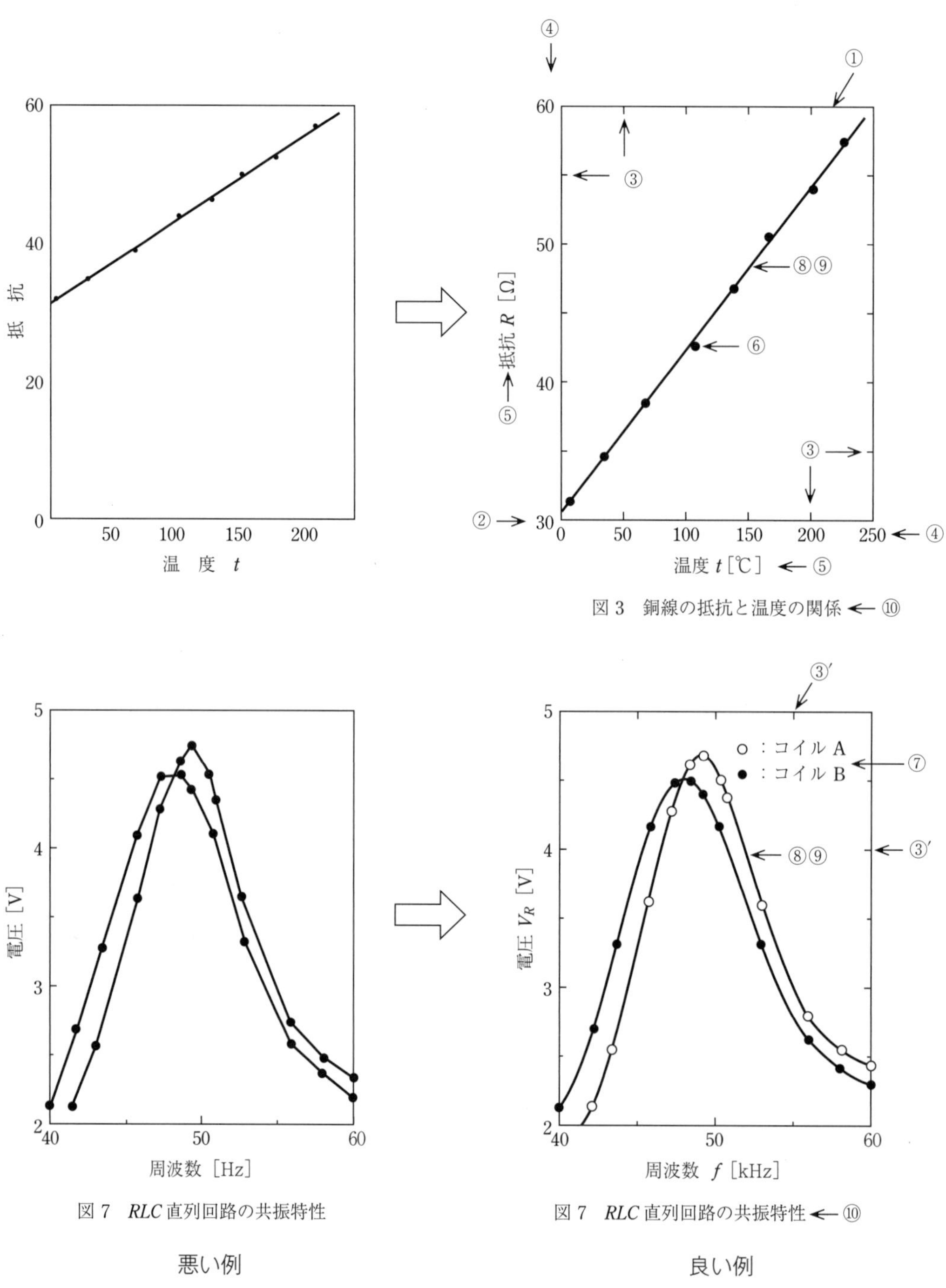

図 6-5　グラフのつくり方（番号 ①～⑩ を付けた箇所には注意書きがある）

で止めておく．

グラフの悪い例と良い例を図6-1に示した．それらを参考にグラフのつくり方を説明する．

（1）　グラフの大きさと座標軸

①　データの変化を大きく表すことができるように座標軸の目盛を決め，座標面を枠で囲む．ひとつの座標を1枚のグラフ用紙に大きく作成する．グラフの横軸は変化させた物理量，縦軸は測定によって得られた物理量にする．たとえば温度を変えながら抵抗を測定したときは，横軸を温度，縦軸を抵抗にする．

②　座標軸は0(ゼロ)から始まる必要はない．したがって座標軸を―≀―で切らない．

③　座標軸と枠に目盛線を等間隔に記入する．

③′　目盛線は上下左右全ての座標軸に記入する．

④　座標軸の目盛線に対応する数値を記入する．数値はすべての目盛線ごとに記入する必要はない．

⑤　縦軸，横軸それぞれ中央に物理量の名前と単位記号を記入する．

（2）　データ点

⑥　データの位置に小さな点を正確に記入してから，○□△▽◇●■▲▼◆などの2〜3 mm程度の大きさの記号でデータ点を示す．レポート用に作成するときはテンプレートを使う．

⑦　ひとつの座標に何種類かのデータをのせるときにはデータの種類を記号で区別し，座標面内の余白に記号とその説明を加える．

⑧　データ点が表す曲線または直線をひく．線は各データ点の中央を通るようにひくのではなく，物理的な意味を考えた上で，データ点が線の両側に均等に配置されるようにひく．各データ点を直線でむすんだ折れ線グラフにしてはいけない．

⑨　直線は直定規でひく．曲線の場合には自在定規などを用いて滑らかな線をひく．

（3）　図番号と図の説明

⑩　グラフの下に図番号とグラフの内容を簡潔に表したキャプション(見出し)を書く．

《参考》 ノートのとり方の例

見開きの左ページには，実験題目から検討まで，基本的な実験の流れに沿ってまとめるとよい．

（ノートの左ページ）

実験 101　針金の断面積　　　101 A[注1)]

日時　2005年4月26日（火）13：00〜15：20

室温 21.5 ℃，湿度 42%，気圧 1013.2 hPa，晴れ（12：55）

共同実験者　田村一夫，山中奏子

目的：〈要点を簡潔にまとめる〉

原理：〈使用する式など要点を簡潔にまとめる〉

方法：〈要点を簡潔にまとめる〉[注2)]

試料：長さ約 1 m の鋼鉄製針金．少し湾曲していた．

測定機器：マイクロメータ（0〜25 mm．Mitsutoyo 製）

測定：直径 d を図1の位置で測定して表1に記入した．

表1　直径 d の測定データ

番号	測定位置	零点の読み [mm]	読取値 [mm]	直径 d [mm]	残差 $\varDelta$ [mm]	(残差 $\varDelta$)^2 [mm^2]
1	a_1	0.002	1.004	1.002	−0.0018	3.24×10^{-6}
2	a_2	0.001	1.006	1.005	0.0012	1.44
3	b_1	0.002	1.005	1.003	−0.0008	0.64
4	b_2	0.000	1.007	1.007	0.0032	10.24
5	c_1	0.002	1.004	1.002	−0.0018	3.24
6	c_2	~~0.002~~[注3)] 0.001	~~1.050~~[注3)] 1.004	1.003	−0.0008	0.64
7	d_1	0.001	1.003	1.002	−0.0018	3.24
8	d_2	0.001	1.008	1.007	0.0032	10.24
9	e_1	0.002	1.005	1.003	−0.0008	0.64
10	e_2	0.002	1.006	1.004	0.0002	0.04
合計				10.038	0.0000	33.60×10^{-6}
平均				1.0038[注4)]		

最小読取値：0.001 mm，　機器不確かさ：±0.002 mm

データ整理：

直径 d について

$s_{\mathrm{m}}(d) = 0.00061$ mm，$\Delta d = \pm 0.0021$ mm

$d = 1.0038 \pm 0.0021$ mm

断面積 S の計算結果

$S = 0.7914$ mm^2，$\Delta S = \pm 0.0033$ mm^2

結果：針金の断面積 $S = 0.7914 \pm 0.0033$ mm^2 [注5)]

検討：（実験課題にある検討について考察する）．

注1）どの実験装置を使用したかが問題になったときに必要である．

注2）予習時に，目的・原理・方法について，合わせて1ページ程度にまとめる．

注3）データを取り消す場合は，消しゴム等で消さずに横線を2本引いて訂正し，再測定する．

注4）平均値などは測定値よりも1つ下の位まで求めておく．

注5）結果は適切な有効数字で示す．

右ページには計算やメモなどを書くとよい．

ここでは例として2ページに収めたため，項目間のスペースもなく，ごちゃごちゃして見にくい．実際にはもっと見やすいように配置するなど，工夫が必要である．

（ノートの右ページ）

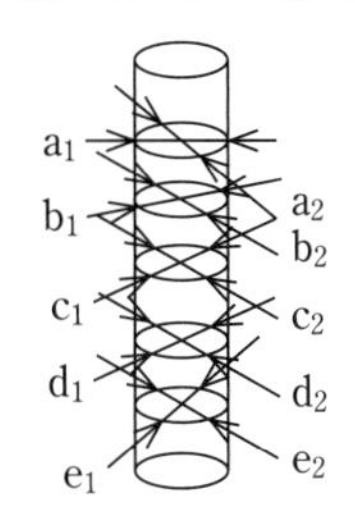

図1　直径の測定位置

・マイクロメータで測定する前にノギスで測ったら，直径は1.00 mmであった[注6]．

・測定の6番目は読取値が異常に大きかったので，やりなおした[注7]．

断面積の計算[注8]：

πは1.0038よりも1桁多くした[注9]．

$$S=\frac{\pi}{4}d^2=\frac{3.14159\times 1.0038^2\,\mathrm{mm}^2}{4}=0.79138\,\mathrm{mm}^2$$

不確かさの計算：

18ページの式(5.11)を使って，直径の標準不確かさは

$$s_{\mathrm{m}}(d)=\sqrt{\frac{\sum(\text{残差}\varDelta)^2}{n(n-1)}}=\sqrt{\frac{33.60\times 10^{-6}\,\mathrm{mm}^2}{10(10-1)}}=0.00061010$$

$$=0.00061\,\mathrm{mm}$$

20ページの式(5.12)を使って，

$$\Delta d=\sqrt{0.00061010^2+0.002^2}=0.00209=0.0021\,\mathrm{mm}$$

断面積を求める式と，21ページの式(5.18)を使って，

$$\Delta S=S\sqrt{\left(\frac{2\,\Delta d}{d}\right)^2}=0.7914\,\mathrm{mm}^2\times\sqrt{\left(\frac{2\times 0.00209}{1.0038}\right)^2}$$

$$=0.00329$$

$$=0.0033\,\mathrm{mm}^2$$ [注10]

注6）マイクロメータは目盛の読みまちがいが多いので，ものさしやノギスで確認する．

注7）実験途中でおこなった処置は記録する．

注8）代入する際は丸める前の値をそのまま用いる．教科書では簡単のために桁を省略している．

注9）円周率は関数電卓で「π」を入力する．

注10）不確かさの計算をするときは2桁の数値を用いる．

6.4　レポート(報告書)の作成方法

(1)　レポートの基礎

実験の成果などを報告するために作成した書類を**レポート**という．レポートは第三者が読むのであるから，報告者の意図を正しく伝えなくてはいけない．そのためにレポートはこのテキストなどの書物と同様，文章が中心となる．文章があって，そこに式や図(グラフ)，表などが入る．文章をしっかりと正しく書くことが必要である．

レポートの内容には責任をもつことが求められる．データをごまかしたり，計算まちがいや誤記入(指数の付け忘れ，単位記号の付け忘れなど)をしないよう，注意が必要である．

一般にレポートは報告を要求する側で形式(フォーマット)を定めている．本実験の場合は以下の形式で作成せよ．

(2)　レポートの形式

レポート用紙はA4判を使用する．実験結果を整理し以下の順番でまとめ，左上端をホッチキスでとめて提出する．

表　紙

指定の表紙に実験番号と実験班の番号(たとえば12C)，実験題目，入学年度，学年，クラス，学籍番号，氏名，室温，湿度，気圧，天候，共同実験者の氏名を記入する(共同実験者がいない場合は「なし」と記入する)．

1. 目　的

実験の背景，目的，意義などをまとめる．

2. 原　理

実験に用いる原理や式などをまとめる．式を示すときには行を改めて書き，引用される式については式の右側行端に(1), (2), …のように1から始まる通し番号をつける．

3. 実験方法

実験方法を簡潔な文章でまとめる．データ整理をおこなうときに必要になる実験装置に関する物理量(たとえば支点間の距離L)については簡単な図を用いて説明するとよい．ここで使用する式があれば書いておく．第三者が実験をおこなうために書くのではないから，実験装置の外観図やこまかい手順，注意書きなどは不要である．

4. 測定データとデータ整理

与えられた試料，測定データ，データ処理，計算結果を報告する(実験レポートはここからが重要で，テキストには書かれていない内容を報告することになる)．試料については，試料の名称・材質・特徴・スケッチなどを報告する．測定データは基本的に表を作成して，その中に記入する．データ処理は「一般式 = 数値式 = 計算結果」に単位記号を付けて報告する．測定データ等をグラフに表す場合は，グラフについて報告する．データを整理するときには，次のことなどに注意する．

・データをどのように整理するか文章で書く.
・図，表，式を引用する場合には，それらにつけておいた番号を利用する.
・物理量を表す数値には単位記号を付ける.
・数値計算をおこなったり計算結果を表示する場合には，有効数字に注意する.

5. 結　果

得られた実験結果を簡潔にまとめる. 最終的な計算結果だけではなく，実験の簡単な説明や測定試料の種類なども書いておく. レポートを見る人は，まず最初に結果が知りたくて，ここを読む場合が多いからである. ここでは結果に対する評価はせず，事実だけを書く. 実験課題によっては，いくつかの結果を報告する必要がある. その場合は実験1や2を参考にして，表にまとめるとよい.

6. 考　察

得られた実験結果の信頼性，意義，問題点などについて科学的に検討する. たとえば次のようなことについて考え，考えた内容をまとめる.

・得られた実験結果とテキストの付表や文献等に掲載されている値とを比較し，一致していないときにはその理由を考える.
・各測定値のうち，どの測定値の不確かさがその実験に大きな影響を与えているかを調べ，より精度の高い実験をおこなうための方法を考える.
・その実験で最も大きなネックになっていたと思われることを取り上げ，どのような改善が可能かを考える.
・原理に書いてあった内容と，実験を通して得られた内容とを対比させながら，実験の物理学的な意味について考える.

理工系のレポートは考察の良し悪しによって評価されるといってもよいほど，考察は重要である. しかし考察は最も取りかかりにくくて難しいので，テキストの各実験のところに「検討」という項目を設けて，考察の課題例を提供している. 考察を書くときには，次のような点に注意する.

・客観的に正しい根拠を示し，それをもとに考察する.
・長い文章が続くと読みにくいので，「6.1　参考データとの比較」というように項目のタイトルをつけ，項目ごとに分けてまとめる.
・テキストの「検討」に対する解答だけを書いてはいけない. 問題の提起から検討したことまでを文章でまとめる.
・少なくとも，テキストの「検討」に書いてある内容については全て考察して報告する.
・考察（客観的な内容）は感想（主観的な内容）とはまったく異なったものである. 感想にならないように気をつける.

7. 感　想

感想や反省したことなどについて，報告したいことがあれば書く.

参考文献

参考にした文献(書籍や論文など)があれば記載する．ただしこのテキストについては書かなくてよい．参考文献は，

著者，文献名，発行所，参考にしたページ，発行年

の順に書く．

辞典は参考文献として認めない．web も参考にすることは勧めないが，参考にした場合にはその URL を示す．

グラフ

実験中に作成したグラフとは別に「6.3　グラフのつくり方」を参考にして「レポート用のグラフ」を作成し，レポートの最後に綴じておく．

図や表について

図(グラフも図である)や表は，その図や表についての文章を書いてから載せ，図 1，図 2，…，表 1，表 2，…のように 1 から始まる通し番号をつけ，番号とキャプションを書く．番号とキャプションは，図の場合は図の下に，表の場合は表の上に書く．

レポートの作成例を 35～38 ページに《**参考**》としてかいておく．

《参考》 レポートの作成例

レポートの例を示す．表紙についてはここでは省略する．また，有効数字については見やすさを重視して適宜，桁を減らしている．実際のレポートでは正しく表記すること．

1．目的

与えられた円板型金属試料の質量を電子天秤で，直径をノギスで，厚さをマイクロメータで測定し，金属の密度を求める．

2．原理

物質の密度 ρ は，その物質で作られた物体の質量を m，体積を V とすると，

$$\rho = \frac{m}{V} \tag{1}$$

で表される．また円板の直径を d，厚さを h とすると，円板の体積 V は

$$V = \frac{\pi}{4} d^2 h \tag{2}$$

で与えられる．

3．実験方法

次のようにして実験を行った．

(1)　円板試料の質量 m を電子天秤で 0.001 g まで 1 回測定し，試料の直径 d をノギスによって 4 か所，高さ h をマイクロメータによって 10 か所測定する．

(2)　式 (1) と式 (2) を用いて試料の密度 ρ を求める．

(3)　測定値 d と h の不確かさ Δd と Δh を標準不確かさと機器不確かさから求め，式 (1) と式 (2) による不確かさ伝播の式

$$\Delta\rho = \rho\sqrt{\left(\frac{2\,\Delta d}{d}\right)^2 + \left(\frac{\Delta h}{h}\right)^2} \tag{3}$$

を用いて密度 ρ の不確かさ $\Delta\rho$ を求める．ただし，質量 m の不確かさは十分小さいので無視する．

4．測定データとデータ整理

4.1　測定試料

測定試料は直径 50 mm，厚さ 10 mm ほどのアルミニウム製の円板で，肉眼で見たところ汚れはなかった．しかしマイクロメータによる乱暴な測定を受けたときについたと思われる，直径 6 mm ほどの円形の傷などがあった．

4.2　試料の質量 m の測定

試料の質量 m を，最大秤量 200 g，最小表示 0.001 g の電子天秤で測定した．測定の結果 $m =$ 52.743 g が得られた．

4.3　試料の直径 d の測定

試料の直径 d をノギスによって図 1 に示す A から D の 4 か所で測定し，測定結果を表 1 に記入した．

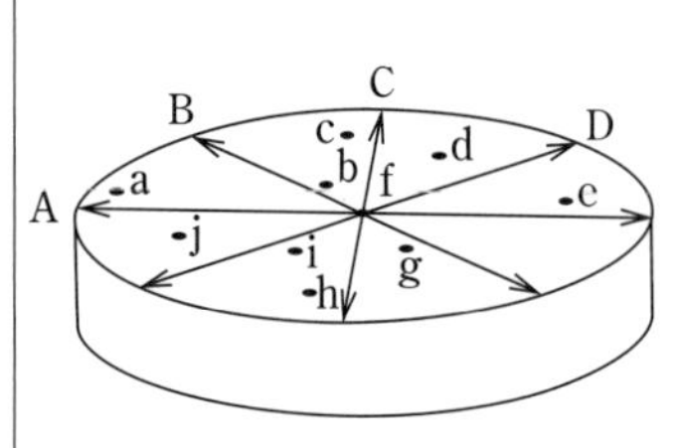

図 1　試料と測定位置

表 1　円板の直径 d の測定

測定位置	直径 d [mm]	残差 $\varDelta$ [mm]	(残差 $\varDelta$)^2 [mm^2]
A	50.00	0.012	1.44×10^{-4}
B	49.95	−0.038	14.44
C	50.00	0.012	1.44
D	50.00	0.012	1.44
	199.95	−0.002	18.76×10^{-4}
	49.988		

測定器：ノギス，最小読取値：0.05 mm，
機器不確かさ：±0.05 mm

4.4　試料の厚さ h の測定

試料の直径 h をマイクロメータによって，図 1 に示した a から j の 10 か所で測定し，測定結果を表 2 に記入した．

表 2　円板の厚さ h の測定

測定位置	0 点の読み [mm]	読取値 [mm]	高さ h [mm]	残差 $\varDelta$ [mm]	(残差 $\varDelta$)^2 [mm^2]
a	−0.002	10.001	10.003	−0.0024	576×10^{-8}
b	−0.003	9.996	9.999	−0.0064	4096
c	−0.002	10.008	10.010	0.0046	2116
d	−0.003	10.006	10.009	0.0036	1296
e	−0.003	10.006	10.009	0.0036	1296
f	−0.003	10.000	10.003	−0.0024	576
g	−0.002	10.014	10.016	0.0106	11236
h	−0.002	10.003	10.005	−0.0004	16
i	−0.003	9.995	9.998	−0.0074	5476
j	−0.003	9.999	10.002	−0.0034	1156
			100.054	0.0000	2.7264×10^{-4}
			10.0054		

測定器：マイクロメータ，最小読取値：0.001 mm，機器不確かさ：±0.002 mm

4.5　試料の密度 ρ の計算

はじめに試料の体積 V を求めるために式 (2) に測定で得られた試料の直径 $d=49.988$ mm，厚さ $h=10.0054$ mm を代入して計算した．その結果，

$$V=\frac{\pi}{4}d^2h=\frac{3.14159}{4}49.988^2\times10.0054\ \mathrm{mm}^3=19636.1\ \mathrm{mm}^3$$

が求められた．次に試料の密度 ρ を求めるために，式 (1) に体積 $V=19636.1\ \mathrm{mm}^3=1.96361\times10^{-5}\ \mathrm{m}^3$ と質量 $m=52.743\ \mathrm{g}=0.052743\ \mathrm{kg}$ を代入して計算した．その結果，

$$\rho=\frac{m}{V}=\frac{0.052743\ \mathrm{kg}}{1.96361\times10^{-5}\ \mathrm{mm}^3}=2.68602\times10^3\ \mathrm{kg\cdot m^{-3}}$$

が求められた．

4.6　不確かさの見積もり

はじめに試料の直径 d の不確かさ Δd と，厚さ h の不確かさ Δh を求めた．Δd は，測定回数 $n=4$ と表 1 の残差の 2 乗の合計，ノギスの機器不確かさ ±0.05 mm より，

$$\Delta d=\sqrt{\frac{残差の2乗の合計}{n(n-1)}+機器不確かさ^2}=\sqrt{\frac{18.76\times10^{-4}\,\mathrm{mm}^2}{4(4-1)}+0.05^2\,\mathrm{mm}^2}$$
$$=0.0515$$
$$=0.052\,\mathrm{mm}$$

となり，Δh は，測定回数 $n=10$ と表 2 の残差の 2 乗の合計，マイクロメータの機器不確かさ ±0.002 mm より，

$$\Delta h=\sqrt{\frac{2.7264\times10^{-4}\,\mathrm{mm}^2}{10(10-1)}+0.002^2\,\mathrm{mm}^2}=0.00265=0.0027\,\mathrm{mm}$$

となった．密度 ρ の不確かさ $\Delta\rho$ は式(3)

$$\Delta\rho=\rho\sqrt{\left(\frac{2\,\Delta d}{d}\right)^2+\left(\frac{\Delta h}{h}\right)^2}$$

で表されるが，先に，

$$\frac{2\,\Delta d}{d}=\frac{2\times0.0515}{50}=2.06\times10^{-3}=2.1\times10^{-3}$$

と，

$$\frac{\Delta h}{h}=\frac{0.0026}{10}=0.00265=0.27\times10^{-3}$$

を計算した．これらを式(3)に代入して計算した結果，

$$\Delta\rho=2.68602\times10^3\,\mathrm{kg\cdot m^{-3}}\sqrt{(2.06\times10^{-3})^2+(0.265\times10^{-3})^2}=0.00558=0.0056\times10^3\,\mathrm{kg\cdot m^{-3}}$$

となり，密度 ρ として $(2.6860\pm0.0057)\times10^3\,\mathrm{kg\cdot m^{-3}}$ が求められた．

5．結果

与えられたアルミニウム製円板試料(直径 50 mm，厚さ 10 mm)の質量を電子天秤で，直径をノギスで，厚さをマイクロメータで測定してアルミニウムの密度を求めた結果，
$(2.6860\pm0.0057)\times10^3\,\mathrm{kg\cdot m^{-3}}$ が得られた．

6．考察

6.1　参考値との比較

実験で求めたアルミニウムの密度は，3 桁の精度で表すと $2.69\times10^3\,\mathrm{kg\cdot m^{-3}}$ となって，テキストの付表 1 に載せてあるアルミニウムの密度 $2.69\times10^3\,\mathrm{kg\cdot m^{-3}}$ と一致する．しかしこの実験によって有効数字 4 桁の精度が得られたにもかかわらず，テキストの付表は 3 桁の精度でしかないので，他の参考文献で調べてみた．すると「理科年表」丸善 2004 年版には，20℃におけるアルミニウムの密度として $2.6989\times10^3\,\mathrm{kg\cdot m^{-3}}$ が示されていた．この密度は実験で得られた密度 $(2.6860\pm0.0057)\times10^3\,\mathrm{kg\cdot m^{-3}}$ とは，不確かさを考慮しても一致しない．そこで，この不一致について検討した．

(1)　円板表面にある傷の影響

「4.1　測定試料」に書いたように試料の表面には傷があり，指で触った感じでは傷の部分は多少盛り上がっているようであった．マイクロメータで測定した円板の厚さにきわだって大きな値(測定番号 7)があったのもその影響の可能性がある．そこで最も小さい $h=9.998$ mm(測定番号 9)は傷がないときの厚さであると仮定し，これを用いて密度を計算したところ $2.688\times10^3\,\mathrm{kg\cdot m^{-3}}$ が得られた．しかし不一致を説明できる値ではなかった．

(2)　アルミニウムの密度をインターネットで調べたところ，社団法人日本アルミニウム協会(2002 年)のウェブサイトによると，アルミニウム合金も含めて $(2.55\sim2.85)\times10^3\,\mathrm{kg\cdot m^{-3}}$ の

幅があった．一般に使用されているアルミニウム材はマグネシウム，銅，ケイ素，亜鉛などを加えた合金で，純アルミニウム材はほとんど市販されていないと書いてあったので，測定試料もアルミニウム合金であった可能性がある．

6.2　空気による浮力の影響

大気中に置かれた物体は空気による浮力を受けるので，天秤で測定した質量は真の質量よりも小さくなり，求められる密度も真の密度よりも小さくなる．すなわち試料円板の真の密度を ρ_c，空気の密度を ρ_a とおいて浮力を考慮すると，

$$m = V\rho = V(\rho_c - \rho_a) \tag{4}$$

の関係が成り立つ．ここで m と ρ は測定で求められた試料の質量と密度で，どちらも浮力の影響を受けている．また V は試料の体積である．空気の密度はテキストの付表 3 より $\rho_a = 1.3\,\mathrm{kg \cdot m^{-3}}$ であるので，実験で求められた $\rho = 2.686 \times 10^3\,\mathrm{kg \cdot m^{-3}}$ と式(4)から $\rho_c = 2.686 \times 10^3 + 0.001 \times 10^3 = 2.687 \times 10^3\,\mathrm{kg \cdot m^{-3}}$ が求められる．

空気の浮力が試料の密度 ρ に与える影響は，すなわち空気の密度 $\rho_a = 1\,\mathrm{kg \cdot m^{-3}}$ 程度であり，これは試料の密度の測定不確かさ $\Delta\rho = 6\,\mathrm{kg \cdot m^{-3}}$ に埋もれるほどに小さいことがわかった．

7．感想

試料の直径と厚さは，図 1 に示すように少しずつ位置を変えて測定することになっているが，位置を決めるのに苦労した．マーカーで印を付けてから直径と厚さを測定し，それらの測定が終わったら拭き取るようにしたらよいと思う．

II

基礎実験

実験1　ノギスとマイクロメータ

1. 目　的

金属製円柱の高さと直径を測定することによって，長さの測定器であるノギスとマイクロメータの使用法を習得する．高さと直径の測定値から円柱の体積を計算によって求めることにより，測定データの取り扱いや不確かさの見積もり方についても学ぶ．

2. 原　理

物体の長さを測るときに普通は1 mmの目盛のついたものさしを使う．しかしリング状の物体の内径や外径を測るとき（実験6など）には，ものさしを正しく当てて測定することはむずかしい．また小さな試料の長さや針金の直径を精度よく測定する（実験4，5，10，12など）ためには，細かい目盛のついた測定器が必要となる．そこで正確で精密な測定をおこなうために，測定機器にはいろいろな工夫がなされている．

2.1 ノギスの構造と使用法

ノギス（**キャリパー**）の外観と各部の名称を図1(a)に示す．ノギスは，**外側用ジョウ**の平行な2つの測定面に測定試料をはさむと，その間の長さが主尺と副尺で示されるようになっている．同様に，円筒の内径など内側の長さや2点間の距離は**内側用ジョウ**（**くちばし**）で，深さは**デプスバー**を用いて測ることができる．また副尺の原理（11ページの「副尺」を参照）によって0.05 mmまで正確に目盛を読み取ることができるようになっている．

図1(b)にノギスの0点（測定面を直接合わせた状態）における目盛の様子を示す．ノギスは，0点で主尺のゼロと副尺のゼロがきちんと一致し0.00 mmを示す．図1(b)を見てわかるように，この実験で使用するノギスの副尺の目盛は主尺の39目盛間隔を20等分したものである．したがって，副尺の1目盛は $\frac{39}{20}\,\mathrm{mm} = \left(2-\frac{1}{20}\right)\mathrm{mm}$ で，主尺の2目盛間隔よりも $\frac{1}{20}$ mm狭い．これをうまく利用して，このノギスでは $\frac{1}{20}$ mmの精度で目盛を読み取ることができる．図1(c)は目盛の読み取り方の例である．副尺の0の位置が主尺の3 mmと4 mmの間にあることから，測定値は $(3+x)$ mmであるとわかる．主尺と副尺の目盛が一致している位置は，副尺の0の位置から数えて，主尺では22本目（主尺目盛で25），副尺では11本目（副尺目盛で5.5）のところであるから，$x = 22\,\mathrm{mm}-11\left(2-\frac{1}{20}\right)\mathrm{mm} = \frac{11}{20}\,\mathrm{mm} = 0.55\,\mathrm{mm}$ が得

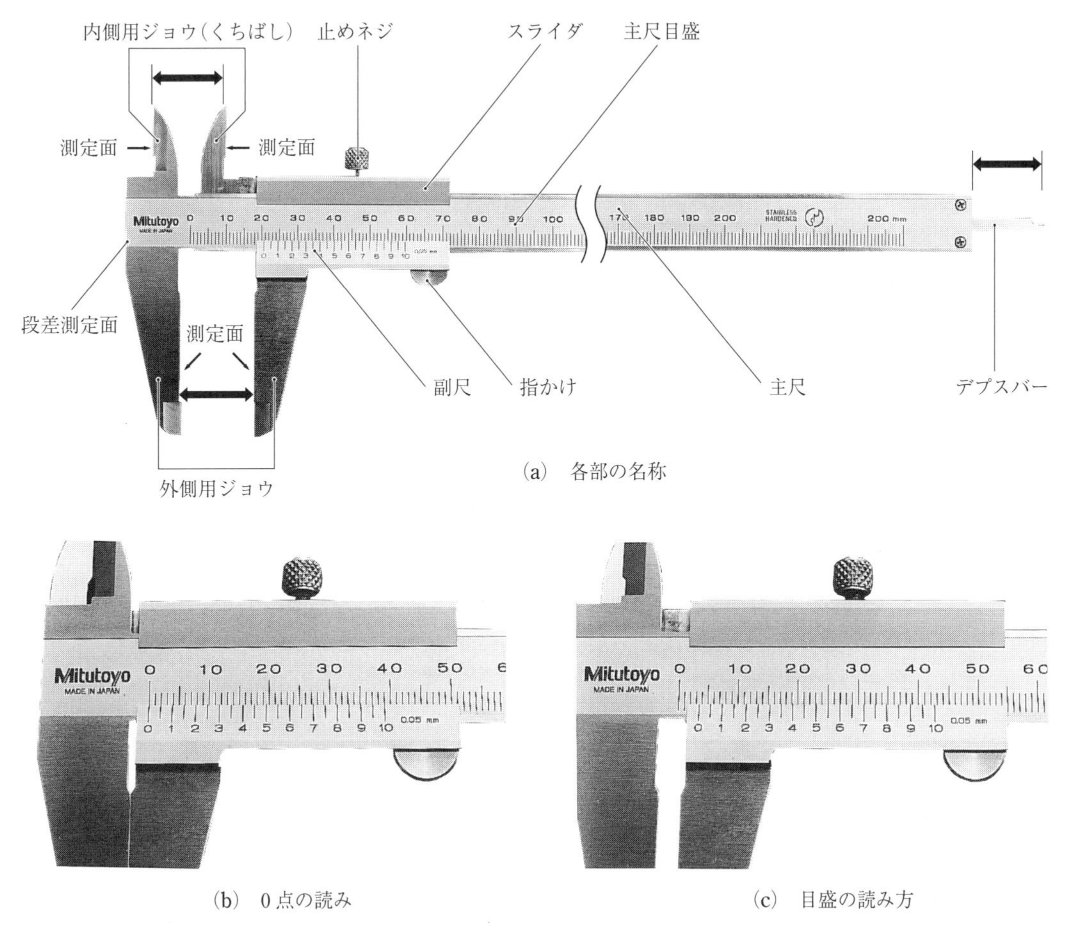

(a)　各部の名称

(b)　0点の読み

(c)　目盛の読み方

図1　ノギスの各部の名称と目盛の読み方

られ，測定値は 3 mm＋0.55 mm ＝ 3.55 mm となる．実際には副尺に実用的な数字が書いてあるので，主尺の目盛と一致した副尺の目盛を読み取ればよい．

2.2　マイクロメータの構造と使用法

マイクロメータの外観と各部の名称を図2(a)に示す．マイクロメータは，測定面間に試料をはさんだときの直線変位を**スリーブ**内にあるネジによって回転変位に変換し，**シンブル**の外周に目盛をつけて微小変化を読み取る構造になっている．本実験で使用する**標準マイクロメータ**ではシンブルは1回転で 0.5 mm 進み，シンブルには外周を 50 等分する**シンブル目盛**がつけてあるので，シンブル目盛の最小値は $\frac{0.5}{50}$ mm ＝ 0.01 mm である．本実験では副尺を利用して，さらに 0.001 mm ＝ 1 μm までの読み取りができるタイプのマイクロメータを使用する．スリーブ上には最小目盛が 0.5 mm の実寸目盛(**スリーブ目盛**)が刻まれていて，シンブルの左端の位置でこの目盛を読み取る．シンブル目盛はスリーブ上の基準線の位置で読み，副尺は副尺の目盛線とシンブルの目盛線が一致する箇所の副尺の目盛を読む．マイクロメータの0点は0.000 mmとは限らないので0点の値を読み取る必要がある．図2(b)と(c)にマイクロメータの0点を読み取るときの様子を示す．図2(b)ではスリーブ目盛は0.0 mm，シンブル目盛は0.01 mmを越えていないので0.00 mm，副尺は0.001 mmを示している．これらを足しあわせて0点は0.001 mmとわかる．図2(c)は0点がマイナスになっている例である．スリーブ目盛は0.0 mm，シンブル目盛は0.00 mmを越えていないので−0.01 mmである．スリ

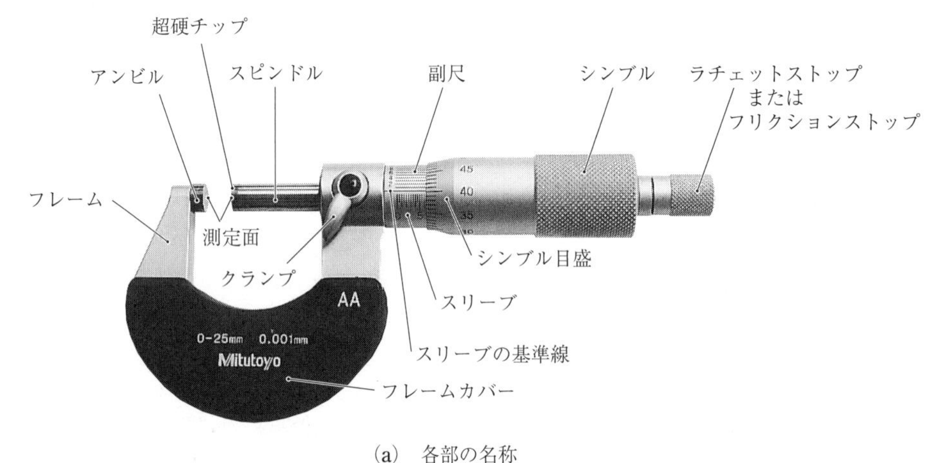

(a)　各部の名称

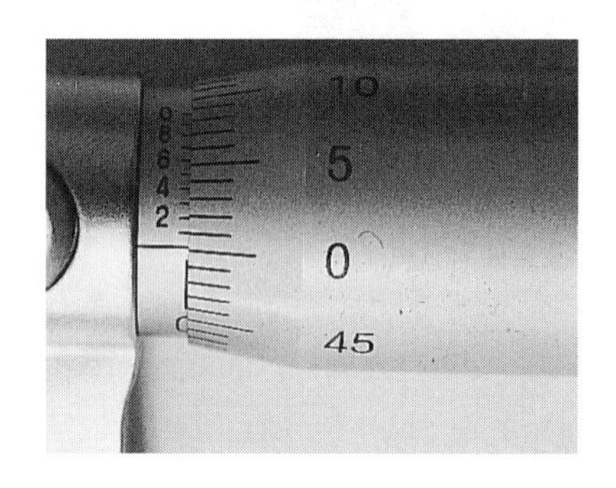

(b)　0点(＋側)の読み

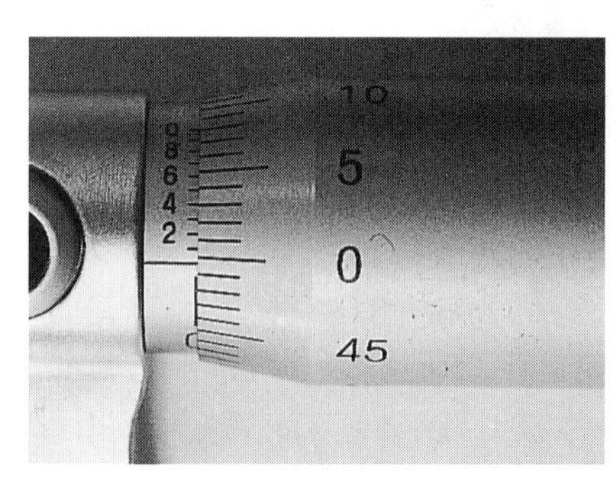

(c)　0点(−側)の読み

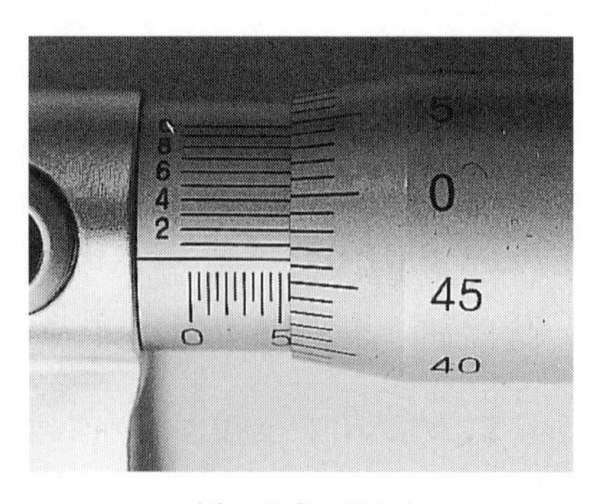

(d)　目盛の読み方

図2　マイクロメータの各部の名称と目盛の読み方

ーブやシンブルの丸みのために，図ではわからないが，副尺は0.006 mmとなっているので，これらを足し合わせて零点は−0.004 mmとなる．図2(d)は測定面に試料をはさんだときの目盛の様子である．スリーブ目盛は5.5 mm付近を示しているが，5.5 mmを越えているか否かはシンブル目盛で判断しなくてはいけない．シンブル目盛を見ると0.46 mmであり，0.50 mmを越えていない．従って5.5 mmを越えていないことがわかり，スリーブ目盛とシンブル目盛をあわせて5.46 mmとなる．さらに，副尺は0.002 mmなので，5.46 mm＋0.002 mm＝5.462 mmとなる．測定値はこの値から0点の値を差し引いた値になる．

2.3　使用上の注意

ノギスやマイクロメータを使用する前に，測定面をやわらかい紙で拭いて，ゴミや汚れなどをきれいに取り除く．次に測定面どうしを軽く合わせて光にすかし，隙間がないことを確認する．もしノギスの0点が0.00 mmではなかったり，マイクロメータの0点が±0.01 mm以上もある場合には，調整が必要か壊れている可能性もあるので，申し出よ．

ノギスもマイクロメータも，測定試料を必要以上に強い力ではさんではいけない．特にマイクロメータは，0点測定時にも試料をはさんだときにも，非常に弱く当てるようにしないと正確な測定ができない．マイクロメータを使用するときは次の2つの点に特に注意する必要がある．

マイクロメータの測定面どうしが接触する寸前(0点測定値)や測定面と試料が接触する寸前には，シンブルを回すスピードを十分に落とす必要がある．回転しているのがわかるようなスピードの場合，接触した瞬間に，シンブルの回転運動量によって測定面に非常に強い力が発生するからである．

マイクロメータには，ある一定以上の力が加わると空回りする，**ラチェットストップ**(新しいタイプのマイクロメータは**フリクションストップ**)という機能が設けてある．新しいタイプのマイクロメータはシンブルを回してもその機能が働くからよいが，古いタイプのマイクロメータ(ラチェット機能が働くとカチカチという音がする)はシンブルとねじが直結しているので，シンブルを持って回すと試料やマイクロメータを壊すおそれがある．必ずラチェットを回すようにせよ．

3．測定機器

この実験ではノギス(0〜200 mm)とマイクロメータ(0〜25 mm)を使用する．

4．試　料

測定試料は**ピンゲージ**という金属製の円柱で，側面に直径d_0 [mm]が表示してある．表示値の許容差は±0.001 mmである．試料は非常に硬いがさびやすいので，使用後の手入れが必要である．

5. 測　定

(1) 試料の表面をやわらかい紙（キムワイプ）で拭いて油や汚れを取り除いてから，試料側面に刻印されている直径 d_0 の値や特徴を記録し，スケッチする．

5.1 円柱の高さ h の測定

(2) 測定データを記録するための表を，表1を参考にしてノートに作成する．

(3) ノギスの外側ジョウで円柱の上下をはさみ，はさんだままの状態で目盛を読み取って円柱の高さ h を測定し，読取値を表1に記入する．この測定を10回おこなう．

(4) 高さ h の合計と平均値を計算して表に記入する．平均値は読取値よりも1つ下の位まで求める．

(5) それぞれの測定値についての残差（残差 Δ = 測定値 − 平均値）を計算する．極端に大きい残差（±0.1 mm 以上）があるときは，ノギスの測定面と試料が平行でなかったか，読み取りをまちがえた可能性があるので，その測定番号の測定をやりなおす．

(6) 残差の合計を計算する．残差の合計が0にならなかった場合は計算まちがいがあるので，見直しをする．

表1　円柱の高さ h の測定

測定番号	高さ h [mm]	残差 Δ [mm]	(残差 Δ)^2 [mm^2]
1	50.10	−0.005	25×10^{-6}
2	50.10	−0.005	25
3	50.05	−0.055	3025
4	50.10	−0.005	25
5	50.05	−0.055	3025
6	50.05	−0.055	3025
7	50.10	−0.005	25
8	50.20	0.095	9025
9	50.20	0.095	9025
10	50.10	−0.005	25
合計	501.05	0.000	2.7250×10^{-2}
平均	50.105		

測定器：ノギス（0〜200 mm），最小読取値：0.05 mm，
機器不確かさ：±0.05 mm

5.2 円柱の直径 d_1 の測定（ノギス）

(7) 測定データを記録するための表を，表2を参考にしてノートに作成する．

(8) 円柱の直径をノギスで測定し，測定値を表2に記入する．円柱の直径が不均一である場合を考えて，図3に示すように円柱の直交する2方向を一組として端からほぼ等間隔に

表2　円柱の直径 d_1 の測定（ノギス）

測定番号	測定位置	直径 d_1 [mm]	残差 Δ [mm]	(残差 Δ)^2 [mm^2]
1	A_0	5.85		
2	A_{90}	5.90		
3	B_0	5.85		
4	B_{90}	5.85		
⋮	⋮	⋮	⋮	⋮
9	E_0	5.90		
10	E_{90}	5.90		
合　計				
平　均				

測定器：ノギス（0～200 mm），最小読取値：0.05 mm，機器不確かさ：±0.05 mm

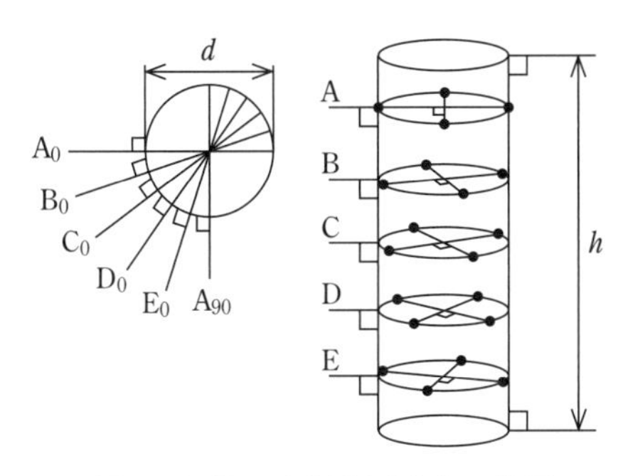

図3　円柱の直径を測定する位置

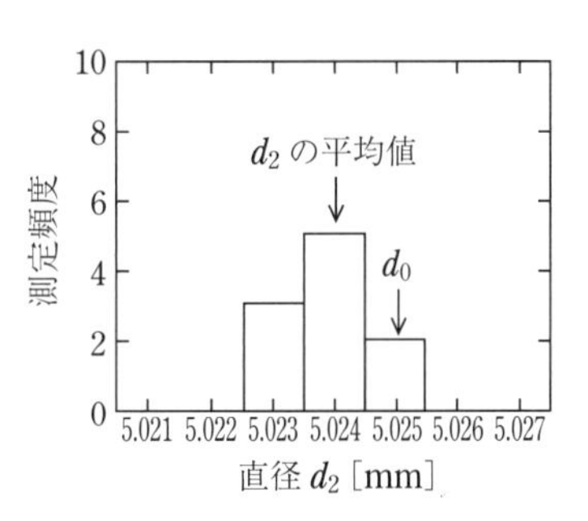

図4　直径 d_2 の分布

A～E までの5組，合計10か所の位置で測定する．ノギスで測定した直径は d_1 で表すことにする．

(9)　円柱の高さを測定したときの(4)～(6)と同様に，合計と平均値と残差を求める．

5.3　円柱の直径 d_2 の測定（マイクロメータ）

(10)　測定データを記録するための表を，表3を参考にしてノートに作成する．

(11)　マイクロメータの0点を読み取って表3の「0点の読み」に記入し，次に直径を測定するために試料をはさみ，はさんだままの状態で目盛を読み取って表の「読取値」に記入する．測定する位置はノギスの場合と同様に決める．マイクロメータで測定した直径は d_2 で表すことにする．

(12)　直径 d_2 を「読取値－0点の読み」で求め，表の「直径 d_2」に記入する．

(13)　円柱の高さを測定したときの(4)～(6)と同様に，合計と平均値と残差を求める．ただし極端に大きい残差は「±0.005 mm 以上」とする．

表3 円柱の直径 d_2 の測定（マイクロメータ）

測定番号	測定位置	0点の読み [mm]	読取値 [mm]	直径 d_2 [mm]	残差 $\varDelta$ [mm]	(残差 $\varDelta$)^2 [mm^2]
1	A_0	0.003	5.875	5.872		
2	A_{90}	0.003	5.875	5.872		
3	B_0	0.002	5.875	5.873		
4	B_{90}	0.002	5.875	5.873		
⋮	⋮	⋮	⋮	⋮	⋮	⋮
9	E_0	0.002	5.877	5.875		
10	E_{90}	0.003	5.876	5.873		
合　計		／	／			
平　均		／	／		／	／

測定器：マイクロメータ（0～25 mm），最小読取値：0.001 mm，機器不確かさ：±0.002 mm

6. 測定データの整理

6.1 体積の計算

(1) 高さ h と直径 d_1，d_2 のそれぞれの平均値を

$$V_i = \frac{\pi}{4} d_i^2 h \tag{1}$$

に代入して，円柱の体積 V_1, V_2 を求める．

6.2 不確かさの見積もり

(2) 測定値 h, d_1, d_2 について残差の2乗を計算して，それぞれの表に記入する．次に残差の2乗の合計を計算して表に記入する．

(3) 測定値 h, d_1, d_2 についての標準不確かさ $s_m(h)$，$s_m(d_1)$，$s_m(d_2)$ を18ページの式(5.11)によって見積もる．

例

$$s_m(h) = \sqrt{\frac{2.7\times10^{-2}}{10(10-1)}} = 0.017\ \mathrm{mm}$$

(4) 各測定値 h, d_1, d_2 の標準不確かさと機器不確かさを20ページの式(5.12)に代入して，それぞれの不確かさ Δh，Δd_1，Δd_2 を見積もる．

例

$$\Delta h = \sqrt{0.017^2+0.05^2} = 0.052\ \mathrm{mm}$$

$$h = 50.105\pm0.052\ \mathrm{mm}$$

(5) 体積 V_i の不確かさ ΔV_i は式(1)と21ページの式(5.18)から

$$\Delta V_i = V_i\sqrt{\left(\frac{\Delta h}{h}\right)^2+\left(\frac{2\,\Delta d_i}{d_i}\right)^2} \tag{2}$$

で表すことができる．$\frac{\Delta h}{h}$ と $\frac{2\,\Delta d_i}{d_i}$ を求め，式(2)を用いて体積 V_1, V_2 の不確かさ ΔV_1, ΔV_2 を見積もる．

7．結　果

(1) 実験結果を整理するための表を，表4を参考にして作成する．

(2) 円柱の直径をノギスで測定した組を**測定1**，マイクロメータで測定した組を**測定2**として，表の各欄に測定値や計算結果などを適切な有効数字で記入する．±がある欄には見積もった不確かさも記入する．

表4　実　験　結　果

測定	直径を測定した測定器	高さ h [mm]	直径 d_i [mm]	体積 V_i [mm^3]
1	ノギス	±	±	±
2	マイクロメータ		±	±

直径 d_0 =　　　mm

8．検　討

以下の課題について検討し，ノートにまとめる．

(1) 測定1と測定2で求めた直径の不確かさの範囲を明記し，両者の関係について考察せよ．

(2) 同様にして，求めた体積についても不確かさの範囲を明記し，両者の関係について考察せよ．

(3) 測定1の $\frac{\Delta h}{h}$ と $\frac{2\,\Delta d_1}{d_1}$ を比較し，式(2)を参考にしながら，測定1においては高さ h と直径 d_1 のどちらの不確かさのほうが体積の測定結果に大きい影響を与えているか調べよ．比較するときは単なる大小関係ではなく，両者の比が何倍ほどあるかということを考慮せよ．

(4) 同様にして測定2の場合についても調べよ．そしてこの実験で用いた試料の体積を求める場合，測定1と測定2のどちらの測定の方が精度が高いか判断せよ．

(5) 図4を参考にしてマイクロメータで測定した直径 d_2 の分布図をグラフ用紙に作成し，d_2 の最確値と試料に刻印してあった直径 d_0 の位置を記入せよ．そして分布図の結果について考察せよ．

実験2　オシロスコープ

1. 目　　的

オシロスコープの使用方法を理解し，電圧と周波数，位相差の測定方法を習得する．

2. 原　　理

オシロスコープは，電圧計の一種で，時間的に変化する電気信号を表示させる装置である．動作が高速であるため，高周波やパルス波のように早く変動する信号を観察するのに適している．そのため電気信号に変換された物理量を測定するためにも広く用いられている．

2.1 オシロスコープの構成と働き

オシロスコープは，トリガ回路とクロック発生回路のほか，アナログ・デジタル(AD)変換器から表示装置に至るまでのデジタル処理部からなる．トリガ回路は入力信号の波形を停止させるために，入力信号に合わせてトリガ・パルスを発生させて波形を表示させるタイミングを決める働きをもつ．クロック発生回路は，水晶振動子(動作周波数：数十 kHz から 100 MHz)などから構成され，オシロスコープ内でおこなわれる高速処理のタイミングをあわせるために時間軸の基準となっている．

本実験で使用するオシロスコープは，CH 1(チャンネル 1)と CH 2(チャンネル 2)の 2 つの信号入力端子があり，**2 現象オシロスコープ**とよばれている．それぞれのチャンネルに入力された電気信号を垂直軸に，時間を水平軸にとって入力電圧の時間変化を観測する 2 現象動作モードと，CH 1 の入力電圧を水平軸 X，CH 2 の入力電圧を垂直軸 Y に表して両者の関係を観測する X-Y 動作モードがある．X-Y 動作モードは位相差の測定に便利である．

2.2 波形を表示させる原理

ここでは，オシロスコープで波形を表示させる原理を，直感的にわかりやすいアナログのオシロスコープに立ち返って説明する．

オシロスコープで電圧の時間変化を観測する場合には，水平軸を時間に，垂直軸を電圧に設定する．たとえば図 1 の中央に示すような振幅 V_y，角周波数 ω ($\omega = 2\pi f$)，の正弦波電圧

$$Y = V_y \sin \omega t \tag{1}$$

を観測することを考える．垂直軸に入力した電圧 Y が時間とともに，図中の番号で示す点 0 から始まって点 4 のほうへと変化するとき，図 1 の左下に示すように時間 t に比例して電圧が増加する**のこぎり波**を水平軸に加えると，オシロスコープの画面上には図 1 (a) のように，点

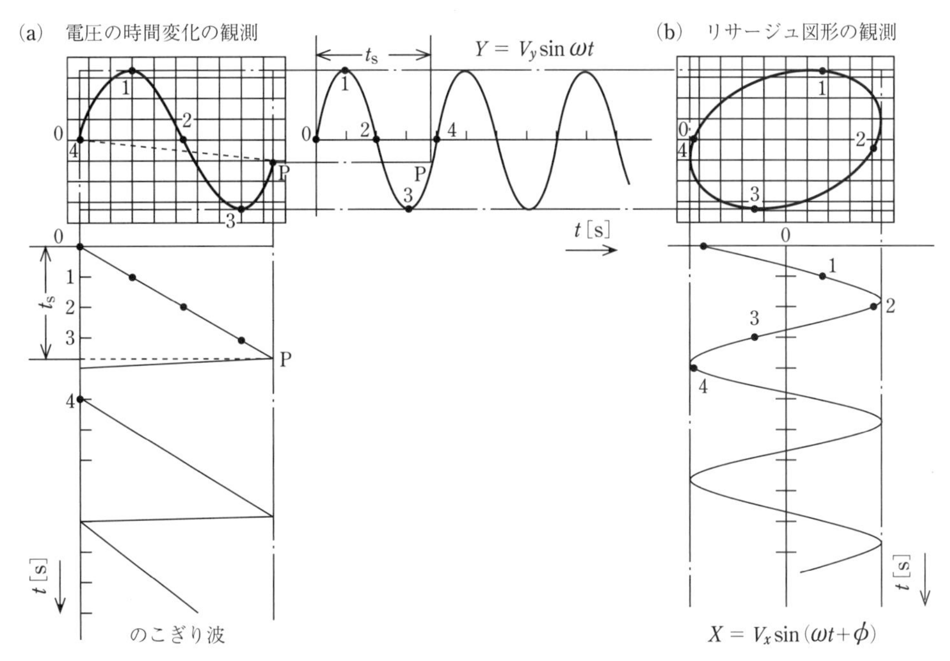

図1　波形の観測とリサージュ図形

0から点1, 2, 3の順に電圧の時間変化が表示されることになる．このように，のこぎり波を用いて輝点を左から右に一定速度で移動させることを**掃引**(sweep)という．また輝点が高速で動くことによって見える軌跡を**輝線**という．図1に示した掃引時間 t_s は「掃引時間切替つまみ」，垂直軸の入力電圧は「垂直軸感度切替つまみ」などで調節できる．

のこぎり波は入力信号のタイミングに合わせて発生させる必要があるので，入力信号が設定された電圧(**トリガ・レベル**：図1では点0の電圧)になった瞬間に「トリガ回路」がトリガ・パルスを出し，トリガ・パルスを引き金(trigger)にして「のこぎり波発生回路」がのこぎり波を発生させるようになっている．トリガ・レベルは「トリガ・レベル調節つまみ」で調節できる．

2.3　正弦波信号電圧の振幅と位相，位相差

時間 t [s] とともに周波数 ω [Hz]で振動する正弦波の信号電圧 $V_0(t)$ として

$$V_0(t) = A \sin(\omega t + \delta_0) \tag{2}$$

を考える．ここで，A は振幅，$\theta_0(t) = \omega t + \delta_0$ は時間 t における位相である．δ_0 は $t = 0$ における位相で，初期位相と呼ばれる．$V_0(t)$ は図2に示すような正弦曲線となる．図中の周期 T [s] は周波数 ω と $\omega = 2\pi/T$ の関係にある．ある時間 t における $V_0(t)$ の値を決めるためには位相 $\theta_0(t)$ を知ればよい．正弦関数は周期 2π の周期関数であるので，位相が 2π の整数倍だけ異なる時点では，電圧は同じになる．正弦波信号の振幅を評価するときには，波高値 $V_{\text{p-p}}$ (p-p は peak to peak の意味)がよく用いられる．波高値は波の最大値と最小値の差で求めら

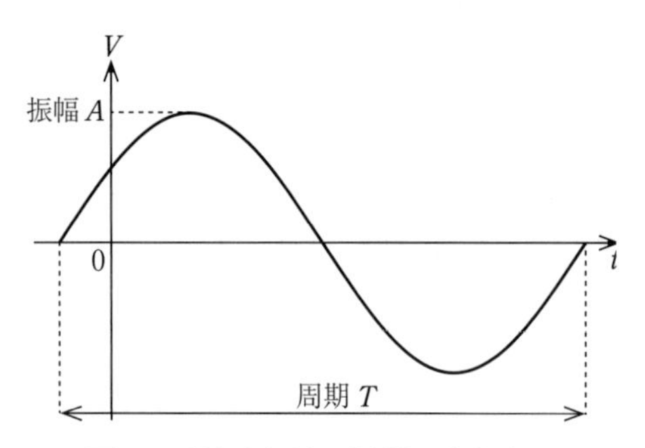

図 2　正弦波信号の周期 T と振幅 A

れ，振幅 A の 2 倍の大きさになる．

次に，2 つの振幅と周波数が同じ正弦波信号 $V_1(t)$ と $V_2(t)$ の位相差を考える．この 2 つの信号の位相差 δ は，それぞれの初期位相の差で与えられ，$\delta=\delta_2-\delta_1$ となる．この位相差は時間 t に対して不変であり，それぞれの位相 $\theta_1(t)$ と $\theta_2(t)$ の差は

$$\theta_2(t)-\theta_1(t)=(\omega t+\delta_2)-(\omega t+\delta_1)=\delta_2-\delta_1=\delta \tag{3}$$

となる．信号間の位相差が正のとき，信号 $V_2(t)$ は $V_1(t)$ よりも位相が δ だけ進んでいる．反対に位相 δ が負であれば，$V_2(t)$ は $V_1(t)$ よりも位相が δ だけ遅れている．

本実験では 2 つの信号の時間波形が同時に表示される 2 現象動作モードと，CH 1 と CH 2 の電圧がそれぞれ水平軸 X と垂直軸 Y として表示される X-Y 動作モードで位相差を測定する．X-Y 動作モードでの位相差の測定については後述する．2 現象動作モードで 2 つの信号 $V_1(t)$ と $V_2(t)$ をオシロスコープで表示させると，図 3 のようになる．ここでは，2 つの信号 $V_1(t)$ と $V_2(t)$ をそれぞれ CH 1 と CH 2 に入力し，CH 1 の初期位相 δ_1 を 0 としている．2 現象動作モードから位相差を求めるためには，2 つの信号の時間差 τ と周期 T を測定すればよい．位相差 δ と周期 T，時間差 τ の関係は $\delta=2\pi\tau/T$ [rad] ($=360\tau/T$ [°]) である．位相差 δ は時間 t によらない．

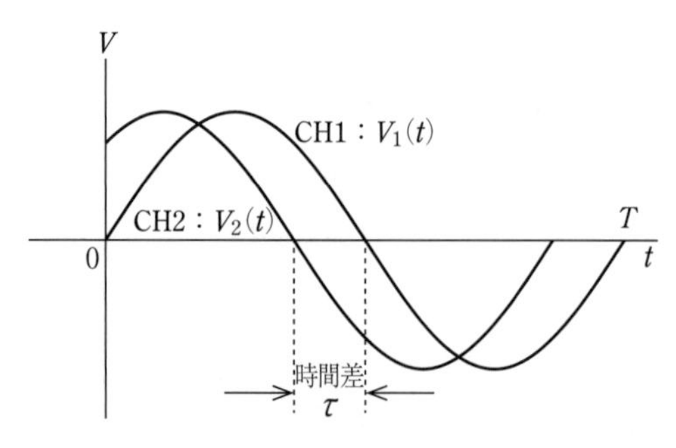

図 3　2 現象動作モードによる位相差の測定

2.4　リサージュ図形（X-Y 動作モード）による位相差の測定

2.1 に紹介した X-Y 動作モードを用いて位相差を測定する方法を説明する．X-Y 動作モードのとき，CH 1 の入力電圧が水平軸 X，CH 2 の入力電圧が垂直軸 Y になっている．画面上には図 4 に示すようなリサージュ図形とよばれる図形が現れる．オシロスコープ画面上の軌跡は CH 1 と CH 2 の入力信号である．なぜこのような図形が現れるかイメージが付かない場合は図 1 を眺めれば，理解の助けになる．

$$x = V_0 \sin(\omega t) \tag{4}$$

$$y = V_{C0} \sin(\omega t - |\delta|) \tag{5}$$

より，t を削除して得られる xy 平面上の図形と同じものである．図 4 に示した V_1 と V_2 は $V_1 = 2V_{C0}$，$V_2 = 2V_{C0} \sin|\delta|$ となるので，V_1 と V_2 を測定すれば位相差 δ を，

$$\delta = \sin^{-1} \frac{V_2}{V_1} \tag{6}$$

により求めることができる．リサージュ図形から位相差を求める方法は，周波数を変えても時間軸を調整する必要がないことや，特に位相差の小さいときに高精度な測定ができるなどの長所をもつ．位相差がゼロの場合のリサージュ図形は $y = x$ の直線になる．参考として，図 5 に代表的な位相差におけるリサージュ図形を示しておく．楕円の長軸の傾きの正負によって，$\delta < 90°$（傾きが正）か $\delta > 90°$（傾きが負）かが判別できる．

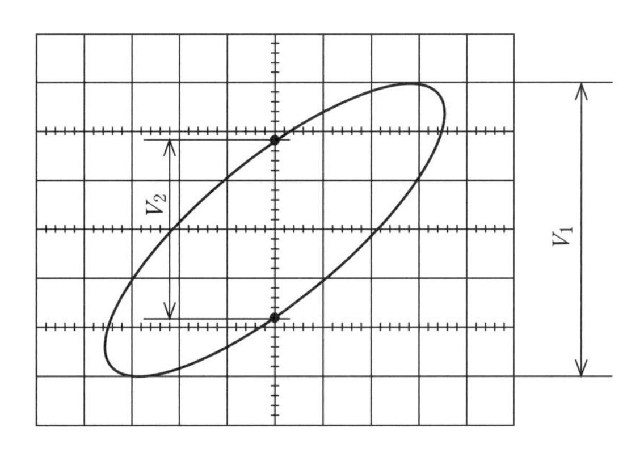

図 4　リサージュ図形による位相差の測定

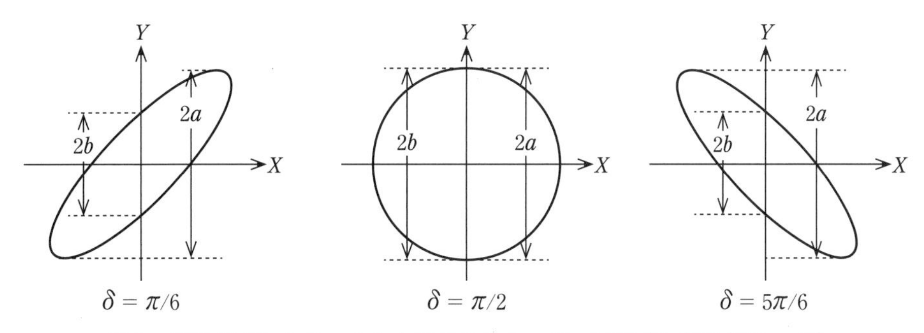

図 5　位相がずれた 2 つの入力信号のリサージュ図形（X-Y 動作モード）

3.　可変移相回路

可変移相回路とは，2系統の出力間に位相差をもたせることができる回路である．本実験で用いる回路は，変圧器と，コンデンサ，可変抵抗器を組み合わせたものである．詳細な説明は後の《**参考**》に示すが，この回路を用いて出力間に以下の式に示す位相差δを生じさせることができる．

$$\delta = 2\tan^{-1} 2\pi fCR\ [\mathrm{rad}] \tag{7}$$

ここで，f [Hz] は入力電圧の周波数，C [F] はコンデンサの静電容量，R [Ω] は可変抵抗器の電気抵抗である．この式より，電気抵抗Rを0から無限大まで大きくすると位相差を0からπ [rad] まで調整できることがわかる．

4.　プローブ

オシロスコープで測定対象の電圧などを観測するとき，測定対象にできるだけ影響を与えないようにする必要がある．そのためにはオシロスコープの入力インピーダンスができるだけ高く，特に高い周波数でのインピーダンス低下を防ぐためには静電容量が小さいことが望ましい．そこで入力抵抗が大きく，静電容量が小さい**プローブ**を使用する．プローブの概略図と回路図を図6に示す．スイッチによって×1(直接入力)と×10に切り替えることができる．×10に切り替えた場合には入力信号が1/10に減衰するが，高インピーダンス(～10 MΩ)と小静電容量(～20 pF)が実現される．一般に入力電圧が1/10になることが問題にならない限り×10で使用する．×10で使用するプローブを特に**10：1プローブ**という．

5.　オシロスコープの操作とデータの読み取り方

オシロスコープ(Tektronix TBS 1052C)を用いた，電圧と周期の測定方法について説明する．本実験でオシロスコープを使用するときは，図7でスイッチやつまみに付けた番号を参照

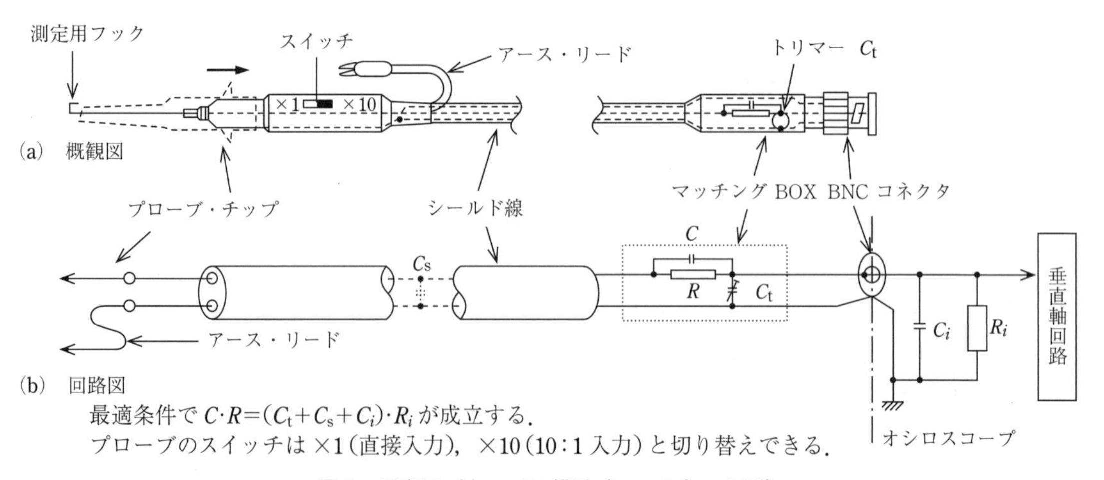

図6　測定用プローブの構造(アッテネータ型)

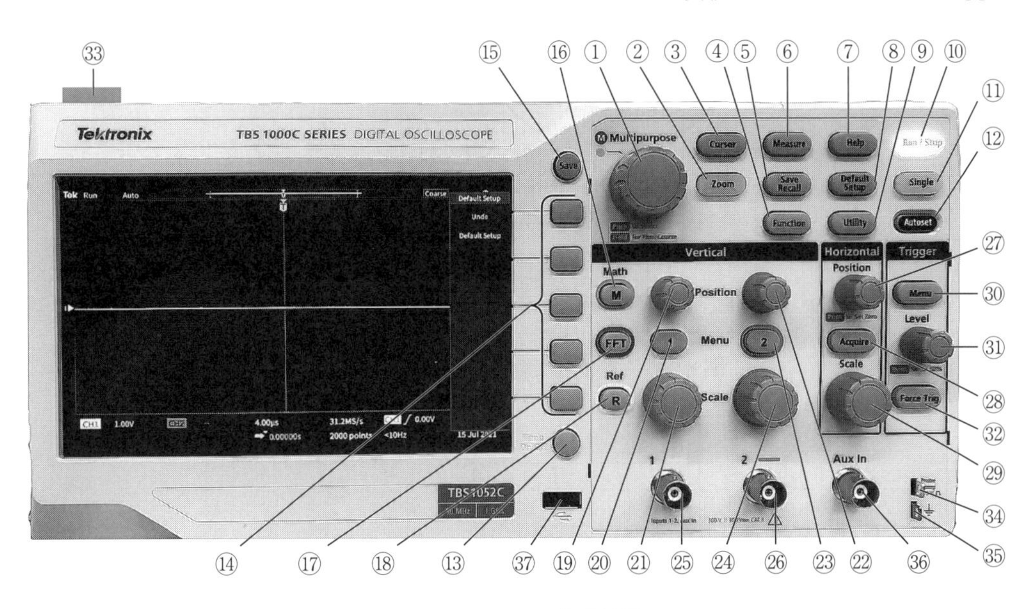

設定系

① Multipurpose（汎用つまみ）
②* Zoom（ズーム表示ボタン）
③* Cursor（カーソル表示ボタン）
④* Function（機能呼出ボタン）
⑤* Save Recall（設定保存 / 呼出ボタン）
⑥ Measure（測定ボタン）
⑦* Help（ヘルプ呼出ボタン）
⑧ Default Setup（工場出荷時設定ボタン）
⑨* Utility（ユーティリティ表示ボタン）
⑩ Run/Stop（実行 / 停止ボタン）
⑪ Single（一時停止ボタン）
⑫ Auto set（軸感度自動設定ボタン）
⑬ Menu On/Off（メニュー表示 / 非表示ボタン）
⑭ Menu Select（メニュー選択ボタン）
⑮* Save（設定保存ボタン）

垂直軸系

⑯ Math（演算ボタン）
⑰* FFT（フーリエ変換ボタン）
⑱* Ref（リファレンスボタン）
⑲ Vertical Position CH1（CH1 垂直位置調整つまみ）
⑳ CH1 Menu（CH1 メニュー表示ボタン）
㉑ Vertical Scale CH1（CH1 垂直軸感度切替つまみ）
㉒ Vertical Position CH2（CH2 垂直位置調整つまみ）
㉓ CH2 Menu（CH2 メニュー表示ボタン）
㉔ Vertical Scale CH2（CH2 垂直軸感度切替つまみ）
㉕ CH1 Input（CH1 入力端子）
㉖ CH2 Input（CH2 入力端子）

水平軸系

㉗ Horizontal Position（水平位置調整つまみ）
㉘ Acquire（取込みボタン）
㉙ Horizontal Scale（水平軸感度切替つまみ）

トリガ系

㉚* Trigger Menu（トリガメニュー表示ボタン）
㉛ Trigger Level（トリガ・レベル調整つまみ）
㉜* Force-Trig（強制トリガボタン）

その他

㉝ Power（電源ボタン）
㉞ Probe Comp（校正信号出力端子）
㉟ GND（アース端子）
㊱* AUX Input（AUX 入力端子）
㊲* USB Input（USB 入力端子）

*本実験では使用しない

図7　オシロスコープのパネル面（Tektronix TBS 1052C）

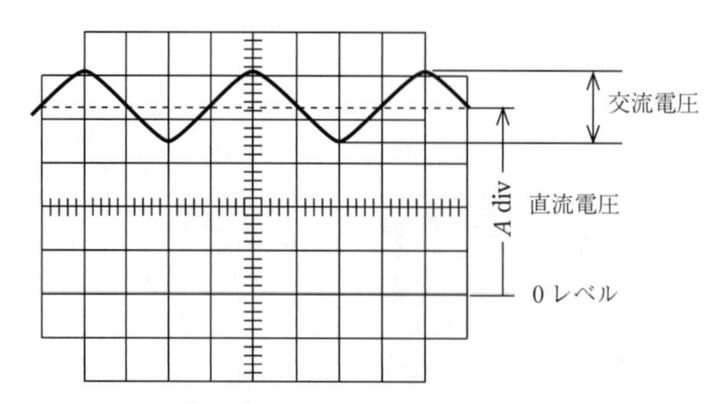

図 8　直流電圧と交流電圧が含まれた信号

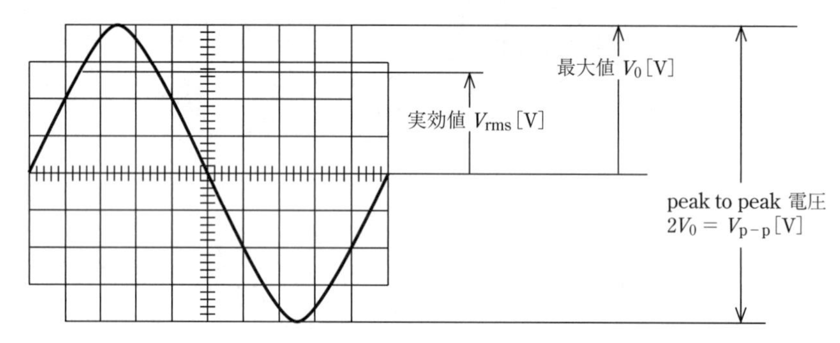

図 9　交流電圧の波高値 (peak to peak)，実効値，最大値の関係

するとよい．

画面には図 8 や図 9 に示したような格子状の目盛があって，特に中央の十字線には細かい目盛が付いている．目盛はオシロスコープに特有な div という単位で読み取る．本実験で使用するオシロスコープも含め，ほとんどの機種では 1 div はおよそ 1 cm である．本実験では，オシロスコープの目盛を最小読取値 0.1 div で読み取る．div は division の略で，目盛という意味である．

5.1　基 本 操 作

オシロスコープの基本操作について簡単に説明する．図 7 に示すように，前面パネル上側と左側に設定系，下側中央に垂直軸系，右側に水平軸系とトリガ系が配置されている．前面パネル最下段にはデータ入出力用の各種端子が配置されており，左から USB ポート端子，CH 1 と CH 2 信号用の同軸入力端子，AUX 入力端子 (外部トリガ信号入力など)，5 V 方形波の校正信号出力端子が備わっている．オシロスコープの上面左側には電源スイッチがあり，押下 (O から I) することで，起動する．

(1)　設定系

オシロスコープを用いてデータを読み取る上で必要な設定をおこなうつまみや，観測の助けになる機能を画面上に表示するボタンなどが配置されている．

Multipurpose (汎用つまみ) ①：メニュー画面に表示される項目を選択するために用いる．

左上のランプが緑色に点灯している間は，このつまみを回すことで画面内の項目を移動し，押し込むことでその項目を選択できる．

Measure（測定ボタン）⑥：オシロスコープに表示させた波形から読み取れる情報は，周波数や波高値，位相差など様々である．それらは通常目視で読み取るが，デジタルオシロスコープでは画面上に数値を表示させることが可能である．ボタンを押すことで測定メニューが表示され，波形とともに表示したい情報をCH 1とCH 2でそれぞれ3項目まで選択できる．

Default Setup（工場出荷時設定ボタン）⑧：垂直，水平軸感度設定や，Measure機能を用いた数値表示は，電源を切ってもリセットされず，前回実験者の設定がそのまま残っている．そのため，起動後はまずこのボタンを押すことで，初期設定に戻す必要がある．測定中間違えて押してしまった場合，焦らずにメニュー選択ボタンからUndo Default Setupを押すこと．

Run/Stop（実行/停止ボタン），Single（一時停止ボタン）⑩，⑪：オシロスコープが表示する波形は常に一定ではなく，ノイズなどの影響を受けて細かく揺れ動いている．Singleを押すと，その時点での波形で一時停止するため，波高値や周波数を精度よく読み取ることができる．通常緑色に点灯しているRun/Stopは，一時停止中は赤色に点灯し，押すことで一時停止が解除され，緑色に戻る．

Auto set（軸感度自動設定ボタン）⑫：画面上に3〜4周期分の波形ができるだけ大きく表示されるように，水平，垂直軸感度設定を自動でおこなう．非常に便利な機能であるが，自動的にCH 1/CH 2を上下に割り振るため，2つの波形を重ねて表示したい場合など一部適さない場合もある．

Menu On/Off（メニュー表示/非表示ボタン），Menu Select（メニュー選択ボタン）⑬，⑭：画面右端に5列で表示されるメニューは，それぞれの右側にあるMenu Selectに対応している．設定後にメニューを非表示にする際には，Menu On/Offを押す．

（2）　垂直軸系

CH 1，CH 2系統の入力端子やボタン，つまみが，その左に入力電圧を変換するボタンが配置されている．CHはchannel（チャンネル）の略である．

Math（演算ボタン）⑯：CH 1とCH 2の2つの入力電圧に対して，加算や減算といった演算をおこない，その結果を画面に波形として表示する．

Vertical Position（垂直位置調整つまみ）⑲，㉒：表示された波形を垂直方向に移動させるつまみである．

Menu（チャンネルメニュー表示ボタン）⑳，㉓：画面右端に各チャンネルのメニューを表示するボタンである．

Vertical Scale（垂直軸感度切替つまみ）㉑，㉔：垂直軸の入力感度を切り替えるつまみである．入力感度は画面左下に表示される．

（3）　水平軸系

Horizontal Position（水平位置調整つまみ）㉗：表示された波形を水平方向に移動させるつ

まみである．押し込むことで移動をリセットできる．

Acquire（取込みボタン）㉘：入力電圧の表示方法を設定するメニューを開くボタンである．主に X-Y 動作モードに変更する際に使用する．

Horizontal Scale（水平軸感度切替つまみ）㉙：水平軸の入力感度を切り替えるつまみである．入力感度は画面中央下に表示される．

(4)　トリガ系

波形を画面上に表示させるタイミングなどを設定する．

Trigger Level（トリガ・レベル調整つまみ）㉛：波形を表示させるスタート点の垂直位置を調整する．通常は画面中央（0 レベル）からスタートさせる．

5.2　電圧および時間の読み取り方

CH 1 に入力された電圧を測定する場合について電圧と時間の読み取り方を説明する．

交流電圧の測定：交流電圧を読み取る場合には，図 9 に示すように，画面上に表示された波形の**波高値** $V_{\mathrm{p-p}}$（p-p は peak to peak の意味）を測定する．

画面上で波高値が A [div] であれば，

・直接入力の場合

$$V_{\mathrm{p-p}}\,[\mathrm{V}] = \text{Vertical Scale CH 1（垂直軸感度切替）㉑ の指示値 [V/div]} \times A\,[\mathrm{div}] \tag{8}$$

・10：1 プローブを使用した場合（本実験の場合）

$$V_{\mathrm{p-p}}\,[\mathrm{V}] = \text{Vertical Scale CH 1（垂直軸感度切替）㉑ の指示値 [V/div]} \times A\,[\mathrm{div}] \times 10 \tag{9}$$

により波高値 $V_{\mathrm{p-p}}$ を求めることができる．図 9 には波高値が 8.0 div の例が示してある．

交流電圧 $V = V_0 \sin \omega t$ の 2 乗を 1 周期間で平均した値の平方根，すなわち $\dfrac{V_0}{\sqrt{2}}$ を交流電圧の**実効値** V_{rms} という．実効値をもちいると，抵抗 R に電圧 V_{rms} をかけたときに抵抗で消費される電力を，直流の場合と同様に $\dfrac{{V_{\mathrm{rms}}}^2}{R}$ で表すことができる（rms は root mean square の意味）．

交流電圧の波高値 $V_{\mathrm{p-p}}$，実効値 V_{rms}，最大値 V_0 は次の関係で表される．

$$V_{\mathrm{rms}} = \frac{V_{\mathrm{p-p}}}{2\sqrt{2}}, \qquad V_0 = \frac{V_{\mathrm{p-p}}}{2} \tag{10}$$

なお，直流電圧は時間変化しないため，その波形は直線になる．そのため，直流電圧を測定する場合は，波形が表示されている位置と 0 レベル（左の目盛外に三角で表示されている，電圧 0 V の位置）との差 A [div] を用いれば，交流電圧と同様に波高値を測定できる．

時間および周期の測定：水平軸において 2 点間の目盛が x [div] のとき，その 2 点間の時間 t は，

$$t\,[\mathrm{s}] = \text{Horizontal Scale（水平軸感度切替）㉙ の指示値 [s/div]} \times x\,[\mathrm{div}] \tag{11}$$

となり，交流の周期 T は，画面上で n 周期が x [div] であったとすると，

$$T\,[\mathrm{s}] = \text{Horizontal Scale（水平軸感度切替）㉙ の指示値 [s/div]} \times x\,[\mathrm{div}] \times \frac{1}{n} \tag{12}$$

から求めることができる．周波数 f [Hz] は周期 T [s] の逆数であるから，次式で与えられる．

$$f = \frac{1}{T} \tag{13}$$

5.3　不確かさの評価

信号波形の周期や振幅電圧はオシロスコープに表示された桁数が多い場合でも正確とは限らない．本実験では，オシロスコープの精度として最小読取目盛 0.1 div まで読み取れると考える．オシロスコープから直接読み取った電圧と周期の有効数字は，この 0.1 div と垂直軸感度 V/div（もしくは水平軸感度 sec./div）を掛け算して求めることができる，最小読取電圧（時間）と同じ位までとする．こうして求めた有効数字は 2 桁あるいは 3 桁となる．計算に用いる際には，桁落ちしないように桁を多めにとるように注意されたい．なお，最小読取電圧と最小読取時間，具体的な有効数字の計算については，63 ページの 8.1 を参照されたい．

6．測 定 準 備

6.1　オシロスコープの初期設定

(1)　オシロスコープの電源スイッチ ㉝ を押し込む．直後に Run/Stop ボタン ⑩ が緑色に光らない場合，電源ケーブルが正しく接続されているかを確認せよ．その後 30 秒程度で起動し，2 現象動作モードの計測画面が表示される．そのままだと前回実験者の設定が残っており正しい測定がおこなえないため，Default Setup ボタン ⑧ を押し初期設定に戻す．画面中央に黄色の直線が表示される．

(2)　Vertical の CH 1 Menu ボタン ⑳ を押す．初期設定では Probe Setup が 10×になっている．10×のままだと振幅が 10 倍に表示されるため，1×に変更する．画面に表示されている Probe Setup の隣のボタンを押すと，Multipurpose つまみ ① の横のランプが緑色に点灯する．つまみを回して Attenuation を選択したら，つまみを押し込む．そこからつまみを左に回すことで，10×→ 5×→ 2×→ 1×と変化する．1×に合わせたらもう一度 Multipurpose つまみ ① を押し込むことで決定できる．

(3)　Measure ボタン ⑥ を押すと，CH 1 Measurement Selection 画面が表示される．この画面では，周波数（Frequency）や波高値（Peak-to-Peak），位相（Phase）など測定したいものを選択することで，画面上に表示するように設定できる．Multipurpose つまみ ① の回転で項目を選択し，押し込みで決定する．今回の実験では周波数，波高値，位相に対応した Frequency，Peak-to-Peak，Phase（さらに CH 1-CH 2 を選択）を使用する．Phase の中から CH 1-CH 2 を選択すると，CH 1 と CH 2 の位相差が表示される．これらの項目の文字の横に □ マークが出ていれば選択できている．設定が完了したら，Menu On/Off ボタン ⑬ で戻る．画面左下に「CH 1 Frequency ○ Hz」，「Pk-to-Pk ○○ mV」，「Phase : CH 1-CH 2 ○○ deg」などと表示されているはずである．

6.2　10：1 プローブの調整

10：1 プローブを最適状態で使用するために，以下のように調整する．オシロスコープの **Probe Comp（校正信号出力端子）**㉞から，周波数約 1 kHz，波高値約 0.5 V_{p-p} の**方形波**（矩形波）が出力されているので，それを用いておこなう．

(4)　CH 1 INPUT ㉕にプローブの **BNC コネクタ**を接続する．BNC コネクタは同軸ケーブルと機器の入出力端子を接続するコネクタで，コネクタを結合するときはケーブル側コネクタの外周リングにある溝と機器側コネクタの小さな突起を合わせてリングを押し付けながら時計方向に回す．リングの奥にバネが入っているので，しっかりと固定できる．なお BNC コネクタの B は Bayonet（バヨネット）という接続方法，N と C は Neill Concelman という開発者の名前である．

(5)　プローブの倍率切替スイッチを×10 に設定して 10：1 プローブとして使用する．以後このスイッチを切り換えてはいけない．プローブについては図 6 を参照する．

(6)　プローブ先端のビニール製黒色カバーを図 6 の矢印の方向に押し込むと先端に測定用フックが現れるので，フックを Probe Comp ＝ 5 V（校正信号出力端子）㉞に接続する．アース・リードはどこにも接続しない（アース側はすでにオシロスコープの内部でつながっているので，アース・リードをオシロスコープにつなぐと，2 か所で接続したことになる．アース線を 2 か所で接続すると電磁ノイズの影響を受けることがある）．

(7)　CH 1 の Vertical Scale CH 1（垂直軸感度切替つまみ）㉑を 100 mV/div，Horizontal Scale（水平軸感度切替つまみ）㉙を 400 μs/div を目安にあわせる．図 10 のような波形が表示されるはずである．波形が静止しない場合は Trigger Level（トリガ・レベル調整つまみ）㉛を左右に少し回してみる．

(8)　表示された形波が図 11（a）や（c）のように，ひどく崩れているときは，プローブの BNC コネクタ付近にあるトリマー・コンデンサ（静電容量 25〜45 pF）の調整ネジをドライバーでわずかに回して，波形が図 11（b）のような最適状態になるように調節する．ドライバーが必要な場合は申し出よ．

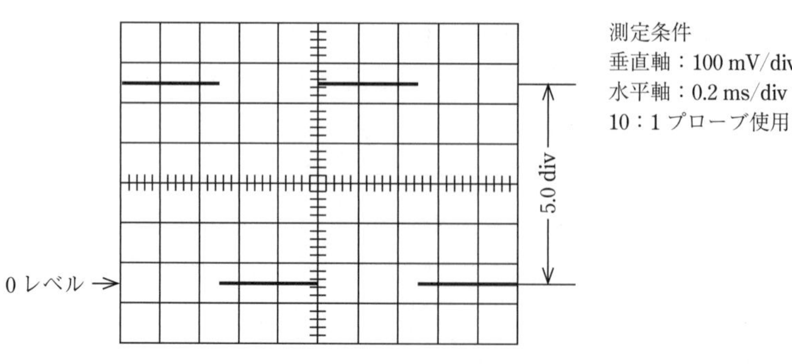

図 10　校正信号波形

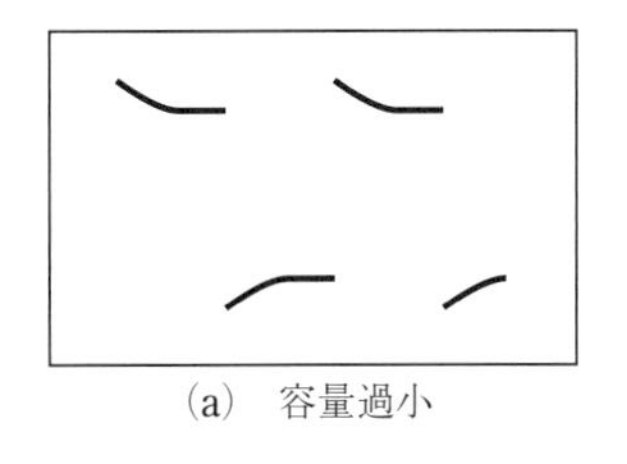
(a) 容量過小

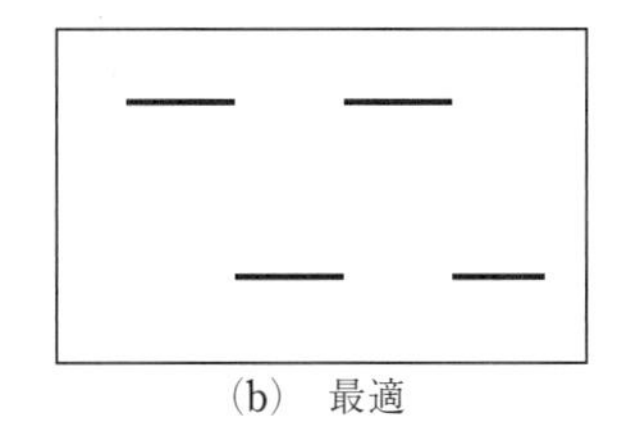
(b) 最適

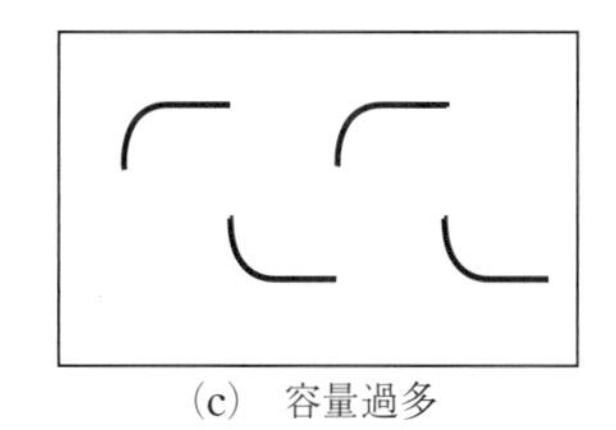
(c) 容量過多

図 11 10：1 プローブの補正

7. 測　定

7.1 交流の電圧と周波数の測定

オシロスコープを用いて，以下の手順で交流の電圧と周波数を測定する．

(1) 商用電源の交流 100 V をトランスによって下げ，A, B 2 種類の交流電圧をスイッチで切り替えて出力させる電源装置が机上にある．プローブのアース・リードを電源装置の出力端子(黒)に接続し，次にフックを出力端子(赤)に接続する(一般に電気機器類を接続するときは，必ずアース線を先につなぐ．アース線の接続を後回しにすると，機器を壊したり，感電したりするおそれがある)．

(2) 電源装置の電源スイッチを入れて，切替スイッチを「設定 A」にする．

(3) Vertical Scale CH 1(垂直軸感度切替)㉑を 500 mV/div，Horizontal Scale(水平軸感度切替)㉙を 4 ms/div を目安に設定する．図 12 に示したような波形が表示されるはずである．

(4) Horizontal Position(水平位置調整つまみ)㉗を回して画面左端に波の出発点 S を左端 O の位置(0 レベル)に合わせる．出発点は図 9 の位置になる．

(5) 図 12 を参考にして，波形をグラフ用紙に等倍の大きさでスケッチする．スケッチをおこなうときは，Single ボタンを押して波形を静止させる(以後，説明がなくてもスケッチをする際は Single ボタンを利用すること)．スケッチには周囲を囲む線だけ記入すればよい．測

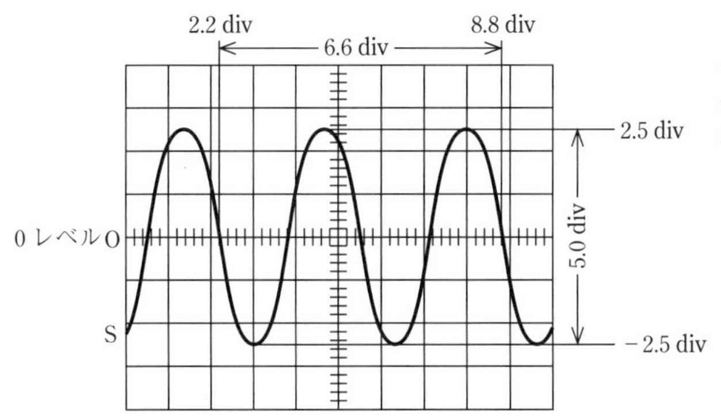

測定条件
垂直軸：0.5 V/div
水平軸：5 ms/div
10：1 プローブ使用

図 12 交流電圧の測定

定条件(垂直軸と水平軸の設定値，使用したプローブなど)をスケッチの近くに記録する．なお，スケッチは必要な範囲のみすればよいので，縦横比などは各々の判断で調整する．

(6) オシロスコープの画面上で周期を 0.1 div まで読み取って，読み取った値と位置を，図 12 を参考にしてスケッチに記入する．周期は 1 周期ではなく，できるだけ多くの周期(n 周期)で読み取って，読み取りの不確かさを小さくする．周期は，図 12 に示したように，波が 0 レベルを横切る位置で読み取る．波形の山や谷の位置では正確に読み取ることができない．スケッチの横には，画面上に表示されている周波数(Frequency)の値を記入しておく．

(7) オシロスコープの画面上で波高値を 0.1 div まで読み取って，読み取った値と位置を図 12 を参考にして記入する．波高値を測定するときは，Horizontal Position(水平位置調整つまみ)㉗を回して，読み取りたい波の頂上や谷を中央の縦線に移動させてから目盛を読み取る．スケッチの横には，画面上に表示されている波高値(Pk-to-Pk)の値を記入しておく．測定が終わったら Run/Stop ボタン ⑩ を押して Single モードを終了する．

(8) 電源装置のパネルにある電圧計で電圧を読み取って記録する．電圧は最小目盛の 1/10 (0.1 V) まで読み取る．

(9) 電源装置に接続していたプローブのフックを取り外し，次にアース・リードを外す(一般に電気機器類の接続を切るときは，最後にアース線を外す．アース線を先に外すと，機器を壊したり，感電したりするおそれがある)．

7.2 交流の位相差の測定

オシロスコープを用いて，以下の手順で CH 1 と CH 2 に入力された信号の位相差を測定する．

(10) 図 13 のように交流電源装置と可変移相回路，オシロスコープの配線をおこなう．

(11) Vertical Scale CH 1(垂直軸感度切替つまみ)㉑を 500 mV/div，Horizontal Scale(水平軸感度切替つまみ)㉙を 4 ms/div に設定する．

(12) CH 2 からの信号を表示するために，CH 2 Menu ボタン ㉓ を押す．画面上に CH 2 の信号に対応した水色の波形が現れる．これで 2 つの信号が同時に表示される 2 現象動作モードになった．画面下部には水色で「CH 2 ○○ mV」という表示が加わる．

(13) **6.1**(2),(3) でおこなった設定を，CH 2 についても同様におこなう．その後，Vertical Scale CH 2(垂直軸感度切替つまみ)㉔を 500 mV/div に設定する．

(14) できるだけ波形が大きく表示されるように，Vertical Scale CH 1，CH 2(垂直軸感度切替つまみ)㉑，㉔を調整する．可変位相回路のダイヤルが 0 の位置，つまり内部の可変抵抗の抵抗値が 0.002 kΩ のとき，2 つの信号は完全に重なった状態になる．可変抵抗の抵抗値はダイヤルの数字を大きくするに従って 0.002 kΩから 98.9 kΩ まで調整できる．抵抗値を大きくすると CH 1 と CH 2 の位相差が大きくなる．可変抵抗の抵抗値とダイヤル値の対応表は可変移相回路の側面に貼り付けてある．

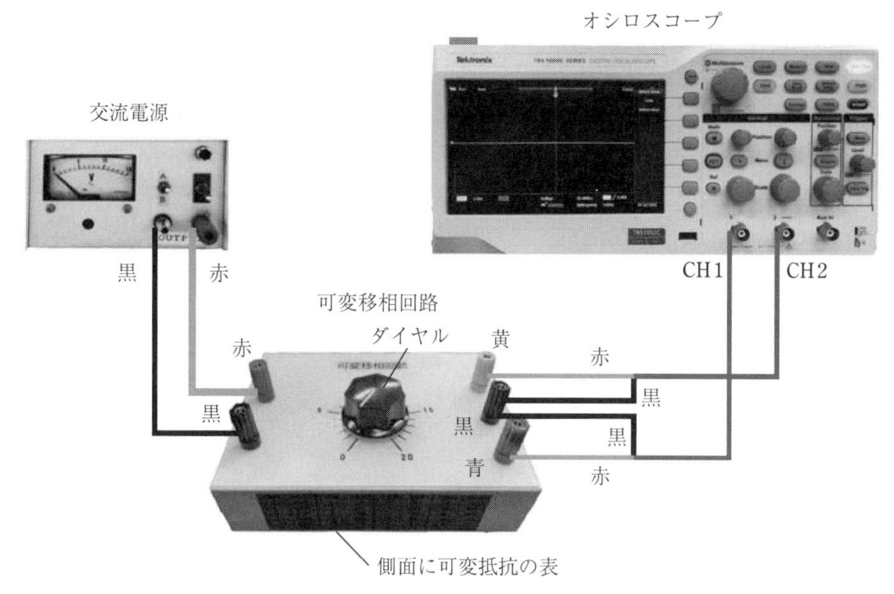

図 13　2 現象動作モードでの位相差の測定

表 1　2 現象動作モードにおける時間差 τ と CH 1 の周期 T_1 の測定

ダイヤルの位置	時間差 τ [ms]	CH 1 の周期 T_1 [ms]	位相差 δ_0 [deg]
0			
5			
10			
15			
20			

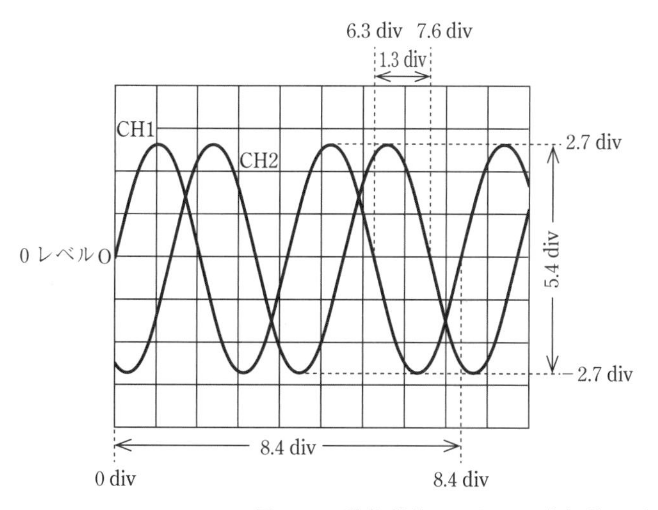

測定条件
垂直軸（CH 1）：500 mV/div
垂直軸（CH 2）：500 mV/div
水平軸：4.00 ms/div

図 14　2 現象動作モードでの位相差の測定

(15)　可変位相回路のダイヤルが 0，5，10，15，20 の位置の 5 つの場合について，**2.3** を参考に，CH 1 と CH 2 の波形の時間差 τ と CH 1 の周期 T_1（CH 2 の周期と同じとなる）を 0.1 div まで読み取り，表 1 に記入する．また，オシロスコープの画面上に表示された Phase : CH1-CH2 の値を位相差 δ_0 [deg] として表 1 に記録する．ダイヤルが 10 の場合について，図 14 を参考にして，波形をグラフ用紙に等倍の大きさでスケッチする．また，スケッチには読み取った値と位置を書き入れる．

(16)　次にリサージュ図形による位相差の測定をおこなう．Horizontal の枠の中にある Acquire ボタンを押し，画面上に表示されるメニューの中から，「-more-」，「XY Display」の順に選択し，X-Y 動作モードを ON にする．画面上に斜めの直線が表示されるはずである．**2.4** を参考に，可変位相回路のダイヤルが 0，5，10，15，20 の位置の 5 つの場合において，V_1 と V_2 を 0.1 div まで読み取り，表 2 に記録する．また，オシロスコープの画面上に表示された Phase : CH 1-CH 2 の値を位相差 δ_0 [deg] として表 2 に記録する．ダイヤルが 10 の場合について，図 15 を参考にして，波形をグラフ用紙に等倍の大きさでスケッチする．また，スケッチには読み取った値と位置を書き入れる．すべての測定が終了したら，ダイヤルの位置を 0 に戻しておく．

(17)　オシロスコープと電源装置の電源スイッチを切り，BNC コネクタをオシロスコープから外す．BNC コネクタを外すときは，外周リングを反時計方向に回してから，ゆっくりと

表 2　リサージュ図形（X-Y 動作モード）における V_1 と V_2 の測定

ダイヤルの位置	V_1 [div]	V_2 [div]	位相差 δ_0 [deg]
0			
5			
10			
15			
20			

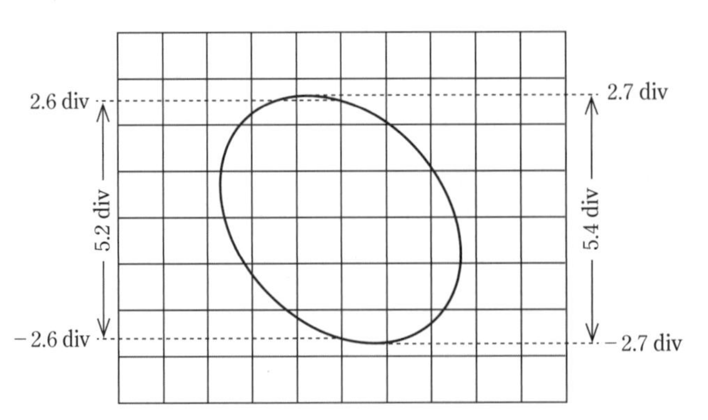

測定条件
$f = 60$ Hz
X-Y MODE
垂直軸
CH 2：500 mV/div
水平軸：
CH 1：500 mV/div

図 15　X-Y 動作モードでの位相差の測定

引き抜く．その他配線も外しておく．

8.　測定データの整理と結果

8.1　交流の電圧と周波数

交流信号の最小読取電圧，波高値，実効値，最小読取時間，周期，周波数を求める．求めた結果は表3に有効数字を考慮して記入する．なお，ノートには途中計算（値を代入する前と後の式，有効数字で丸める前の計算結果など）も記載すること．ここでは，Vertical Scale（垂直軸感度切替）が200 mV/div，Horizontal Scale（水平軸感度切替）が5 ms/divの場合について，例と解説が示してある．

(1)　最小読取電圧

例：Vertical Scale（垂直軸感度切替）が200 mV/div，最小読取目盛が0.1 div，10：1プローブを使用しているから，式(9)を用いて，最小読取電圧は，

$$200\ \mathrm{mV/div}\times 0.1\ \mathrm{div}\times 10 = 0.2\ \mathrm{V}$$

となる．本書では，有効数字を最小読取電圧と同じ位までとることにする．

解説：**最小読取電圧**は，オシロスコープの垂直軸の設定と10：1プローブの仕様で決まる，測定できる最小電圧である（電圧の違いを識別できる限界でもある）．最小読取電圧が小さいほど「感度が高い」といえる．感度については10ページに書いてある．

(2)　波高値と実効値

例：垂直軸が200 mV/div，読み取った波高値が5.0 div，10：1プローブを使用しているから，式(9)を用いて，波高値は，

$$200\ \mathrm{mV/div}\times 5.0\ \mathrm{div}\times 10 = 10.0\ \mathrm{V}$$

となる．実効値は式(10)から

$$V_{\mathrm{rms}} = \frac{V_{\mathrm{p-p}}}{2\sqrt{2}} = 3.54 = 3.5\ \mathrm{V}$$

となる．

解説：波高値の最小位と最小読取電圧の最小位は同じになる．実効値の有効数字の扱いについては，24ページの「(b)乗除算」を参照するとよい．実効値の有効数字は波高値（計算結果）ではなく，測定値5.0 divによって決まる．しかし，最小読取電圧と同じ位までしか読み取りできないと考えると，上に示した例と同様に最小読取電圧と同じ位まで有効数字をとるのが妥当であろう．本実験では暫定的にルールを定めて有効数字によって不確かさを表現

表3　交流電圧の測定結果

最小読取電圧 [V]	波高値 $V_{\mathrm{p-p}}$ [V]	実効値 V_{rms} [V]	最小読取時間 [ms]	周期 T [ms]	周波数 f [Hz]

する練習をしているが，そのルールは完全ではない．不確かさを多角的に評価し，その結果を有効数字に反映できるような感性を磨くことが大切である．

(3) 最小読取時間

例：時間軸の設定が 5 ms/div，最小読取目盛が 0.1 div であるから，最小読取時間は式(11)を用いて，

$$5\,\mathrm{ms/div} \times 0.1\,\mathrm{div} = 0.5\,\mathrm{ms}$$

となる．

(4) 周期と周波数

例：時間軸の設定が 5 ms/div で，読み取った 2 周期が 6.6 div であるとき，式(12)を用いて周期 T は

$$T = 5\,\mathrm{ms/div} \times 6.6\,\mathrm{div} \times \frac{1}{2} = 16.5\,\mathrm{ms}$$

となり，式(13)を用いて，周波数 f は

$$f = \frac{1}{T} = \frac{1}{16.5 \times 10^{-3}} = 60.6 = 61\,\mathrm{Hz}$$

となる．

解説：周波数の有効数字は，測定値の 6.6 div からみると，3 桁にするか 2 桁にするか，迷うところである．測定値が 0.1 div だけ小さくなった（もしくは，大きくなった）場合を考えたとき，周波数の変化量を見積もることで有効数字を 2 桁でとる方がよいと判断できる．

8.2 交流の位相差

49 ページの**2.3** と **2.4** を参考に，時間差 τ から求めた位相差 δ_1，リサージュ図形から読み取った V_1 と V_2 から式(6)を用いて求めた位相差 δ_2 を求める．測定が正しく行われていれば，δ_1 と δ_2 は表 1 と表 2 の δ_0 にそれぞれ一致する．また，CH 1 と CH 2 の位相差の計算値 δ_C を式(7)から求める．この実験では，正弦波信号の周波数は $f = 60\,\mathrm{Hz}$，電気容量は $C = 0.22\,\mu\mathrm{F}$ に近い値になる．可変抵抗 R の値は可変移相回路の箱の側面に数値表が貼り付けられているので，その値を使用する．これらの結果を表 4 に記入する．

表 4 位相差の測定結果

ダイヤルの位置	測定値 δ_1 [deg]	測定値 δ_2 [deg]	計算値 δ_C [deg]
0			
5			
10			
15			
20			

9. 検　討

以下の課題について検討し，ノートにまとめる.

(1) オシロスコープでCH 1とCH 2の信号を同時に測定するとき，各CHに使用するプローブの接地(GND)は同じ電位でなければならない．その理由を考えよ.

(2) 波の周期を測定する場合，できるだけ多くの周期分の長さを読み取ったほうが読み取り不確かさを小さくすることができる．普通のものさしで紙の厚さをできるだけ正確に測るにはどうしたらよいか考え，2つの測定の類似点をあげよ.

(3) 時間差から求めた位相差 δ_1 と，リサージュ図形から求めた位相差 δ_2 を，可変移相回路の回路定数から求めた位相差の計算値 δ_C と比較せよ.

(4) オシロスコープは電圧の時間変化を捉える装置であるが，他にも電流といった様々な物理を観測する用途で使用されている．その例を2つ挙げ，その物理量をどのように測定しているのかを述べよ.

《参考》

可変移相回路

実験2　オシロスコープに用いた可変移相回路は，RC直列回路の抵抗器の電気抵抗値を可変とすることで，異なる位相の電気信号を得ている．交流電源には60 Hzの正弦波(商用電源を，変圧器で減圧したもの)を用いた．この付録では，この回路がどのように2系統の出力間に位相差を生じさせているのかを解説する.

実験に用いた可変移相回路の回路図を図16に示す．この回路の変圧器には，入力(1次側)と2系統の出力(2次側)の電位差が同じに設定された変圧器，すなわち1：1：1トランスが使用されている．変圧器の2次側にはRC直列回路が接続されていて，抵抗 R は可変になっている．この回路の変圧器の2次側のみを等価な回路で書き直すと，図17のようになる．実験2の測定では変圧器の2次側の中点NをGND(接地)としている．実験2でオシロスコープのCH 1に接続した出力1は図の点P-N間の電位差 V_P，CH 2に接続した出力2は点B-N

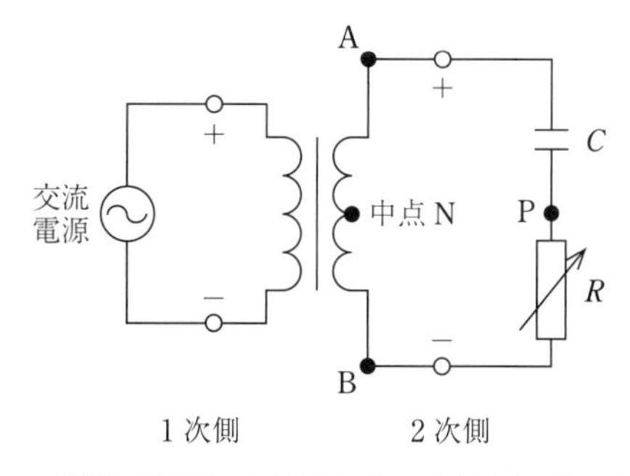

図16　可変移相回路の回路図(左：1次側，右：2次側)

間の電位差 $V_{\mathrm{B\text{-}N}}$ を取り出したものである．

図 17 の交流電源を $V(t) = V_0 \sin(\omega t)$ [V] とすると，A-N 間と B-N 間の電位差はそれぞれ $V_{\mathrm{A\text{-}N}} = V_0 \sin(\omega t)$，$V_{\mathrm{B\text{-}N}} = -V_0 \sin(\omega t)$ となる．ここで，角速度 ω [rad/s] は周波数 f [Hz] と $\omega = 2\pi f$ の関係にある．$V_{\mathrm{B\text{-}N}}$ が $V_{\mathrm{A\text{-}N}}$ と逆符号となっているのは，GND を変圧器の中点 N にとっているためであり，点 B を GND として，点 N-B 間の電圧を測定した場合には $V_{\mathrm{N\text{-}B}} = V_0 \sin(\omega t)$ となる．CH 2 の出力に対応する電位差 $V_{\mathrm{B\text{-}N}}$ は可変抵抗器の抵抗値によらない．

出力 1 の位相を考えるために，RC 直列回路における位相差を考える．交流電源を RC 直列回路に接続した場合，交流電源と抵抗の電圧の位相差 α [rad] は実験 13 RC 直列回路の II.1 の式(14)と式(16)から，

$$\alpha = -\tan^{-1}\frac{1}{2\pi fCR}\,[\mathrm{rad}] \tag{A.1}$$

となる．ただし，交流電源と抵抗の電圧の位相差 α は実験 13 で登場した交流電源とコンデンサの電圧の位相差 ϕ と $\alpha = \dfrac{\pi}{2} - \phi$ の関係にあることに注意されたい．この違いは抵抗とコンデンサで位相が $\pi/2$ だけずれていることに起因する．式(A.1)を導出する際に三角関数の公式 $\tan\left(\dfrac{\pi}{2} - \theta\right) = 1/\tan\theta$ を用いた．

実験 13 では，位相差 ϕ をキルヒホッフの法則（電気回路の閉回路を考えたときに，電流や電圧の和が満たす法則）から導いた微分方程式を解いて求めたが，交流回路の位相差を考えるときにはベクトル表示を用いると便利である．ここではベクトル表示（ベクトル図）を用いて出力 1 の電位差 $V_{\mathrm{P\text{-}N}}$ と交流電源 $V(t)$ の間の位相差を求める．交流電源に抵抗かコンデンサのみを接続した回路のベクトル表示は実験 14　RLC 直列回路 I.1 に示してある．

ベクトル図は図 18 に示すように，x 軸を実軸，y 軸を虚軸としている[注]．$+x$ 軸方向と平行なベクトルを位相ゼロとして，そのベクトルが反時計まわりに $+\theta$ [rad] だけ回転した場合は，位相が θ だけ進んだことになる．逆に位相が θ だけ遅れた場合には，$+x$ 軸方向から $-\theta$ だけ回転させた位置にベクトルが描かれる．

注　これまで，交流回路を考えるときには実数でのみ考えてきたが，虚数成分を考えると便利である．たとえば，交流回路の電源電圧を表した $V_0 \cos(\omega t)$ は虚数成分もまとめて記述すると $V_0 \mathrm{e}^{i\omega t}$ となる．この関係はオイラーの公式より，$\mathrm{e}^{i\theta} = \cos\theta + i\sin\theta$ となることを思い出すと，すぐに

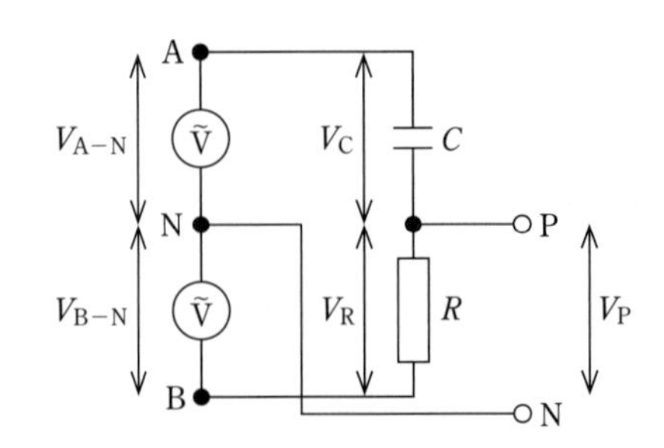

図 17　可変移相回路の 2 次側に等価な回路図

わかる．交流電圧 $V_0 e^{i\omega t}$ の時間発展を考えると，複素平面上(この場合はベクトル図と呼ぶ)で原点を中心に半径 V_0 の円の軌跡を描き，ある時間 t のとき $+x$ 軸となす角 ωt となる．この角度 ωt は位相に対応しており，ひと目に振幅 V_0 と位相の情報が得られる．交流回路では，正弦波を入力すると，出力の振幅と位相のみが変化するため，この両者が理解しやすいこの表現がよく用いられる．

RC 直列回路のベクトル図を考えると，図 19 のようになる．図では可変抵抗器にかかる電圧 V_{R} を $+x$ 軸にとっている．V_{R} に比べて，コンデンサの電圧 V_{C} は $\pi/2$ だけ位相が遅れているので $-y$ 軸方向に描く．このベクトル図では，各ベクトルのなす角を求めると，それが位相差に対応している．電源の電圧 $V_{\mathrm{B\text{-}A}}$ と V_{R} のなす角，すなわち位相差は式(A.1)に与えた ϕ に一致する．

出力 1 のトランスの中点 N を基準とした点 P の電圧 V_{P} と出力 2 の点 B の電圧 V_{B} の位相差を求めるために，図 20 のようにベクトルの原点を取り直した．点 N の位置は点 A-B 間の中点になっている．図中においてベクトル V_{P} と V_{B} のなす角，すなわち位相差を δ，交流電源の電圧 $V_{\mathrm{B\text{-}A}}$ と抵抗の電圧 V_{R} の位相差を α としている．ここで位相差 ϕ は式(A.1)で与えた RC 直列回路における位相差に一致している．V_{B} は $V_{\mathrm{B\text{-}A}}$ と $V_{\mathrm{B\text{-}A}} = -2V_{\mathrm{B}}$ の関係にある．点 N が点 A-B の中点で $\angle\mathrm{BPA} = \dfrac{\pi}{2}$ より，$\angle\mathrm{PNA} = 2\alpha$ なので，$\delta = \pi - 2\alpha$ という関係にある．

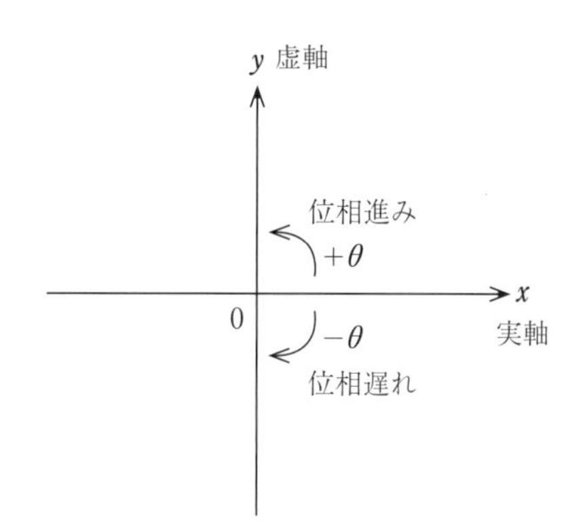

図 18　ベクトル図での位相のあらわし方

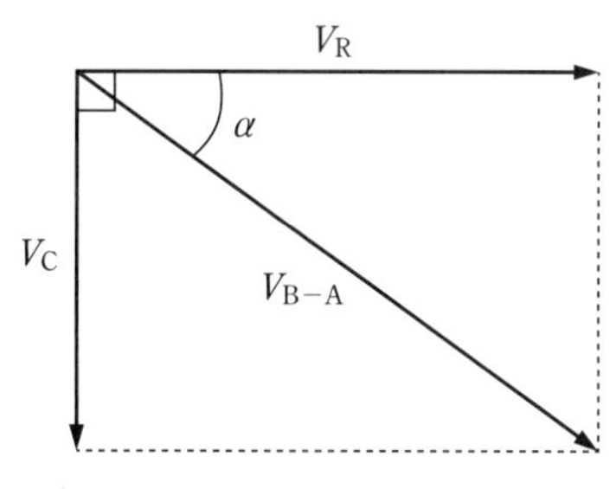

図 19　RC 直列回路のベクトル図

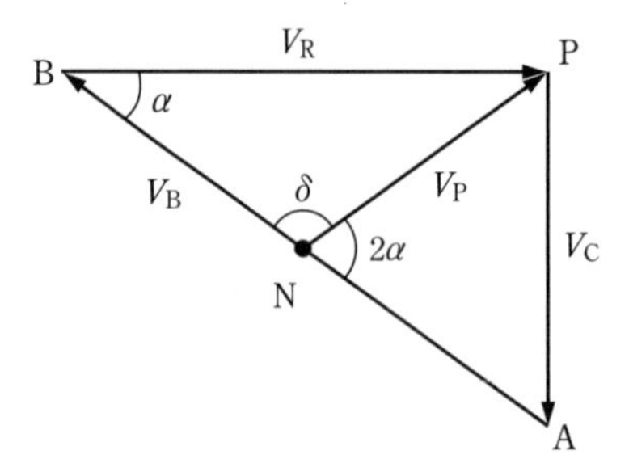

図 20　可変移相回路の 2 次側のベクトル図

この関係式を式(A.1)に代入して角関数の公式 $\tan\left(\frac{\pi}{2}-\theta\right)=1/\tan\theta$ を用いると，位相差 δ は

$$\delta = 2\tan^{-1} 2\pi fCR\,[\mathrm{rad}] \tag{A.2}$$

となる．式(A.2)より抵抗 $R\to 0$ で $\delta\to 0$，$R\to\infty$ で $\delta\to\pi$ となる．可変移相回路を用いることで位相差 0 から π までの位相を制御できることがわかる．

抵抗 R を変化させても，V_C と V_R の位相差は変わらず $\frac{\pi}{2}$ である．このことから RC 回路のベクトル図はどの抵抗に対しても直角三角形の形に描ける．中学校の数学で登場した円周角の定理より，点 P は常に中点 N を中心とする円周上にあることがわかる．このことから，$|V_P|$ と $|V_B|$ はともに，この円の半径の大きさに一致するので，どの位相差でも $|V_P|=|V_B|$ となっている．つまり出力 1 と出力 2 の振幅は常に同じになる．

III

物理実験

実験3　重力加速度

1．目　　的

ケーターの可逆振り子を用いて重力加速度を測定し，得られた重力加速度の不確かさを見積もる．

2．原　　理

図1の剛体を，水平な固定軸 O_1 のまわりに振り子運動をさせたときの運動方程式は，

$$I_1 \frac{\mathrm{d}^2\theta}{\mathrm{d}t^2} = -Mgh_1 \sin\theta \simeq -Mgh_1\theta \tag{1}$$

で示される．ただし M は剛体の質量，h_1 は O_1 から重心 G までの距離，I_1 は軸 O_1 のまわりの慣性モーメント，θ は O_1G と鉛直線とのなす角，g は重力加速度である．θ は十分に小さいとし，$\sin\theta = \theta$ と近似した．このとき振り子の振動周期は，運動方程式 (1) を解いて，

$$T_1 = 2\pi\sqrt{\frac{I_1}{Mgh_1}} \tag{2}$$

となる．この式から g を求めることができるが，h_1 や I_1 の測定がむずかしい．そこで**可逆振り子**，すなわち剛体の上下を逆転させても振動させることのできる振り子を用意する．

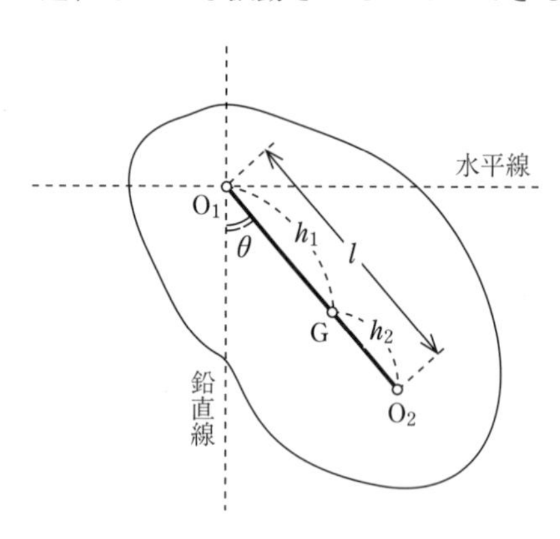

図1　剛体振り子

まず重心のまわりの回転半径 r_G を導入して，重心のまわりの慣性モーメントを $I_G = r_G{}^2M$ で表すと，$I_1 = I_G + h_1{}^2M = (r_G{}^2 + h_1{}^2)M$ であるので，式 (2) は

$$T_1 = 2\pi\sqrt{\frac{r_G{}^2 + h_1{}^2}{gh_1}} \tag{3}$$

となる．ここで剛体の上下を逆転させて，図1に示した O_2 点を回転軸として振動させると，

振動の周期は

$$T_2 = 2\pi\sqrt{\frac{r_G{}^2 + h_2{}^2}{gh_2}} \tag{4}$$

となる．さらに $h_1 + h_2 = l$ であるので，式(3)と式(4)から r_G を消去すると，

$$\frac{4\pi^2}{g} = \frac{T_1{}^2 + T_2{}^2}{2l} + \frac{T_1{}^2 - T_2{}^2}{2(2h_1 - l)} \tag{5}$$

が得られる．ここで T_1 と T_2 の差を小さくすることができれば，右辺の2項目は1項目に比べて十分に小さくなり，h_1 の測定不確かさは g の結果に大きな影響を与えないことになる．

3. 装　置

装置の概略を図2に示す．**ケーターの可逆振り子**は重力加速度を精密に測定するためにつくられた可逆振り子で，O_1 と O_2 は振り子運動の回転軸となる刃先，A, B, C, D は振動周期を調節するためのおもりである．そのほかに刃先をのせるための支座S，振動を観測するためのスケール M_1 と M_2，ストップウォッチ，スチール製の物差し，刃先がついた支持台を使用する．なおケーターの可逆振り子はイギリス人ケーター(Henry Kater : 1777-1835)によって開発された．

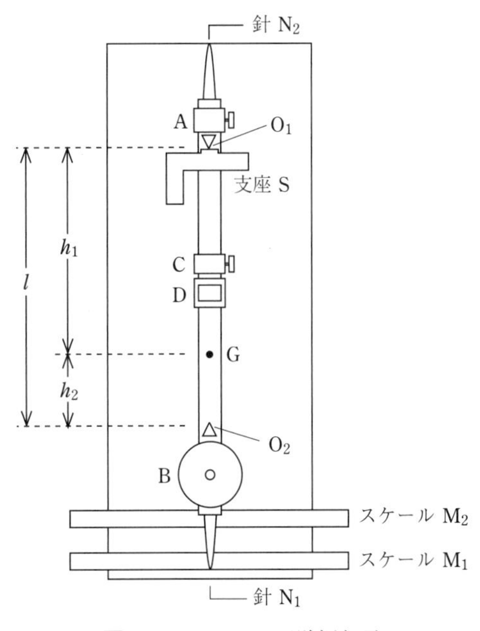

図2　ケーターの可逆振り子

4. 測　定

4.1 上下を逆転させたときの周期の確認

(1) おもりA, B, Cがネジでしっかりと固定してあることを確認してから机の上にのり，図2

のように支座Sの高台の上に振り子の刃先 O_1 を静かにのせる．刃先を止めているネジ類が支座に触れないように注意しながら，振り子の振動面がスケール M_1 と平行になるように調節する．

(2)　振り子が静止しているときに，針 N_1 とスケール M_1 の目盛0が一致するように，スケールを左右に移動して調節する．

(3)　スケール位置での振幅(0からの変位)が3 cm程度になるように振り子を振動させる．

(4)　振り子の真正面の位置から見て，針がスケールの目盛0を左から右へ通過する瞬間をストップウォッチを用いて50回の振動周期の時間 t_1 を測定し，ノートに記録する．

(5)　振り子を上下逆さにして支点を O_2 にし，同様に50回の振動周期の時間 t_2 を測定する．t_1 と t_2 を比較して，その差が小さいことを確かめる．式(5)の2項目を十分に小さくするために t_1 と t_2 の差が1秒以内になるようにおもりの位置を調節してあるが，もし差がそれ以上あったときには申し出よ．

4.2　振動周期の測定

(6)　振動周期の測定データを記入するための表を，表1を参考にして作成する．T_1 用と T_2 用の2つが必要である．

(7)　O_1 を支点にして振動させたときの周期 T_1 と，O_2を支点にして振動させたときの周期 T_2 の2つの測定を次のようにしておこなう．最初に(1)〜(3)と同様にして振り子を振動させ，ストップウォッチをスタートさせる．それから振動の0回から190回まで10回ごとのスプリットタイムを測定する．

(8)　等間隔測定法(付録B1を参照)を用いて100回の振動に要した時間 $100\,T_1$ と $100\,T_2$ を求める．残差が1 s以上あるときは，周期の数え間違いやストップウォッチの操作ミスがあったと思われるので，もう一度表を作成して測定し直す．失敗したときのデータは，消さずに残しておく．

表1　支点が O_1 のときの周期 T_1

番号	振動回数	スプリットタイム	振動回数	スプリットタイム	$100\,T_1$ [s]	残差 [s]	残差^2 [s^2]
1	0	0′23″47	100	3′43″28	199.81		
2	10	0′43″40	110	4′03″09	199.69		
⋮	⋮	⋮	⋮	⋮	⋮		
10	90	3′23″24	190	6′42″86	199.62		
合計							
平均							

4.3　距離の測定

(9)　刃先間の距離 l を求めるために，図3の l_1 と l_2 についてスチールものさしを用いて0.1 mmまで読み取って5回ずつ合計10回測定する．

(10)　振り子の重心を求めるために，図3のように目盛面を上にして支持台に静かにのせ，振り子が目で確認して水平になるように，のせる位置を調節する．刃先 O_1 から支持台すなわち重心までの距離 h_1 をスチールものさしで1 mmまで読み取る．この測定は1回だけ行う．

(11)　ケーターの振り子を，最初に置いてあった台の上にかたづける．

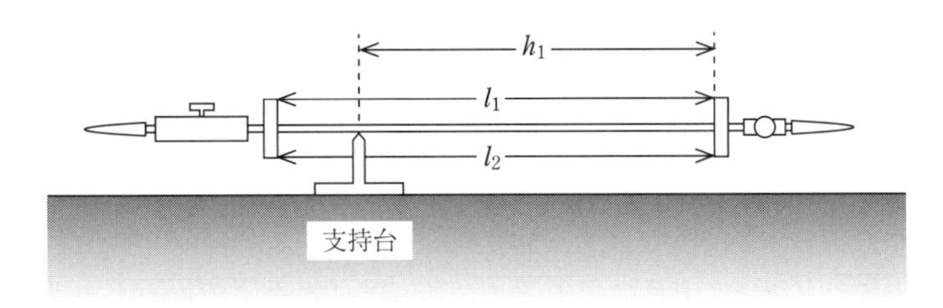

図3　刃先間の距離と刃先重心間の距離の測定

5.　測定データの整理

(1)　T_1, T_2, l の平均値を計算し，式(5)によって重力加速度の最確値 g を求める．

(2)　g の不確かさを次のようにして見積もる．最初に $100\,T_1, 100\,T_2, l$ の標準不確かさを18ページの式(5.11)を用いて求める．ストップウォッチの機器不確かさは十分に小さいので無視し，スチールものさしの機器不確かさを ±0.2 mmとして，T_1, T_2, l の不確かさ ΔT_1，ΔT_2，Δl を20ページの式(5.12)を用いて求める．h_1 の不確かさは大きめにとり，$\Delta h_1 = \pm 2$ mmとする．次に個々の測定値の不確かさが結果に与える影響を21ページの式(5.15)を参考にして以下のようにして求める．

$(T_1+\Delta T_1)$ を T_1 の代わりに式(5)に代入して g を計算し，これから最確値の g を引いて Δg_{T_1} とする．同様にして ΔT_2 に対する Δg_{T_2}，Δl に対する Δg_l，Δh_1 に対する Δg_h を求める．最後に間接測定値としての g の不確かさ Δg は式(5.17)を用いて，

$$\Delta g = \sqrt{(\Delta g_{T_1})^2+(\Delta g_{T_2})^2+(\Delta g_l)^2+(\Delta g_h)^2} \qquad (6)$$

と求められる．

(3)　求めた g を $g =$ ______ ± ______ m/s^2 で表す．

6.　検　討

以下の課題について検討し，ノートにまとめる．

(1)「付録C付表9各地の重力加速度」を参考に，測定した g について考察せよ．

(2)　式(6)において，刃先から重心までの距離 h_1 の不確かさが，g に大きな影響を与えないことを確認せよ．

(3)　式(5)において T_1 と T_2 が等しいときには，

$$T = 2\pi\sqrt{\frac{l}{g}} \tag{7}$$

という単振り子の式が成り立つ．ところで $\sin\theta = \theta$ で近似しないときには，

$$T = 2\pi\sqrt{\frac{l}{g}}\left(1 + \frac{1}{4}\sin^2\frac{\theta}{2} + \frac{9}{64}\sin^4\frac{\theta}{2} + \cdots\right) \tag{8}$$

となる．ここでは振幅を 3 cm 程度，すなわち θ が約 $\dfrac{3}{100} = 0.03$ rad としたが，このときに，$\sin\theta = \theta$ で近似したことによる g の不確かさがどれほどになるかを次のようにして検討せよ．

・式(8)の $\sin^2$ の項の大きさを求める．$\sin^4$ の項は十分に小さいので無視する．

・$\sin^2$ の項を加えたときと，加えないときの周期の差 ΔT を求める．

・式(7)において T を ΔT だけ変化させたときに，g がどれだけ変化するかを求める．

実験4 ヤ ン グ 率

1．目　的

金属角棒のたわみの測定から金属のヤング率を求め，固体の力学的性質を取り扱ううえで基本的な物理量である弾性定数についての理解を深める．また光てこの原理を理解し，微小変位の測定方法を習得する．

2．原　理

2.1 ヤ ン グ 率

物体において，外力を加えると体積や形が変わり，外力を取り去るともとに戻る物体を**弾性体**という．外力を加えたときの体積変化や変位を単位体積または単位長さあたりに換算し，大きさや形状によらない量にしたものを**ひずみ**とよび，ひずみに対する物体内の圧力や単位面積あたりの張力などを**応力**という．ひずみが小さい範囲では，応力と応力に対応して生ずるひずみの比は一定となり（Hooke の法則），その比例定数は**弾性定数**とよばれる．

ヤング率は，弾性体のある面に垂直に加えられた単位面積あたりの力（**法線応力**）と，面の法線方向へのひずみ（**法線ひずみ**，いわゆる，伸び・縮み）間の比例係数として定義される．図1のように，長さ L で断面積 S の一様な棒の両端を，両断面に垂直に大きさ F の力で引っ張ったとき，棒は断面積を変えないで，長さが全体として δL だけ伸びたとする．このとき，法線応力 p は $p=\dfrac{F}{S}$，法線ひずみは $\dfrac{\delta L}{L}$ で表され，ヤング率を E とすると，

$$p=\frac{F}{S}=E\,\frac{\delta L}{L} \tag{1}$$

と表される．ヤング率という名前は，これを定めたイギリス人ヤング（Thomas Young：1773-1829）にちなんでつけられた．

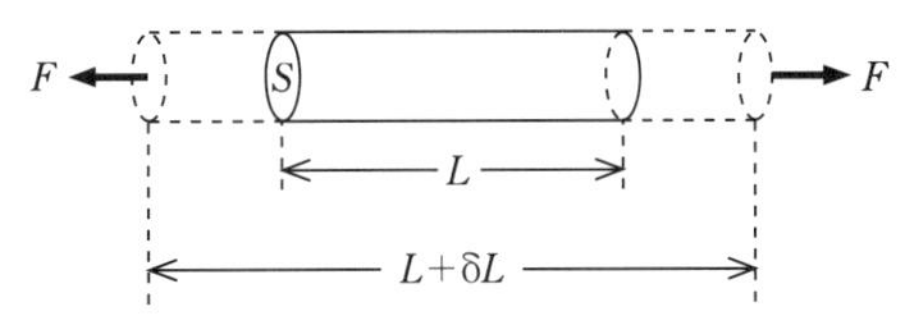

図1　法線応力と法線ひずみ

2.2 ユーイングの方法

この実験では，ヤング率を，ユーイングの装置を用いた一様な金属角棒のたわみの測定から

求める．図2(a)のような，厚さ h，幅 b の長方形の断面をした一様な角棒を，図2(b)のように距離 l の2個の支点間に渡す．その中心に質量 M のおもりを吊り下げると，棒はたわむ．このとき，角棒の中心部の降下量を e，重力加速度を g とすれば，棒のヤング率 E は

$$E = \frac{Mgl^3}{4eh^3b} \tag{2}$$

で与えられる．式(2)から，質量 M のおもりをのせたときの降下量 e を測定すればヤング率 E を求めることができる．式(2)の理論的導出については《参考》に示す．ユーイングの装置を開発したイギリス人ユーイング(Sir James Alfred Ewing: 1855-1935)は日本地震学会の創設者でもある．

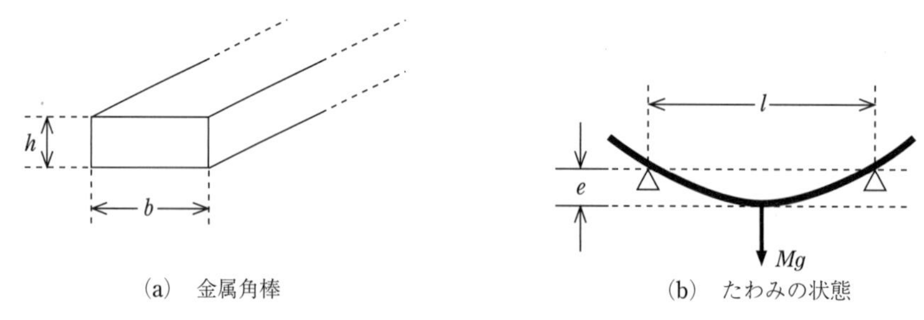

図2　金属試料の形状とたわみ

3.　装置と器具

この実験では，ユーイングの装置，望遠鏡，光てこ用の鏡，ノギス，マイクロメータ，ステンレスものさし，巻き尺を用いる．

3.1　ユーイングの装置

ユーイングの装置は図3のようなものである．互いに平行なナイフエッジ E_1, E_2 の上に，試料の金属棒と補助棒を平行に，ナイフエッジに対して直角に置く．E_1E_2 間の中央に置いたナイフエッジ E_3 には，おもりをのせる皿が吊してあり，この皿におもりをのせることにより，

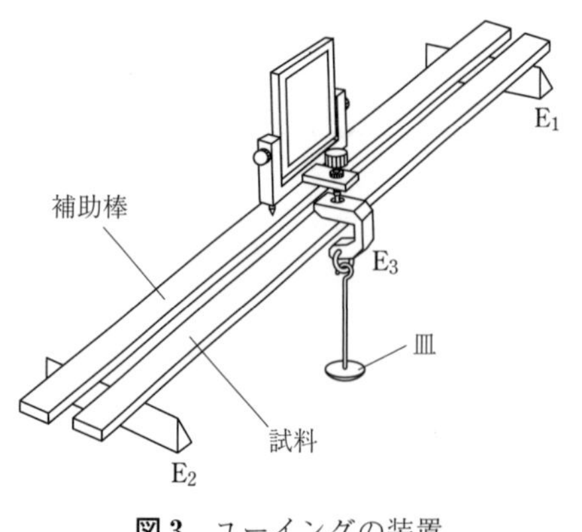

図3　ユーイングの装置

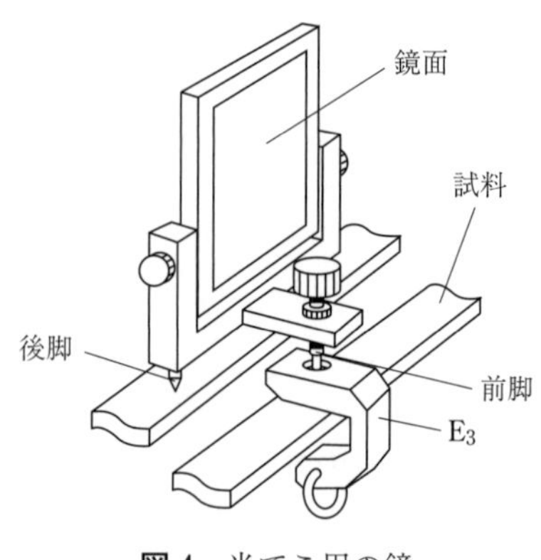

図4　光てこ用の鏡

試料をたわませる．たわみの量は非常に小さいので，**光てこ**を用いて測定する．

3.2 光てこ

光てこ(オプティカル・レバー)は微小変位を拡大して読み取る装置である．図4のように鏡の前脚をE_3の穴を通して試料に置き，2つの後脚は補助棒にのせる．図5のように鏡の前方2mぐらいのところに，望遠鏡とものさしが取り付けられたスタンドを置く．望遠鏡は，鏡に映ったものさしの目盛を読み取るために使われる．おもりをのせていないときに，望遠鏡内の十字線の交点と一致するものさしの目盛をy_0とする．皿におもりをのせると試料がたわみ，鏡が角度αだけ傾く．このときの十字線の交点と一致する目盛の読みをy_1とする．棒中央部の降下量eは，図5から，2つの読みの差$y = y_1 - y_0$を用いて，

$$e = \frac{ry}{2D} \tag{3}$$

で与えられる．ここでrは前脚と後脚との距離，Dは鏡からものさしまでの距離を表す．αが十分小さいので，$e = r\sin\alpha \simeq r\alpha$，$y = D\tan 2\alpha \simeq 2D\alpha$と近似している．$D$が十分大きければ，$\frac{r}{2D} \ll 1$となり，$e$が微小であっても，$y$はある程度大きな値として容易に測定できるので，微小なたわみ量eの測定が可能となる．

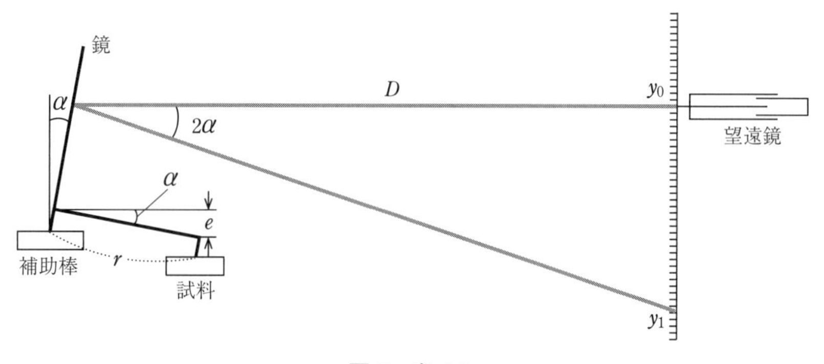

図5 光てこ

4. 試　料

測定試料として鋼鉄と黄銅(しんちゅう)の金属角棒が用意されている．

5. 測　定

測定を始める前に，ユーイングの装置をのせてある机と望遠鏡がのせてある机，また隣の班の机と接触していないことを確認する．もし接触しているときは間を少しあける．接触していると，ノートに書き込むときの振動がユーイングの装置に伝わり，測定に影響を与える．

(1) 測定データなどを記録するための表を，表1〜7を参考に作成し，使用する測定器を表の

下に書いておく．ただし最小読取値については測定するとき実際に読み取った値を書き，機器不確かさについては不確かさを見積もるときに書く．

(2)　1本の金属棒を試料として選び，金属名や特徴をノートに記録する．試料の金属角棒の幅 b と厚さ h を，マイクロメータを用いて 0.001 mm まで測り，表1と表2に記入する．

(3)　ナイフエッジ $E_1 E_2$ 間の距離 l をステンレスものさしで 0.1 mm まで測り，表3に記入する．ものさしは，11ページに書いてある方法で測定する．

(4)　鏡の前脚と後脚との距離(光てこの腕の長さ) r を次のように測定する．まず鏡の脚をノートに押しつけて3つの脚の跡をつける．次に，2つの後脚の跡を直線で結び，前脚の跡から直線までの長さ r を，ノギスの「くちばし(鋭くとがった方)」を用いて測り，表4に記入する．

注意：鏡の面に手を触れてはいけない．鏡面に指紋がつくと鏡に映ったものさしがはっきり見えなくなる．

(5)　図3のように $E_1 E_2$ 間に試料と補助棒(試料として選ばれなかった金属棒)をのせる．E_1 と E_2 の中央をステンレスものさしで測って求め，その位置にナイフエッジ E_3 をのせる．その上に鏡を図4のようにセットする．このとき鏡面が，横から見て鉛直に立っていて，上から見て試料の長手方向と並行になるようにする．

注意：鏡は脚などが破損しやすいので，落とさないように十分注意する．

(6)　望遠鏡とものさしが取り付けられたスタンドが鏡から約 2.5〜3.0 m のところに置いてある．望遠鏡の高さがほぼ鏡の高さになっていることを確認する．望遠鏡の接眼レンズのすぐ上(1 cm くらいの位置)から望遠鏡をのぞかず直接に鏡を見る．鏡の中にものさしの目盛が映って見えるように，スタンドを左右に移動させて調節する．スタンドを移動させただけでは調節できない場合には，鏡の向きを左右ごくわずかに調節する．鏡に映った目盛が望遠鏡の高さよりも下である場合は，鏡を少し上向きに回転させて調節する．

(7)　望遠鏡をのぞき，望遠鏡の向きを調節して視野の中に鏡を入れる．望遠鏡の上下，左右の向きは微動ねじによって調節できる．次に望遠鏡のピント調節ハンドルを回して，鏡に映ったものさしの目盛がはっきり見えるようにする．ピントがどうしても合わないときは，望遠鏡を鏡から少し遠ざける．

(8)　鏡からものさしまでの距離 D を巻き尺を用いて 1 mm まで測って表5に記録する．

注意：このとき鏡に触れないように，また巻き尺がたわまないように注意する．

(9)　分銅の質量とものさしの読取値との関係を記入するためのグラフを準備する．このグラフは測定時のトラブルを監視するためのものである．

(10)　200 g の分銅を1つずつ加えて加重し，望遠鏡内の十字線の交点と一致するものさしの目盛 y_i を 0.1 mm まで測定し，表6に記入する．このとき同時に，分銅の質量 m と y_i の関係をグラフに記入する．グラフ上の m と y_i が比例関係にあることを確認し，もし比例関係からずれていたら，目盛の読みまちがい，鏡などがずれた等の原因があるはずなので，測定をやり直す．1400 g まで加重したら，次に分銅を1つずつ減らして減重し，同様に y_i を測定する．

注意：皿に分銅をのせるとき，試料が振動したり，ナイフエッジ E_3 が動いたりしないように注意する．分銅をのせる皿についた棒を片手で押さえながらのせるとよい．

表1 棒の幅 b の測定

番号	零点の読み [mm]	読取値 [mm]	b [mm]	残差 [mm]	残差^2 [mm^2]
1 2 ⋮ 5					
合計					
平均					

測定器：マイクロメータ，最小読取値：0.001 mm，機器不確かさ：±0.002 mm

$b =$ ＿＿＿＿ ± ＿＿＿＿ mm

表2 棒の厚さ h の測定

番号	零点の読み [mm]	読取値 [mm]	h [mm]	残差 [mm]	残差^2 [mm^2]
1 2 ⋮ 5					
合計					
平均					

測定器：マイクロメータ，最小読取値：0.001 mm，機器不確かさ：±0.002 mm

$h =$ ＿＿＿＿ ± ＿＿＿＿ mm

表3 エッジ E_1E_2 間の距離 l の測定

番号	始点の読み [mm]	終点の読み [mm]	l [mm]	残差 [mm]	残差^2 [mm^2]
1 2 ⋮ 5					
合計					
平均					

測定器：ステンレスものさし(1級)，最小読取値：0.1 mm，機器不確かさ：±0.2 mm

$l =$ ＿＿＿＿ ± ＿＿＿＿ mm

表 4　光てこの腕の長さ r の測定

番号	r [mm]	残差 [mm]	残差^2 [mm^2]
1 2 ⋮ 5			
合計			
平均			

測定器：ノギス，最小読取値：0.05 mm，機器不確かさ：±0.05 mm

$r =$ ＿＿＿＿ ± ＿＿＿＿ mm

表 5　鏡からものさしまでの距離 D の測定

番号	D [mm]	残差 [mm]	残差^2 [mm^2]
1 2 ⋮ 5			
合計			
平均			

測定器：巻尺 (1 級)，最小読取値：1 mm，機器不確かさ：±0.4 mm

$D =$ ＿＿＿＿ ± ＿＿＿＿ mm

表 6　分銅の質量 m と目盛の読み y_i の測定

i	m [g]	加重時の読み y_i [mm]	減重時の読み y_i [mm]	平均値 $\bar{y}_i$ [mm]
0	0			
1	200			
2	400			
⋮	⋮			
7	1400			

測定器：ステンレスものさし (1 級)，最小読取値：0.1 mm，機器不確かさ：±0.2 mm

表 7　$M = 800$ g あたりの読みの差 $y = \bar{y}_{(i+4)} - \bar{y}_i$

i	$\bar{y}_i$ [mm]	$i+4$	$\bar{y}_{i+4}$ [mm]	y [mm]	残差 [mm]	残差^2 [mm^2]
0		4				
1		5				
2		6				
3		7				
合計						
平均						

$y =$ ＿＿＿＿ ± ＿＿＿＿ mm

6.　測定データの整理

6.1　ヤング率の算出

(1)　b, h, l, r, D の平均値を求め，残差と残差の合計を計算してそれぞれの表に記入する．残差の合計が0になっていることを確認せよ．

(2)　分銅の質量 m とものさしの読取値 y_i の関係について，表6を参考にして整理し，読取値について加重時と減重時の平均値 $\bar{y}_i$ を求める．次に表7を参考にして800 g あたりの読取値 y の平均値 $\bar{y}$ を等間隔測定法(「付録B 1」参照)で求める．

(3)　r, D, y それぞれの平均値を式(3)に代入して $M = 0.8$ kg あたりの降下量 e を求める．分銅は高精度でつくられているので，この実験では質量の不確かさを無視することにする．したがって0.8 kg は定数扱いとして有効数字は考えない．

(4)　b, h, l それぞれの平均値と M, e を式(2)に代入して試料のヤング率 E を求める．このとき長さは m，質量は kg に換算して計算する．重力加速度 g については，「付録C付表9」の値を用いる．

(5)　使用した試料と同じ材質のヤング率を「付録C付表10」で調べ，実験で得られたヤング率と比較する．違いが ±10% 程度におさまっていれば以下の順で不確かさを見積もる．それ以上の違いがある場合は，原因を調べて対処する．

6.2　不確かさの見積もり

(6)　使用した測定器の機器不確かさを19ページの表5-2で調べて，対応する表の下に書く．

(7)　b, h, l, r, D, y について残差の2乗とその合計を計算し，それぞれの不確かさ $\Delta b, \Delta h, \Delta l, \Delta r, \Delta D, \Delta y$ を18ページの式(5.11)と20ページの式(5.12)を用いて見積もる．

(8)　間接測定によって求められる降下量 e の不確かさ Δe は，式(3)と21ページの式(5.18)から

$$\Delta e = e\sqrt{\left(\frac{\Delta r}{r}\right)^2+\left(\frac{\Delta y}{y}\right)^2+\left(\frac{\Delta D}{D}\right)^2}$$

$$= \underline{\hspace{5cm}}\,\mathrm{m} \qquad (4)$$

となり，ヤング率 E の不確かさ ΔE は

$$\Delta E = E\sqrt{\left(\frac{3\,\Delta l}{l}\right)^2+\left(\frac{\Delta e}{e}\right)^2+\left(\frac{3\,\Delta h}{h}\right)^2+\left(\frac{\Delta b}{b}\right)^2}$$

$$= \underline{\hspace{5cm}}\,\mathrm{Pa} \qquad (5)$$

となる．ただし M の不確かさについては考えない．実験1でおこなったように，最初に $\dfrac{\Delta r}{r}$ などを求めてから，式(4)，(5)を使って Δe と ΔE を求める．

7. 結　果

使用した試料の金属名と，求められたたわみ量 e とヤング率 E を，不確かさを考慮した適切な有効数字で

$$e = \underline{\qquad\qquad \pm \qquad\qquad}\ \mathrm{m}$$

$$E = \underline{\qquad\qquad \pm \qquad\qquad}\ \mathrm{Pa}$$

というように表す．

8. 検　討

以下の課題について検討し，ノートにまとめる．

(1)　実験で得られた値と付録 C 付表 10 のヤング率の値との比較を行い，両者の相違について考察せよ．

(2)　光てこの拡大率 $\dfrac{2D}{r}$ を求め，光てこを使用することの有効性について，光てこを用いない場合と比較することによって，考えよ．

(3)　今回用いた試料と同じヤング率をもつ，長さ 1 m，直径 1 mm の針金状試料の上端を固定して，下端に質量 1 kg のおもりをつけたときの試料の伸びを式 (1) によって計算し，今回の実験で得た変化量 e と比較せよ．

(4)　検討 (3) のように試料を引っ張ってヤング率を求めた場合，ヤング率については理解しやすいが，伸びの量が大きくなるように線状の試料を用いたとしても，その量は小さいことがわかる．このことからユーイングの方法でヤング率を求める意義について考えよ．

《参考》

式 (2) の導出をおこなう．まず棒をたわませるために必要な力を考える．図 2 (b) のようにたわませた棒の一部をとると，図 6 のように棒の軸に平行な直線はすべて円弧になり，軸に垂直な平面は，たわんだ後も平面で，その円弧に垂直になるものとする．棒を軸に平行な多くの

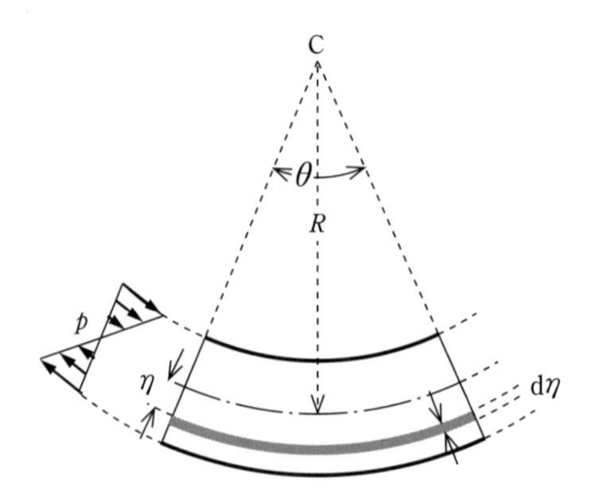

図 6　たわんだ棒の一部分

面で層に分ける．外側の各層は伸び，内側の層は縮むから，中立層(図中の一点鎖線)と呼ばれる伸びも縮みもしない層がある．中立層上の任意の部分に微小部分をとり，その両端から曲率中心Cに引いた2つの平面の間の角をθとする．また曲率半径をRとする．中立層から距離ηにある厚さ$\mathrm{d}\eta$の平行な層は，長さが$(R+\eta)\theta$になるので，伸びひずみは

$$\frac{(R+\eta)\theta-R\theta}{R\theta}=\frac{\eta}{R}$$

である．この伸びは，その層に，法線応力$p=\dfrac{E\eta}{R}$を加えることにより得られる(図6中の太い矢印)．この層の断面(断面積$b\,\mathrm{d}\eta$)に働く力の大きさ$\mathrm{d}F$は，$\mathrm{d}F=\dfrac{E\eta b\,\mathrm{d}\eta}{R}$であり，この力$\mathrm{d}F$の中立層に対するモーメントの大きさ$\mathrm{d}N$は，

$$\mathrm{d}N=\eta\,\mathrm{d}F=\frac{Eb\eta^2}{R}\mathrm{d}\eta$$

となる．断面全体に働くモーメント(曲げモーメント)の大きさNは，

$$N=\int\mathrm{d}N=\frac{EI}{R} \tag{A.1}$$

となる．ここで

$$I=\int_{-h/2}^{h/2}\eta^2b\,\mathrm{d}\eta=\frac{h^3b}{12} \tag{A.2}$$

は，中立軸に関する断面の慣性モーメントである．

さて図7のように棒の中心Oを固定して両端に$Mg/2$の力を加えたときと，図2(b)の状況はまったく同じである．点Oを原点とし，x軸，y軸を図7のように定め，たわんだ棒の変位を$y=y(x)$で表す$(x>0)$．原点Oより距離xの点Pに力$Mg/2$が及ぼす曲げモーメントの大きさNは，

$$N=\frac{Mg}{2}\left(\frac{l}{2}-x\right) \tag{A.3}$$

である．一方，点Pでの曲率半径Rは，

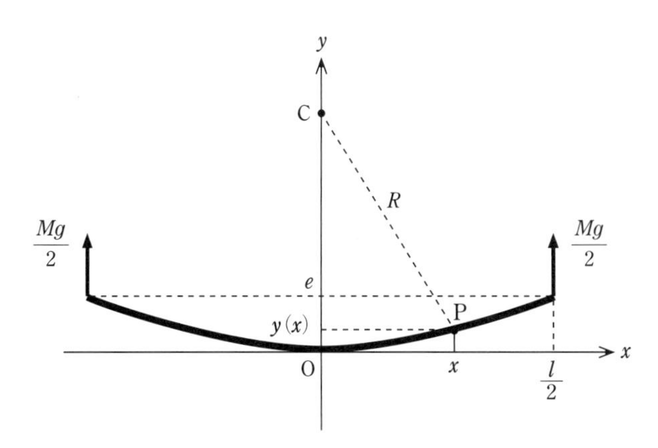

図7　図2(b)と同等のたわみ状態

$$\frac{1}{R} = \frac{\mathrm{d}^2 y}{\mathrm{d}x^2}\left(1+\left(\frac{\mathrm{d}y}{\mathrm{d}x}\right)^2\right)^{-3/2} \simeq \frac{\mathrm{d}^2 y}{\mathrm{d}x^2} \tag{A.4}$$

と近似できる．式(A.1)に式(A.3)と(A.4)を代入すれば，たわんだ棒の形を表す式

$$\frac{\mathrm{d}^2 y}{\mathrm{d}x^2} = \frac{Mg}{2EI}\left(\frac{l}{2}-x\right) \tag{A.5}$$

が得られる．棒が原点Oで固定されているということは，棒が点Oで水平を保ち，変位がないということであり，境界条件

$$y(0) = 0, \qquad \frac{\mathrm{d}y(0)}{\mathrm{d}x} = 0 \tag{A.6}$$

で表される．この境界条件のもとで式(A.5)を解けば，

$$y = \frac{Mg}{2EI}\left(\frac{lx^2}{4} - \frac{x^3}{6}\right) \tag{A.7}$$

を得る．$x = l/2$ での変位が最大降下量 e なので，

$$e = \frac{Mgl^3}{48EI} = \frac{Mgl^3}{4Eh^3b} \tag{A.8}$$

となる．式(A.8)から，式(2)が導かれる．

実験5　剛　性　率

1. 目　　的

ねじり振り子の周期の測定から金属の剛性率を求め，固体の力学的性質を取り扱ううえで基本的な物理量である弾性定数についての理解を深める．2つの測定によって「測定しにくい量」を消去させる測定法についても学ぶ．

2. 原　　理

2.1 剛　性　率

物体において，外力を加えると体積や形が変わり，外力を取り去るともとに戻るものを**弾性体**という．外力を加えたときの体積変化や変形を単位体積あたりに換算したものを**ひずみ**と呼び，これに対する物体内の圧力や単位面積あたりの張力などを**応力**という．ひずみが小さい範囲では，応力とそれに対応して生ずるひずみの比は一定となり（Hooke の法則），その比例定数は**弾性定数**とよばれる．

剛性率（せん断弾性係数ともよばれる）は，弾性体のある面に平行に加えられた単位面積あたりの力（ずれの応力）と，面に沿った方向へのひずみ（ずれひずみ，または，せん断ひずみ）との間の比例係数として定義される．図1中の実線で表されている直方体の上下面（断面積 S）に沿って，等しい大きさ F をもつ互いに反対向きの力を加えたとき，この直方体が体積を変えないで，破線で示されるように変形したとする．このとき，ずれひずみは図中の角 ϕ で表され，ずれの応力を $p=\dfrac{F}{S}$，剛性率を G とすると，

$$p=\frac{F}{S}=G\phi \tag{1}$$

と表される．

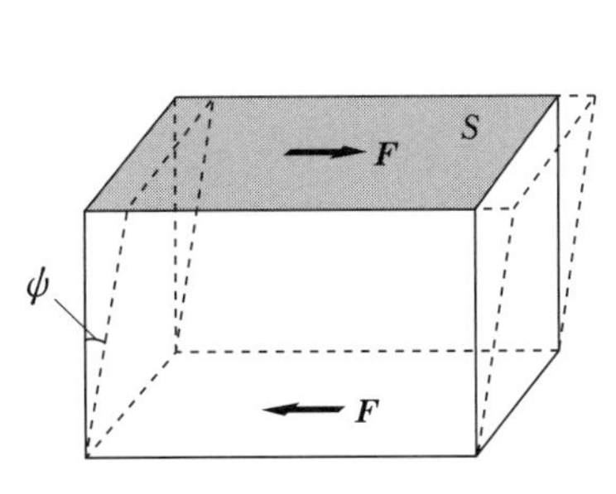

図1　ずれ応力とずれひずみ

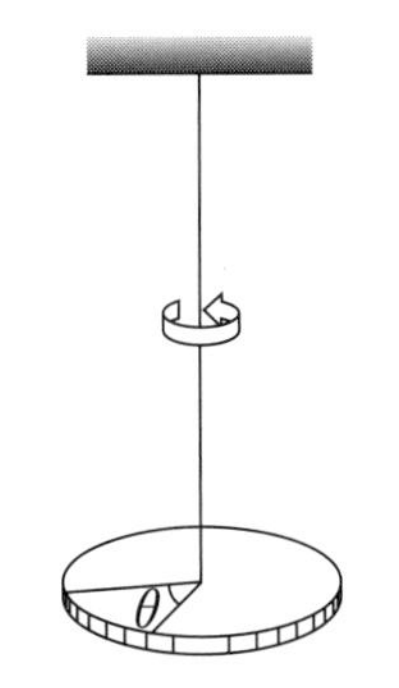

図2　ねじり振り子

2.2　ねじり振り子の方法

この実験では，剛性率を，**ねじり振り子**の周期の測定から求める．ねじり振り子は，図2のように，上端を固定した直径 d，長さ l の金属線の下端におもりを吊るしたもので，おもりを少し回すと金属線がねじれ，手をはなすと，ねじり振動が生じる．このとき，おもりの慣性モーメントを I，ねじり振動の周期を T とすれば，金属線の剛性率 G は

$$G = \frac{128\pi l I}{d^4 T^2} \tag{2}$$

で与えられる．式(2)から，慣性モーメント I のおもりを吊るしたときのねじり振動の周期 T を測定すれば，金属線の剛性率を求めることができる．

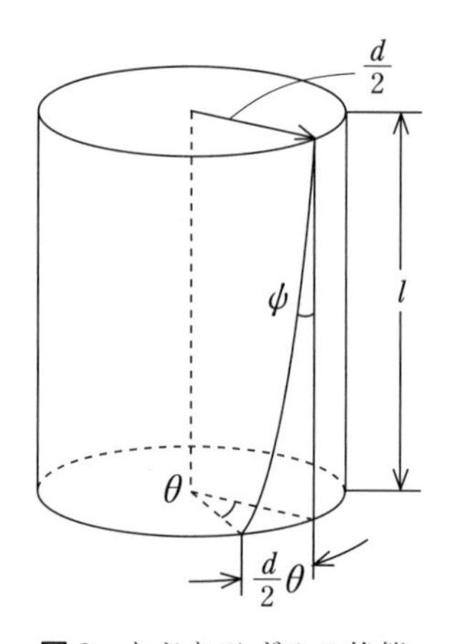

図3　ねじりひずみの状態

式(2)は次のように導かれる．まず金属線をねじるために必要な力のモーメントを考える．図3に示すように，直径 d，長さ l の金属線の上端が固定され，下端だけがねじられた場合を考える．ここで図4(a)のような金属線の半径 r と $r+\mathrm{d}r$ に囲まれた円筒に着目する．この円筒を展開して得られる直方体（図4(b)中の実線）について考えると，この直方体は上端面を固定し，下端面に外力を加えて，ずれ変形した状態（図4(b)中の破線）とみなせる．この場合，

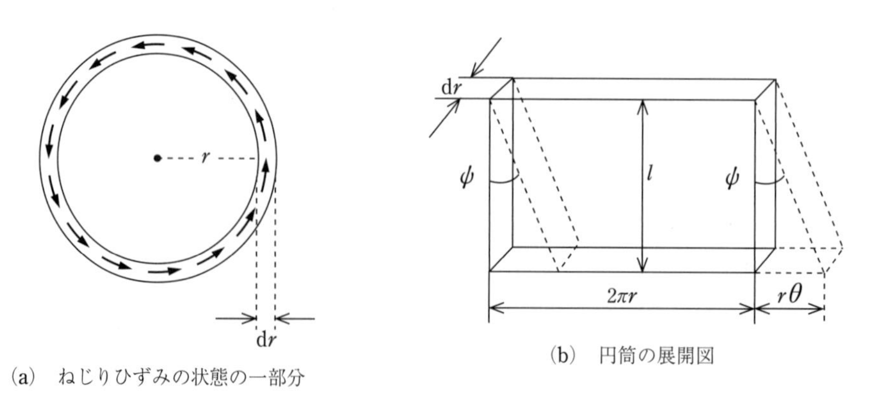

(a)　ねじりひずみの状態の一部分

(b)　円筒の展開図

図4　ねじりひずみを展開した図

ずれひずみ φ は $\dfrac{r\theta}{l}$ で与えられるので，ずれ応力(図4(a)中の矢印)の大きさ p は，$p = \dfrac{Gr\theta}{l}$ となる．ずれ応力が働く部分の円筒の断面積は $2\pi r\,\mathrm{d}r$ であるので，この部分に働く力 $\mathrm{d}F$ は，$\mathrm{d}F = 2\pi r\,\mathrm{d}r\,p$ である．また，この力による円筒軸に対するモーメントの大きさ $\mathrm{d}N$ は，

$$\mathrm{d}N = r\,\mathrm{d}F = r2\pi r\,\mathrm{d}r\,p = \frac{2\pi G\theta}{l}r^3\,\mathrm{d}r \tag{3}$$

で与えられる．金属線の断面全体に働くねじりのモーメントの大きさ N は，

$$N = \int \mathrm{d}N = c\theta \tag{4}$$

となる．ここで

$$c = \frac{2\pi G}{l}\int_0^{d/2} r^3\,\mathrm{d}r = \frac{\pi G d^4}{32l} \tag{5}$$

は，金属線のねじり係数と呼ばれている．

さて，ねじり振り子がつりあいの位置から角度 θ だけねじられた状態を考える．吊るされた慣性モーメント I の物体には，金属線の復元力として，ねじりモーメントと逆向きのモーメント $-c\theta$ が働くので，運動方程式は，

$$I\frac{\mathrm{d}^2\theta}{\mathrm{d}t^2} = -c\theta \tag{6}$$

と表される．したがって，ねじり振り子の周期 T は，

$$T = 2\pi\sqrt{\frac{I}{c}} = 2\pi\sqrt{\frac{32lI}{\pi \mathrm{d}^4 G}} \tag{7}$$

となる．式(7)から，式(2)が導かれる．

2.3　懸垂金具の慣性モーメントを消去する方法

剛性率 G は，原理的には金属線の直径 d，長さ l，振り子の周期 T を測定し，おもりの慣性モーメント I がわかっていれば求められる．しかし，慣性モーメントは，おもり，金属線，おもりと金属線とをつなぐ懸垂金具の3者の和である．金属線の慣性モーメントは小さいので無視し，おもりは計算しやすい形にすることができたとしても，複雑な形の懸垂金具の慣性モーメントを求めることは一般に簡単でない．ここでは，2種類の測定から，懸垂金具の慣性モーメントを消去して G を求める方法を用いる．

この実験ではおもりとして外直径 D_1，内直径 D_2，高さ H，質量 M の図5のような鉄輪を用いる．懸垂金具に，鉄輪を鉛直(図6(a))，および水平(図6(b))に支持したときのおもりの慣性モーメントをそれぞれ I_1, I_2 とすれば，

$$I_1 = \frac{M({D_1}^2 + {D_2}^2)}{16} + \frac{MH^2}{12} \tag{8}$$

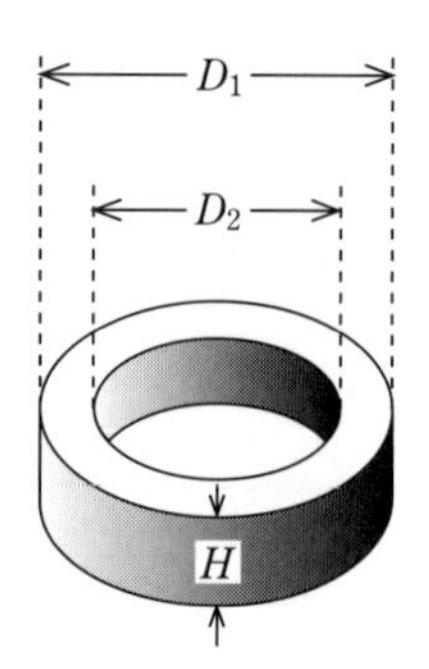

図5　鉄　輪

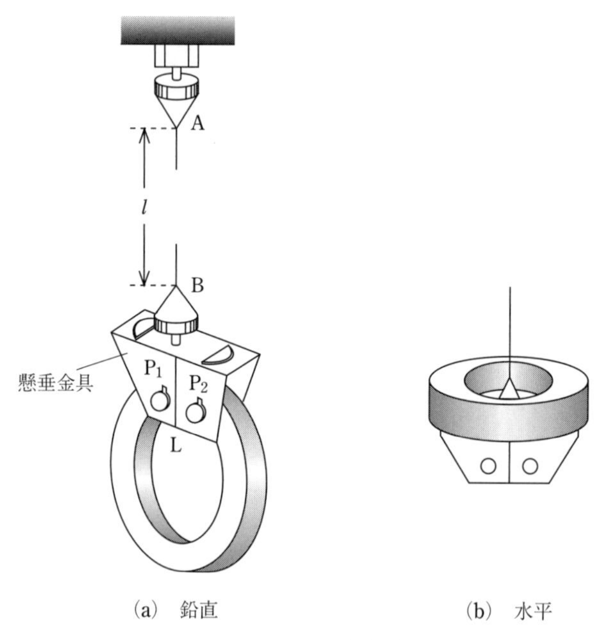

図6　懸垂金具と鉄輪

$$I_2=\frac{M({D_1}^2+{D_2}^2)}{8} \tag{9}$$

である．それぞれに対する振り子の周期を T_1, T_2 とし，また懸垂金具と金属線の慣性モーメントの和を I_0 とすると，式(2)から，

$$G=\frac{128\pi l}{d^4}\frac{I_0+I_1}{{T_1}^2}=\frac{128\pi l}{d^4}\frac{I_0+I_2}{{T_2}^2} \tag{10}$$

となり，I_0 を消去すると，

$$G=\frac{128\pi l}{d^4}\frac{I_2-I_1}{{T_2}^2-{T_1}^2}=\frac{8\pi lM\left({D_1}^2+{D_2}^2-\dfrac{4}{3}H^2\right)}{d^4({T_2}^2-{T_1}^2)} \tag{11}$$

となる．

3. 装置と器具

図6(a)のように金属線試料の上はチャックA(やぐらの上部に取り付けられている)に，下端は懸垂金具のチャックBに固定してある．P_1, P_2は鉄輪を垂直に吊るすためのピンで，標線Lは振動周期測定用の目印である．その他，ストップウォッチ，ノギス，マイクロメータ，ステンレスものさし，電子天秤，拡大鏡を用いる．

4. 試　料

測定試料として長さ約1 m，直径約1 mmの金属線(鋼鉄)を用いる．

5. 測　定

(1) 測定データなどを記録するための表を，表1～8を参照に作成し，使用する測定器を表の下に書いておく．ただし最小読取値については測定するとき実際に読み取った値を書き，機器不確かさについては不確かさを見積もるときに書く．

(2) 鉄輪の質量Mを電子天秤を用いて，0.1 gまで1回測り，表1に記入する．鉄輪の高さH，外直径D_1，内直径D_2を，ノギスを用いて0.05 mmまでそれぞれ5回ずつ測り，表2～4に記入する．

(3) 懸垂金具に図6(a)のように鉄輪を鉛直に吊るし，懸垂金具の標線Lと，拡大鏡の表と裏にある縦線が一直線になる位置に拡大鏡を置く．

(4) A, B間の金属線の長さlをステンレスものさしを用いて1 mmまで，金属線の直径dをマイクロメータを用いて0.001 mmまで，それぞれ5回ずつ測り，表5と表6に記入する．

(5) 鉄輪を中心位置から45度ほど回して放し，振動させる．標線Lが左から右へ動いているときに，標線と拡大鏡の表と裏にある縦線が一直線になった瞬間にストップウォッチのボタンを押して，振動回数が10回ごとのスプリットタイムを，0.01秒まで測り表7に記入する．振動に横ゆれがあると正しい周期の測定ができないので，横ゆれがあるときはチャックBのすぐ上あたりで金属線を軽く指でつまんで，横ゆれを止める．振動回数を数えまちがえないように注意する．

(6) ピン(P_1とP_2)を懸垂金具に戻してから鉄輪を図6(b)のように水平に懸垂金具にのせ，(5)と同様の測定をおこない，表8に記録する．

6. 測定データの整理

6.1 剛性率の算出

(1) H, D_1, D_2, l, dの平均値を求め，残差と残差の合計を計算してそれぞれの表に記入する．残差の合計が0になっていることを確認せよ．

表1　鉄輪の質量 M の測定

零点 [g]	読取値 [g]	M [g]

測定器：電子天秤，最小読取値：0.1 g，機器不確かさ：±0.2 g

$M =$ ＿＿＿＿ ± 0.2 g

表2　鉄輪の高さ H の測定

番号	鉄輪の高さ H [mm]	残差 [mm]	残差^2 [mm^2]
1 2 ⋮ 5			
合計			
平均			

測定器：ノギス，最小読取値：0.05 mm，機器不確かさ：±0.05 mm

$H =$ ＿＿＿＿ ± ＿＿＿＿ mm

表3　鉄輪の外直径 D_1 の測定

番号	鉄輪の外直径 D_1 [mm]	残差 [mm]	残差^2 [mm^2]
1 2 ⋮ 5			
合計			
平均			

測定器：ノギス，最小読取値：0.05 mm，機器不確かさ：±0.05 mm

$D_1 =$ ＿＿＿＿ ± ＿＿＿＿ mm

表4　鉄輪の内直径 D_2 の測定

番号	鉄輪の内直径 D_2 [mm]	残差 [mm]	残差^2 [mm^2]
1 2 ⋮ 5			
合計			
平均			

測定器：ノギス，最小読取値：0.05 mm，機器不確かさ：±0.05 mm

$D_2 =$ ＿＿＿＿ ± ＿＿＿＿ mm

表5　金属線の長さ l の測定

番号	金属線の長さ l [mm]	残差 [mm]	残差^2 [mm^2]
1 2 ⋮ 5			
合計			
平均			

測定器：ステンレスものさし(1級),
最小読取値：1 mm, 機器不確かさ：±0.2 mm

$l =$ ＿＿＿＿ ± ＿＿＿＿ mm

表6　金属線の直径 d の測定

番号	零点の読み [mm]	読取値 [mm]	金属線の直径 d [mm]	残差 [mm]	残差^2 [mm^2]
1 2 ⋮ 5					
合計					
平均					

測定器：マイクロメータ，最小読取値：0.001 mm，機器不確かさ：±0.002 mm

$d =$ ＿＿＿＿ ± ＿＿＿＿ mm

表7　振り子の周期 T_1（鉄輪が鉛直）の測定

振動回数	スプリットタイム	振動回数	スプリットタイム	50 T_1 [s]	残差 [s]	残差^2 [s^2]
0	′　″	50	′　″			
10		60				
20		70				
30		80				
40		90				
			合計			
			平均			

測定器：ストップウォッチ，最小読取値：0.01 s

$T_1 =$ ＿＿＿＿ ± ＿＿＿＿ s

(2)　等間隔測定法(付録B1参照)を用いて，T_1 と T_2 についての50周期分の時間 $50\,T_1$ と $50\,T_2$ を求めて，平均値と残差，残差の合計を計算してそれぞれの表に記入する．残差の合計が0になっていることを確認してから $T_1 = 50\,T_1/50$ と $T_2 = 50\,T_2/50$ を求める．

表 8　振り子の周期 T_2（鉄輪が水平）の測定

振動回数	スプリットタイム	振動回数	スプリットタイム	50 T_2 [s]	残差 [s]	残差^2 [s^2]
0	′　″	50	′　″			
10		60				
20		70				
30		80				
40		90				
			合計			
			平均			

測定器：ストップウォッチ，最小読取値：0.01 s

$T_2 =$ ＿＿＿＿ ± ＿＿＿＿ s

(3)　$H, D_1, D_2, l, d, T_1, T_2$ の平均値と M を式(11)に代入して，試料の剛性率 G を求める．

(4)　使用した試料と同じ材質の剛性率を「付録 C 付表 10」で調べ，実験で得られた剛性率と比較する．違いが ±10% 程度におさまっていれば以下の順で不確かさを見積もる．それ以上の違いがある場合は，原因を調べて対処する．

6.2　不確かさの見積もり

(5)　使用した測定器の機器不確かさを 19 ページの表 5-2 で調べて，対応する表の下に書く．ただしストップウォッチの機器不確かさは測定値の 0.001% 以下と十分に小さいので無視する．

(6)　$H, D_1, D_2, l, d, T_1, T_2$ について，残差の 2 乗とその合計を計算し，それぞれの不確かさ $\Delta H, \Delta D_1, \Delta D_2, \Delta l, \Delta d, \Delta T_1, \Delta T_2$ を 18 ページの式(5.11)と 20 ページの式(5.12)を用いて見積もる．なお，$\Delta T_1 = \Delta 50\,T_1/50$，$\Delta T_2 = \Delta 50\,T_2/50$ である．

(7)　剛性率 G の不確かさを以下の順で見積もる．

$$A = D_1{}^2 + D_2{}^2 - \frac{4}{3}H^2 = \underline{\hspace{4cm}}\ \mathrm{m}^2$$

$$B = T_2{}^2 - T_1{}^2 = \underline{\hspace{4cm}}\ \mathrm{s}^2$$

とすると，剛性率 G の不確かさは，21 ページの式(5.18)より，

$$\Delta G = G\sqrt{\left(\frac{\Delta l}{l}\right)^2 + \left(\frac{\Delta M}{M}\right)^2 + \left(\frac{4\,\Delta d}{d}\right)^2 + \left(\frac{2D_1\,\Delta D_1}{A}\right)^2 + \left(\frac{2D_2\,\Delta D_2}{A}\right)^2 + \left(\frac{8H\,\Delta H}{3A}\right)^2 + \left(\frac{2T_1\,\Delta T_1}{B}\right)^2 + \left(\frac{2T_2\,\Delta T_2}{B}\right)^2}$$

$$= \underline{\hspace{4cm}}\ \mathrm{Pa}$$

となる．

7. 結　果

使用した試料の金属名と，求められた剛性率を，不確かさを考慮して適切な有効数字で

$$G = \underline{\qquad\qquad \pm \qquad\qquad} \mathrm{Pa}$$

というように表す．

8. 検　討

以下の課題について検討し，ノートにまとめる．

(1) 実験で得られた値と「付録C付表10」の鉄(鋼)の剛性率の値とを比較し，両者の相違について考察せよ．

(2) それぞれの測定値の不確かさが剛性率の値に与える影響を調べ，求める剛性率の精度を上げるためにどうしたらよいかを考えよ．

(3) 剛性率がどのようなところで使われているかを調べ，剛性率について考えよ．

実験6　表 面 張 力

1. 目　　的

水とエタノールの表面張力を円環法により求め，表面張力の物理的な理解を深める．

2. 原　　理

2.1　表面張力の現象論的理解

水玉で知られるように，液体は**表面張力**によって表面積をできるだけ小さくしようとする．表面張力は，図1のように「表面に引いた仮想的な直線の両側の部分が，この直線に垂直に互いに引き合う単位長さあたりの力の大きさ」として定義される．この力を理解するために，図2のようなコの字状の枠と自由に滑る棒とで長方形の空間をつくり，そこに液体の膜を張ることを考える．膜を縮めようとする力は外力 f とちょうどつりあっているものとする．この力は幅 a には比例するが，長さ x にも膜の厚さ d にも依存しない．したがって，普通のばねとは異なり，外力が f 以下なら膜はまったく伸びないし，f 以上なら破れるまで伸びる．f が膜の厚さによらないことから，この力は表面にのみ宿ることは明らかで，そのために表面張力とよばれる．

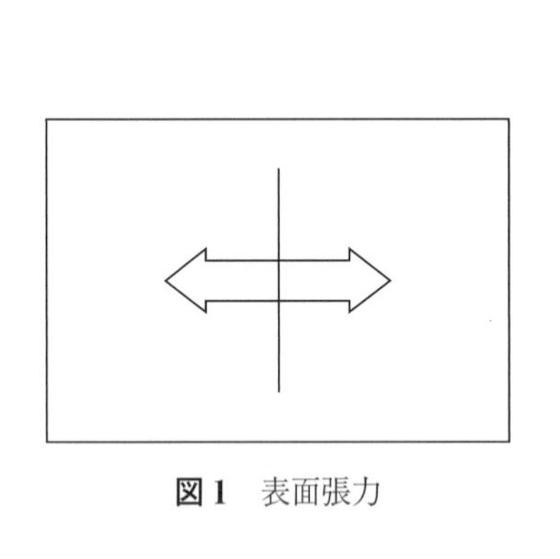

図1　表面張力

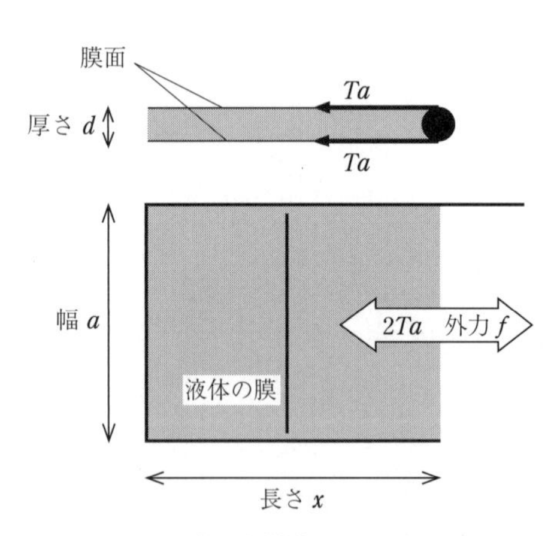

図2　膜面と外力のつりあい

液体に不純物が含まれていると表面張力は一般に大きくなるが，逆に表面張力を小さくする物質もあり，表面(界面)活性剤とよばれる．洗剤はその身近な例である．

2.2　表面張力と表面エネルギー

微視的に見ると，表面にある分子間のつりあいの距離は一般に液体内部のものより小さいことが知られている．したがって，表面はたえず縮もうとして表面張力が発生する．この高いエネルギー状態にある表面がもつ余分のエネルギーの，単位面積あたりの値 γ [$\mathrm{J \cdot m^{-2}}$] を表面エネルギーとよぶ．これは，図2において表面を単位面積だけ増やすのに必要な外力がする仕事 W として求めることができる．すなわち表面張力を T [$\mathrm{N \cdot m^{-1}}$] とすれば，棒には $2Ta$ の力がかかっており(因子2は表裏両面からの寄与による)，この力にさからって棒を Δx だけ移動するときに外力がする仕事は $\Delta W = 2Ta\,\Delta x$ である．一方，面積の増加は $\Delta S = 2(a\,\Delta x)$ であるから，$\gamma = \dfrac{\Delta W}{\Delta S} = T$ が得られる．したがって表面張力は**表面エネルギー**ともよばれる．

2.3　測定原理(円環法)

金属の円環を水平に吊るし，環を液面に接触したのち図3(a)のように静かに引き上げる．環の下端では，円環に付着した液体を引き上げる力 f は，表面張力が円環を引き下げる力と，引き上げられた液体(液柱)の重力との和とつりあっている．したがって，

$$f = \pi(d_1 + d_2)T\cos\theta + mg \tag{1}$$

となる．ただし，d_1 と d_2 は円環の外径と内径，T は表面張力，θ は液体と円環との接触角，m は引き上げられた液体の質量，g は重力加速度である．

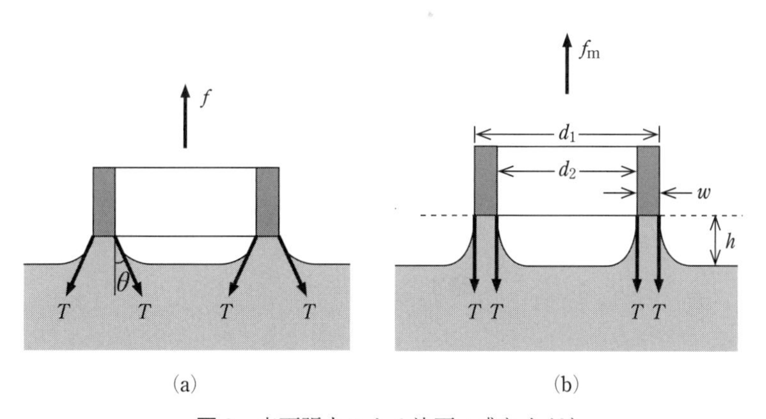

図3　表面張力による液面の盛り上がり

円環をさらに持ち上げて，図3(b)のように引き上げる力が最大の f_m になったときには $\theta = 0$ となり，液柱の形状は円筒になる．液体の密度を ρ，液柱の高さを h とすると，液体の質量 m は $\dfrac{\pi(d_1{}^2 - d_2{}^2)\rho h}{4}$ であるから，これを式(1)に代入して，表面引力 T は

$$T = \frac{f_\mathrm{m}}{\pi(d_1 + d_2)} - \frac{\pi(d_1{}^2 - d_2{}^2)}{4\pi(d_1 + d_2)}\rho hg = \frac{f_\mathrm{m}}{\pi(d_1 + d_2)} - \frac{w}{2}\rho hg \tag{2}$$

で与えられる．ここで $w = \dfrac{d_1 - d_2}{2}$ は円環の厚みである．したがって円環の形状，力 f_m，液

柱の高さ h を測定すれば，表面張力 T が求められる．このような円環を用いて表面引力を測定する方法を**円環法**という．

3. 装置と器具

この実験では，ばねばかり，分銅(0.5，1，2 g)，シャーレ，ノギス，温度計を用いる．

ばねばかりは，図4のように，円環を吊り下げるばねSと基盤Cからなる．ばねSの下端には指標(目印)Pがあり，その位置 Z は支柱の鏡尺Lで読み取る．鏡尺については12ページの「4.4 視差と鏡尺」を参照するとよい．基盤Cには液面の高さを制御するための昇降台Tがついていて，Tの位置は目盛Eで読み取ることができる．

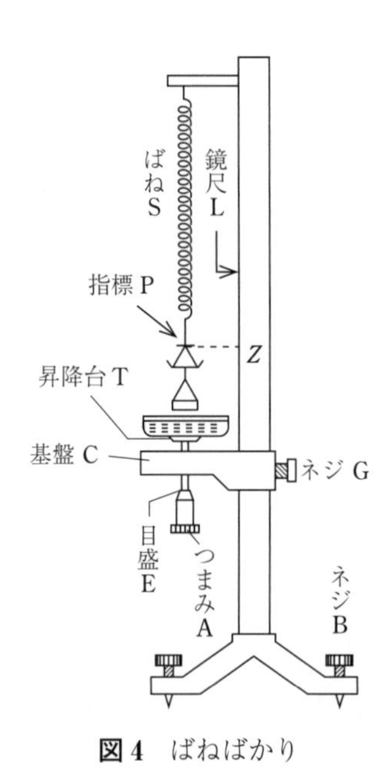

図4　ばねばかり

4. 試　　料

測定試料として純水とエタノールを使用する．

5. 測定準備

ばねばかりを前と横から見て，支柱が鉛直になっていることを確かめる．もし傾いている場合は，ばねばかりの脚のネジBで調整する．

6. 測　　定

6.1 ばね定数 k を求めるための測定

(1) 円環をばねの下部にある皿の下に吊るす．

(2) ネジGをゆるめて基盤Cを十分下げてから，皿に分銅をのせる．分銅を0，0.5，1.0，

1.5，2.0，2.5 g と増やし，指標 P の位置 Z を鏡尺 L を用いて 0.1 mm まで読み取り，表1に記入する．鏡尺 L の目盛の単位に注意すること．

(3) 分銅を減らしながら同様の測定をする．

6.2 ばねの伸びおよび液柱の高さ h を求めるための測定

最初に純水，次にエタノールの表面張力を測定する．測定データはそれぞれ表2と表3に記録する．

(4) 洗浄用ビーカーにエタノールを入れて，金属製円環をよく洗浄する．

(5) ビーカーのエタノールを純水測定用シャーレに注いでシャーレ自身を洗浄し，エタノールをビーカーに戻す．

(6) 円環，シャーレを純水ですすぐ．指の脂肪は測定不確かさの原因になるから，洗浄後には円環やシャーレの内側に手を触れないように注意する．

(7) 昇降台 T の上に純水測定用シャーレを置き，試料の純水を入れる．

(8) 円環をばねの下部の皿の下に吊り下げ，円環の下端面と液面がほぼ並行であることを確かめる．このとき，円環の下端面と液面をできるだけ近づける．

(9) 基板 C を，次の (10)～(12) の操作ができる適当な高さになるように，ネジ G によって支柱に固定する．

(10) 円環が液面に接触していないときのばねの指標の位置 Z_0 を鏡尺で 0.1 mm まで読む．

(11) A を回して昇降台 T を上げていき，円環が液面に接触した瞬間につまみ A を回すのをやめ，液面の位置 M_0 を目盛 E で 0.1 mm まで読む．円環と液面が接触する手前からは，つ

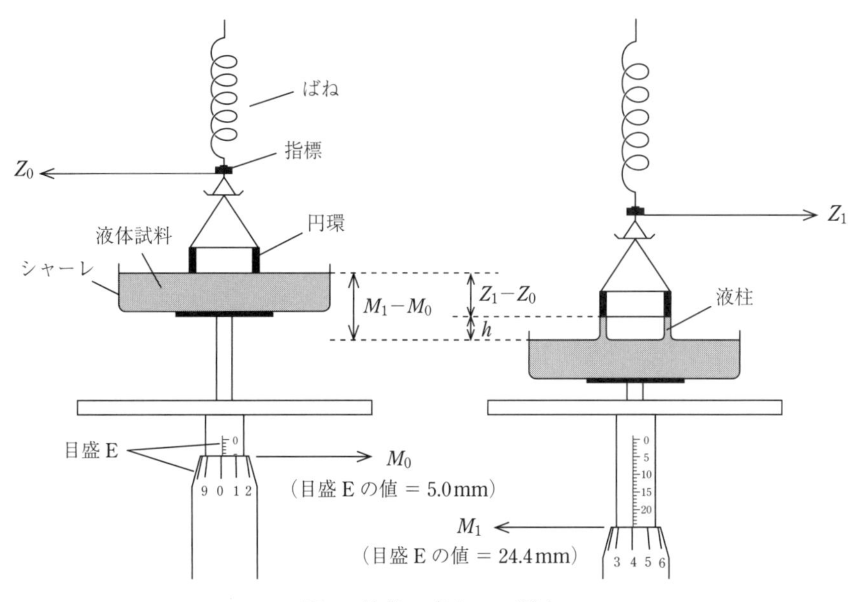

図5 液柱の高さ h の測定

まみ A を非常にゆっくりと回し，慎重に液面を円環に近づけていく．

(12)　指標 P を見ながらつまみ A をゆっくりと回して昇降台 T を下げていき，指標の位置 Z が最も下がるところを見つけて，そのときの指標の位置 Z_1 と液面の位置 M_1 を読み取る．

(13)　上記の (10) から (12) を 5 回くり返す．

(14)　温度計で試料の温度を測定して記録する．温度計は破損しやすいので，測定するとき以外はケースに入れておく．

(15)　エタノールの表面引力を測定するために円環をビーカのエタノールで洗浄する．

(16)　エタノール測定用シャーレをエタノールで洗浄した後，試料として新しいエタノールを入れ，昇降台 T の上に置く．

(17)　(8)～(14) の測定を純水のときと同様に行う．

(18)　使用したエタノールを「使用済みエタノール」と書いてあるびんに捨てる．

6.3　円環の形状の測定

(19)　ノギスを用いて外径 d_1，内径 d_2，環の厚さ w（環の高さではない）を場所を変えて 4 回測定し，表 4 に記入する．

7.　測定データの整理

7.1　ばね定数 k

(1)　表 1 の質量 m と指標の位置 Z の関係をグラフ用紙に記入する．ばねはフックの法則 $F = mg = k\,\Delta Z$（k はばね定数）を満たすから，データ点は直線上に並ぶはずである．

表 1　分銅の質量 m と指標の位置 Z の関係

質量 m [g]	指標の位置 Z [mm]	
	荷重増加時	荷重減少時
0		
0.5		
⋮		
2.5		

(2)　「付録 B 2.1」を参考に測定値をよく表すようにグラフ上に直線を引き，直線上のできるだけ離れた 2 点 (m_a, Z_a)，(m_b, Z_b) をとる．

(3)　ばねを引っ張る力とばねの伸びとの間には，比例関係

$$(m_a - m_b)g = k(Z_a - Z_b) \tag{3}$$

が成り立つ．長さは m，質量は kg に換算して，式 (3) からばね定数 k を求める．重力加速度 g は「付録 C 付表 9」の値を用いる．

$$k = \underline{\qquad\qquad}\ \mathrm{N{\cdot}m^{-1}}$$

7.2 ばねの伸びと液柱の高さ

(4) 表2と表3のように，M_1-M_0 と Z_1-Z_0，Z_1-Z_0 の平均値を計算して整理する．

(5) 液柱の高さ h は図5に示すように，液面の下降と，ばねの伸びの差から

$$h=(M_1-M_0)-(Z_1-Z_0) \tag{4}$$

で求められる．液柱の高さ h を計算し，h の平均値を求めて表2と表3に記入する．

表2 指標Pの位置 Z_0, Z_1 と液面の位置 M_0, M_1（試料：純水）

測定番号	目盛Eによる液面の位置			指標Pの位置			液柱の高さ h [mm]
	M_1 [mm]	M_0 [mm]	M_1-M_0 [mm]	Z_1 [mm]	Z_0 [mm]	Z_1-Z_0 [mm]	
1							
2							
⋮							
5							
平均							

表3 指標Pの位置 Z_0, Z_1 と液面の位置 M_0, M_1（試料：エタノール）

測定番号	目盛Eによる液面の位置			指標Pの位置			液柱の高さ h [mm]
	M_1 [mm]	M_0 [mm]	M_1-M_0 [mm]	Z_1 [mm]	Z_0 [mm]	Z_1-Z_0 [mm]	
1							
2							
⋮							
5							
平均							

7.3 円環の外径，内径，厚さ

(6) 円環の外径 d_1，内径 d_2，厚さ w の平均値を計算して表4に記入する．

表4 円環の外径 d_1，内径 d_2，厚さ w

測定番号	外径 d_1 [mm]	内径 d_2 [mm]	厚さ w [mm]
1			
2			
⋮			
4			
平均			

測定器：ノギス，最小読取値：0.05 mm

7.4 表面張力の計算

(7) 表面張力の計算に必要な数値を，単位に注意しながら表5にまとめる．力 f_{m} は，ばね定数 k と，ばねの伸び Z_1-Z_0 を用いて

$$f_{\mathrm{m}} = k(Z_1-Z_0) \tag{5}$$

から計算される．

(8) 式(2)を用いて表面張力 T を求める．このとき第1項と第2項の大きさを比較するために第1項と第2項をそれぞれ求め，記録する．液体の密度 ρ は「付録C付表3,4」の値を用いる．

表5　表面張力の測定結果

試　料		純水	エタノール
ばね定数 k [N·m^{-1}]			
円環の形状	外径＋内径 d_1+d_2 [m]		
	厚さ w [m]		
ばねの伸び Z_1-Z_0 [m]			
引き上げる力 f_{m} [N]			
液体の密度 ρ [kg·m^{-3}]			
液柱の高さ h [m]			
結果のまとめ	表面張力 T [N·m^{-1}]		
	液体の温度 t [℃]		

8. 検　討

以下の課題について検討し，ノートにまとめる．

(1) 水の表面張力が「付録C付表13」に掲載されている．またエタノールの表面張力は 2.23×10^{-2} N·m^{-1} ($t = 20$ ℃) である．実験で得られた表面張力の値とこれらの値とを比較し，両者の相違について考察せよ．

(2) 式(2)を用いて表面張力を求めたときの第1項と第2項の大きさを比較せよ．この実験では特に液柱の高さ h の測定精度が低いが，h が第2項だけに含まれているので，h の不確かさが表面張力の測定値に与える影響が小さいことを確認せよ．

(3) 円環の厚さを円環の外径 d_1 と内径 d_2 から計算で求めて w_{c} とし，直接に測定して求めた w と比較せよ．この実験では円環の厚さをわざわざ測定して求めたが，その理由について考えよ．

実験7　熱の仕事当量

1. 目　　的

電流の消費エネルギーで水温を上昇させることにより，一般的な仕事量と熱量の換算率である熱の仕事当量を求める．

2. 原　　理

温度が異なる2つの物体が接触するとき，高い温度の物体から低い温度の物体に移動するエネルギーを**熱**といい，その移動量を**熱量**という．一般的な**仕事量**と熱量は物体に対して同等の作用をもたらすことが知られており，その換算比は**熱の仕事当量**（mechanical equivalent of heat）とよばれている．仕事量の単位がジュール（J），熱量の単位がカロリー（cal）のときの比は，特に記号Jで表され，$J = 4.184$ J/cal と定義されている．1カロリーは，水1gを1℃上昇させるのに必要な熱量にほぼ等しい．

抵抗線の両端に一定の電圧 V [V] をかけ，一定の電流 I [A] を時間 t [s] 間流せば，VIt [J] の電気エネルギーが熱エネルギーに変換される（**ジュール熱**）．いま水当量（物体の熱容量がどれだけの質量の水の熱容量に相当するかを表したもの）ω [g] の熱量計に入れた M [g] の水の中にこの抵抗線を浸す．外気との間で熱の出入りがないと仮定すると，Δt [s] 間に水の温度が $\Delta\theta$ [℃] 上昇したとき，水と熱量計とで受け取った熱量は $(M+\omega)\,\Delta\theta$ [cal] であるから，熱の仕事当量 J [J/cal] は

$$J = \frac{VI\,\Delta t}{(M+\omega)\Delta\theta} \tag{1}$$

で与えられる．

熱量計の水当量 ω には，容器や攪拌子（かくはんし），温度計，抵抗線などの水当量が含まれている．この実験では，容器以外の水当量は水の量 M と比較して十分小さく無視できると仮定して，ω を容器だけの水当量で近似する．この近似では，ω は容器（銅製）の質量 m [g] と銅の比熱の積で $\omega = 0.092m$ となり，M, m, V, I および単位時間あたりの水温の温度上昇率 $\dfrac{\Delta\theta}{\Delta t}$ [℃/s] を測定すれば，式(1)から熱の仕事当量 J が求められる．ここでは外気との間の熱の出入りがないと仮定したが，実際には熱の出入りを避けることは難しい．そこで熱の出入りの影響をできるだけ少なくするため，外気温に近い水温で測定する．

3. 装　置

図1に装置の概略を示す．銅製の容器Gは外気温の影響を小さくするために断熱容器のなかに納められている．抵抗線Rは断熱容器のふたの端子に接続されている．Tは水銀温度計(50 ℃，1/10 ℃)，Sは撹拌子，V, Aはそれぞれ直流用の電圧計(0.5級，0〜3 V)および電流計(0.5級，0〜3 A)である．**マグネチックスターラ**(magnetic stirrer)は，回転する磁石によって**撹拌子**(かくはんし)(中に磁石が入っている)を回し，容器内の液体を撹拌する装置である．図1にはないが，ストップウォッチ，気温測定用のデジタル温度計，水銀温度計を読むための拡大鏡が用意されている．温度計と電圧計・電流計の使用法についてはそれぞれ付録A1，A2を参照せよ．

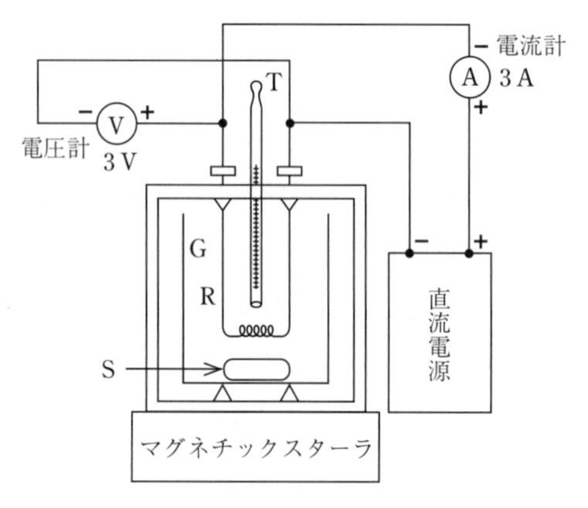

図1　装置の概略

4. 測　定

(1)　銅製容器Gを断熱容器から取り出して，その質量 m を電子天秤で秤量する．

(2)　ビーカーに純水を約150 mL入れ，水銀温度計で水温を測定する．水温は気温より2〜3 ℃低めに設定する．水温が高い場合は氷を入れて調整する．

(3)　容器Gの外側が湿っている場合は水分を拭き取ってから，ビーカーの水を容器Gに入れてその質量を秤量する．容器の質量 m との秤量差が水の質量 M_1 [g] である．

(4)　断熱容器内が乾いていることを確かめてから，容器Gをセットし，その中に水が跳ねないように静かに撹拌子を入れ，スターラの電源スイッチを入れる．撹拌子の回転を確認後，抵抗線と温度計のついているふたをする．このとき温度計Tの水銀だめが十分に水につかっていることと，温度計が抵抗線Rに近づきすぎていないことを確認する．

(5)　直流電源のスイッチを入れる．OUTPUTランプが消えていたらOUTPUTボタンを押す．電圧計と電流計の針の振れを見ながら直流電源のVOLTAGEつまみとCURRENTつまみを調整して，電力 VI (電圧 V と電流 I の積)が3.0〜3.5 W程度になるように設定する．

(6)　水温が上昇し始めるのが確認できたら，直流電源のOUTPUTボタンを押して電流を止める．水温が上昇しない場合は設定に間違いがないか確かめる．撹拌子が正常に回転せず，カタカタ音がした場合は，スターラの電源スイッチを切り，スピード調節つまみが指定の位置になっていることを確認後，5秒ほどしてから再び電源スイッチを入れる．

(7)　数分後にOUTPUTボタンを押し(ランプが点灯する)，同時にストップウォッチをスタートさせて，時間 t_m，水温 θ_1，気温，電圧 V_1，電流 I_1 を表1に記録する．

(8)　その後1分ごとに水温を0.05℃，気温を0.1℃まで読み取り，表1に記録する．温度は視差(12ページ)に注意しながら拡大鏡を用いて測定する．

(9)　水温が気温より2～3℃上昇したら電圧と電流(V_1, I_1)も記録し，電源のスイッチを切る．気温の上昇が大きく，水温が気温をなかなか上まわらない場合は，水温が最初に比べて6℃上昇したら測定を終える．

(10)　電力 VI の設定はそのままで，水量を M_2(約250 mL)に変えて同様の測定(2)～(9)をおこなう．

表1　水温・気温の温度変化(水の質量 $M_1 = \underline{157.9}$ g)

時間 t_m［分］	水温 θ_1［℃］	気温［℃］	V_1［V］	I_1［A］
0	25.65	28.1	1.620	1.807
1				
⋮	⋮	⋮		
22	30.90	28.4	1.621	1.804

5．測定データの整理

(1)　水量が M_1 と M_2 のときの水温・気温の時間変化を1枚のグラフ用紙の1つの座標面にデータ点の形を変えて(28ページ参照)プロットする．

(2)　データ点をよく表すようにグラフ上に計4本の直線をひき(付録B2参照)，水量 M_1 のときの水温上昇率 $\dfrac{\Delta\theta_1}{\Delta t_1}$ と，水量 M_2 のときの水温上昇率 $\dfrac{\Delta\theta_2}{\Delta t_2}$ を求める．

(3)　水量が M_1 のときの測定データと式(1)を使って熱の仕事当量 J_1 を求める．電圧と電流は，電源スイッチを入れた直後に測定した値と，スイッチを切る直前に測定した値を平均する．

(4)　同様に水量が M_2 のときの測定データを使って熱の仕事当量 J_2 を求める．

6．検　　討

以下の課題について検討し，ノートにまとめる．

(1)　実験で求めた熱の仕事当量 J_1, J_2 と，定義された J の値4.184 J/calを比較し，得られた結果が適切であるかどうかを検討せよ．適切でないときには，その理由を考えよ．水銀温度計の機器不確かさは19ページの表5-2によると±0.3℃であるが，この実験では絶対的な温度ではなく温度差を測定するだけであるので，機器不確かさは最小目盛と同じ ±0.1 ℃程度とする．また電圧計と電流計の機器不確かさは無視してよい．

(2) 水量 M_1 での測定と，水量 M_2 での測定を比較した場合，どちらの測定の方が実験の精度が高いかを考えよ．ただたんに J_1 と J_2 を比較して，どちらの値の方が J に近いかで判断してはいけない．

(3) 水量を M_1 と M_2 で測定したことから，式(1)は

$$J=\frac{V_1 I_1\,\Delta t_1}{(M_1+\omega)\Delta\theta_1},\qquad J=\frac{V_2 I_2\,\Delta t_2}{(M_2+\omega)\Delta\theta_2}$$

の2つの式で表すことができ，2つの式から ω を消去することによって，

$$J=\frac{1}{M_2-M_1}\left(\frac{V_2 I_2\,\Delta t_2}{\Delta\theta_2}-\frac{V_1 I_1\,\Delta t_1}{\Delta\theta_1}\right)\tag{2}$$

が得られる．この式から J を求め，J_1 や J_2 と比較しながら検討せよ．

実験8 熱　電　対

(ねつ　でん　つい)

1. 目　　的

代表的な熱電対であるクロメル-アルメル熱電対（CA 熱電対）を用いて液体窒素の沸点とエタノールの融点を測定し，温度測定に広く使用されている熱電対の原理と使用法を理解する．また基準接点温度を変えたときの温度測定法を理解する．

2. 原　　理

2.1 温度勾配による電場と電位差の発生

図1(a)のように，金属線OPの両端を温度 T_0 と $T(> T_0)$ の熱源に接触させると熱が高温側から低温側へ流れ，金属線中には図1(b)のような温度分布が生ずる．ただし金属線と平行に x 軸を定め，O, P の座標をそれぞれ x_0, x とした．熱を運ぶのは大部分が熱運動している電子で，気体の場合と同様に高温側で低密度，低温側で高密度になる．したがって電荷は高温側が正，低温側が負にかたより，金属線中に電場がつくられる（図1(a)の矢印）．しかしこの電場はこのかたよりを元に戻そうとする効果をもつので，実際の電場は両者のバランスで決まり単純ではない．経験的には電場の x 成分 E_x と温度勾配 $\dfrac{\mathrm{d}T}{\mathrm{d}x}$ の間に

$$E_x = -Q\,\frac{\mathrm{d}T}{\mathrm{d}x} \tag{1}$$

という関係が成り立つ．Q は**熱電能**と呼ばれる物質固有の量で，一般に温度に依存する．

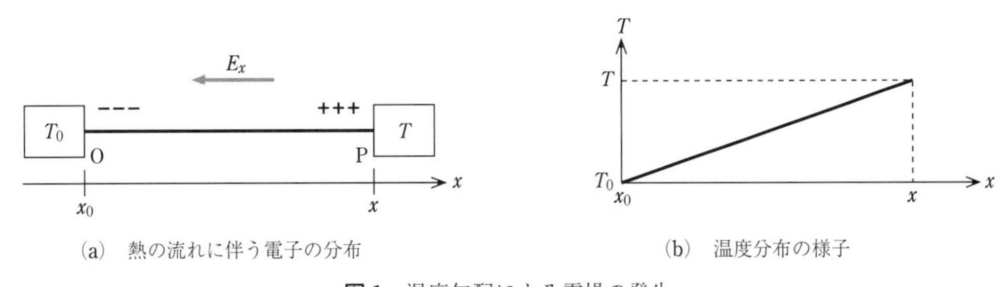

(a) 熱の流れに伴う電子の分布　　(b) 温度分布の様子

図1 温度勾配による電場の発生

したがって金属線の両端PO間に生ずる**電位差** V_{PO}（Oに対するPの電位）は，式(1)より，

$$V_{\mathrm{PO}} = -\int_{x_0}^{x} E_x\,\mathrm{d}x = \int_{x_0}^{x} Q\,\frac{\mathrm{d}T}{\mathrm{d}x}\mathrm{d}x = \int_{T_0}^{T} Q\,\mathrm{d}T \tag{2}$$

となるから，V_{PO} は金属の熱電能 Q と両端の温度 T_0, T だけで定まることがわかる．

2.2　熱電対温度計とその熱起電力

この電位差を利用して図2のように熱電対温度計をつくることができる．2種類の金属線X，Yの一端を接合してつくられたQPRの部分を**熱電対**という．温度測定部の接合点Pは**測温接点**とよばれる．一方，熱電対と導線Zの接合点QとRは**基準接点**と呼ばれ，**基準温度** T_0 に保たれる．導線Zは通常，銅線である．次にこの回路について説明する．

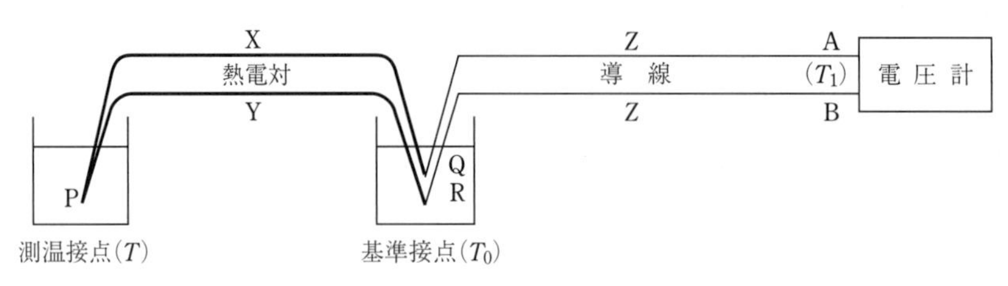

図2　熱電対温度計

端部AとBの温度を同一とし T_1 とおくと，AB間の電位差 V_{AB} はAQ, QP, PR, RB間の電位差の和であるから，式(2)を用いて

$$V_{AB}=\int_{T_0}^{T_1}Q_Z\,dT+\int_{T}^{T_0}Q_X\,dT+\int_{T_0}^{T}Q_Y\,dT+\int_{T_1}^{T_0}Q_Z\,dT \tag{3}$$

と表すことができる．ここで Q_X, Q_Y, Q_Z はそれぞれX, Y, Zの熱電能である．ところが第1項と第4項は打ち消し合うから，V_{AB} は導線の種類Zや端子の温度 T_1 には無関係となり，結局QR間の電位差 V_{QR} に一致することがわかる．すなわち，

$$V_{AB}(T\,;\,T_0)=V_{QR}(T\,;\,T_0)=\int_{T_0}^{T}(Q_Y-Q_X)\,dT \tag{4}$$

となる．これは熱電対の**熱起電力**とよばれ，金属の種類X, Yが与えられれば，温度 T と T_0 のみに依存する．したがって，T_0 を基準温度として一定にすれば $V_{AB}(T\,;\,T_0)$ は T のみの関数になる．あらかじめ $V_{AB}(T\,;\,T_0)$ と T の関係を得ておけば，熱起電力の測定から温度が求められる．熱起電力 V_{AB} と温度 T の関係を示すグラフを熱電対の**校正曲線**という．(図3を参照)

実用的な温度計とするためには，X, Yの材質は安定で，しかも熱電能の差 (Q_Y-Q_X) が大きな組み合せでなければならない．代表的な熱電対に対して，基準温度 T_0 を0℃に選んだときの熱起電力(**基準熱起電力**)がハンドブックなどに掲載されている．

2.3　基準温度の変更

基準温度には氷点(0℃)がよく用いられるが，液体窒素の沸点など他の安定した温度が選ばれることもある．基準温度の変更は式(4)の積分の下限の変更に対応するから，熱起電力は一定値シフトするだけである．すなわち，新基準温度を T_0' とすると，

$$V_{AB}(T\,;\,T_0')=V_{AB}(T\,;\,T_0)+C \tag{5}$$

となる．ただし定数 C は

$$C = V_{AB}(T_0\,;\,T_0') = \int_{T_0'}^{T_0} (Q_Y - Q_X)\,dT \tag{6}$$

で表され，基準接点の温度を T_0'，測温接点の温度を T_0 とした場合の熱起電力である．

3. 装置と器具

この実験ではクロメル－アルメル熱電対，デジタルマルチメータ（Agilent 34401A），測定用PC，氷点用デュワーびん，液体窒素用デュワーびんテフロン製試験管，エタノール温度計，ドライヤーを使用する．電圧計として使用するマルチメータでは，確度仕様を±(読み値の%＋レンジの%)で表現すると，100 mV レンジで±(0.0050%＋0.0035%)である．たとえば100 mV レンジで 1.3835 mV と表示された場合，機器不確かさは±(1.3835×0.000050＋100×0.000035)＝±0.0036 mV となる．

4. 試　料

融点測定用のエタノールと，基準接点用物質としての氷と液体窒素を用いる．測定に用いる基準温度を表1に示す．

表1 測定に用いる基準温度

氷点	0 ℃ (273.15 K)
液体窒素の沸点	−195.82 ℃ (77.33 K)

5. 測定準備

5.1 校正曲線の作成

「付録C付表14 クロメル-アルメル熱電対の熱起電力」のデータをもとに，熱電対の標準校正曲線をグラフ用紙に作成する．横軸に温度（−300 ℃〜50 ℃）を，縦軸に熱起電力をとる（図3参照）．測定した熱起電力をこの曲線によって温度に換算するので，グラフは大きく正確に作成する．

5.2 基準接点部の準備

(1) 氷点用デュワーびんに，用意された氷片を少し押し込めるようにしていっぱいに入れ，エタノール温度計のついたコルク栓でふたをして，数分後にエタノール温度計の目盛を読み取って記録する．そして温度がほぼ0 ℃（〜0.5 ℃）になっていることを確認する．

(2) 熱電対の基準接点を氷点用デュワーびんのガラス管の底に着くまで十分に差し込む．

5.3 デジタルマルチメータと測定用PCの準備

(1) **装置の立ち上げ**：まず，マルチメータ前面左下のPowerスイッチを押す．続いて，測定用 PC の電源ボタンを押してデスクトップ画面が表示されたら，「実験 8 用測定プログラム」と書かれたアイコンをダブルクリックしプログラムを開く．本実験では VEE（Visual Engineering Environment）言語で記述された測定プログラムを用いる（VEE によるプログラムの記述については実験 17 を参照）．測定用 PC とデジタルマルチメータの設定はすでにプログラムされているので，ここではプログラムを書き替えない．

(2)　**測定プログラムの開始**：ウィンドウ上方のツールバーにある再生ボタン▶をクリックすると測定が開始する．マルチメータの表示が 1 秒ごとに更新され，その測定データが PC の画面上でプロットされる．グラフの横軸は測定時刻 [s]，縦軸は熱起電力 [V] である．そして，プロットと同時に Excel ファイルが作成され，A 列に測定時刻 [s]，B 列に熱起電力 [V] が書き込まれる．なお，1 時間程度の測定では記録データ量は大きくないため，以降，**6.4** までプログラムを停止しない．また，プログラム停止まで Excel ファイルをクリックしない．

(3)　**接続の確認**：接続や設定の確認のため，測温接点を指でつまみ体温による熱起電力を測定する．体温は基準温度（氷点）よりも高温であるから，熱起電力は正になるはずである．後で記録したデータを見直せるように，熱電対を操作した際はノートに実験の詳細（操作内容，測定対象，零点の位置，測定時刻，熱起電力など）を記録しておく．記録された熱起電力が適切であることを **5.1** で作成した標準校正曲線を用いて確かめる．

6．測　　定

6.1　液体窒素の沸点の測定

(1)　液体窒素用デュワーびんに液体窒素を半分ほど入れる．

(2)　測温接点を液体窒素の中に直接挿入する．ただちに熱起電力は下がり，接点が液体窒素の沸点に達すると熱起電力は一定になる．一定の熱起電力が確認できたら測温接点をデュワーびんから取り出す．測温接点に霜が付くことがあるので，ドライヤーで乾燥させ温度を上げておく．

6.2　エタノールの融点の測定

(3)　専用ピペットを用いて，テフロン製試験管にエタノール約 4 mL を入れる．

(4)　エタノールに熱電対の測温接点を挿入し，スポンジの栓で軽くふたをする．

(5)　試験管を液体窒素用デュワーびんに入れる．5 分間ほど冷却するとエタノールが固化するので，発泡スチロール製保温ピットに試験管を移す．

(6)　固化したエタノールの温度が次第に上昇し，融点になると融解の潜熱を吸収するため，温度（熱起電力）がしばらく一定にとどまる．融解が完了すると温度は再び上昇する．

(7)　融解完了後，熱起電力が 0.5 mV ほど上昇したら，測温接点を試験管から取り出しドライヤーで乾燥させる．

6.3　基準温度を液体窒素の沸点にした測定

(8)　基準接点の温度を氷点から液体窒素の沸点に変更するため，熱電対の基準接点を氷点用デュワーびんのガラス管から抜き出して，液体窒素の中に直接挿入する．測定温度（室温）は基準温度（液体窒素の沸点）と比べて非常に高くなるから，熱起電力は正に大きく上昇する．

(9)　測温接点を液体窒素に入れて，熱起電力が 0 になることを確かめる．

(10)　測温接点を氷点用デュワーびんのガラス管に十分深く差し込み，氷点の熱起電力を測定する．

(11)　この基準温度で，エタノールの融点を (4)～(7) と同様に測定する．

6.4　測定の終了

(12)　VEE Pro ウィンドウ上方のツールバーにある停止ボタン■をクリックすると測定が終了する．

(13)　マルチメータおよび PC 画面上のプロットが停止したことを確認したら，以降の操作によってデータを保存する（VEE プログラム自体は保存しない）．データを保存する前にエクセルや VEE Pro ウィンドウを閉じないように注意する．ウィンドウを閉じて PC を立ち下げるのは，データ処理と検討が終わった後にする．

(14)　PC 画面にプロットが表示された状態で，スクリーンショットをとる．デスクトップにあるペイントを立ち上げ，キーボードの Ctrl ボタンを押しながら V ボタンを押す．すると，先ほどスクリーンショットをした画像が貼り付けられるので，左上の「ファイル」から「名前を付けて保存する」を選ぶ．保存先をデスクトップの実験 8 データフォルダ，名前を「学科名_西暦_月_日_机のアルファベット」として jpeg 形式で保存する．

(15)　データが記録されたエクセルファイルを表示させ，左上の「ファイル」から「名前を付けて保存する」を選ぶ．保存先をデスクトップの実験 8 データフォルダ，名前を「学科名_西暦_月_日_机のアルファベット」として xls 形式で保存する．

(16)　各机に置いてある USB メモリを PC に差し込み，保存したデータをコピーする．

(17)　コピーが完了したら USB メモリを取り外し，保存した jpeg ファイルを印刷用 PC で A4 用紙に出力する．印刷した熱起電力プロットについて，測定時刻に対し主な実験操作を書き込む．

(18)　マルチメータの Power スイッチを押して電源を切る．氷を流しに捨て，エタノールを廃棄びんに入れる．液体窒素はデュワーびんのまま置いておき気化させる．

7.　測定データの整理

7.1　校 正 曲 線

式 (5), (6) の関係を考慮すれば，**5.1** 項における氷点を基準温度にした校正曲線図の熱起電力の目盛を単に読み替えるだけで，液体窒素の沸点を基準温度にした場合の校正曲線が得られ

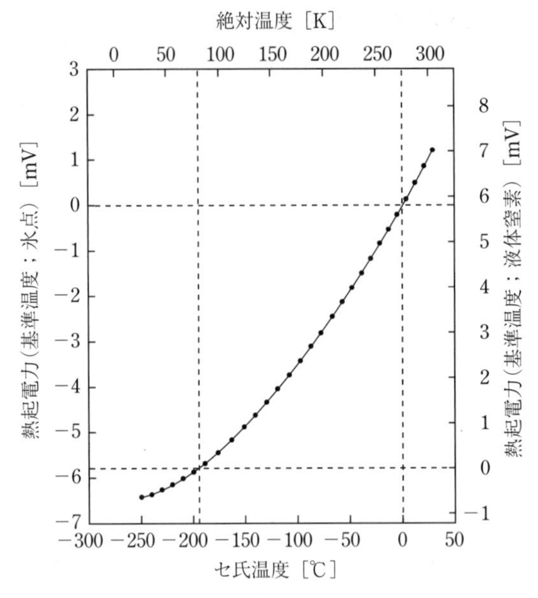

図 3　クロメル-アルメル熱電対の標準校正曲線

ることがわかる．すなわち，氷点を基準温度にしたときの液体窒素の沸点（表 1 参照）の熱起電力の値だけ縦軸の起電力の目盛をずらせばよい．すでに目盛が書き入れてある座標軸の反対側に新しい座標軸をとり，そこに新しい目盛を書き加え，液体窒素の沸点を基準温度にした場合にも使用できる校正曲線（図 3）を作成する．

7.2　沸点と融点

グラフとエクセルの表データから，各測定での沸点や融点の熱起電力を 0.0001 mV まで読み取り，表 2，表 3 に記入する．作成した校正曲線によって熱起電力を温度に換算し，表 2，表 3 にまとめる．

表 2　測定結果 1（基準温度：氷点）

測定点	熱起電力［mV］	温度［℃］
液体窒素の沸点		
エタノールの融点		

測定器：デジタルマルチメータ（Agilent 34401A），最小読取値：0.0001 mV

表 3　測定結果 2（基準温度：液体窒素の沸点）

測定点	熱起電力［mV］	温度［℃］
氷点		
エタノールの融点		

測定器：デジタルマルチメータ（Agilent 34401A），最小読取値：0.0001 mV

8. 検　討

以下の課題について検討し，ノートにまとめる．

(1) 測定して求めた融点と沸点の値が適切であるかどうかを検討せよ．適切でないと思われるときは，その理由を考えよ．氷点と液体窒素の沸点は表1を参照する．エタノールの融点は−114.5℃である．

(2) 基準温度が氷点のときの液体窒素の沸点の熱起電力と，基準温度が液体窒素の沸点のときの氷点の熱起電力は，式(4)における T と T_0 を入れ替えた関係にある．このことから，表2と表3で得られた両測定値の関係を説明せよ．

(3) 「基準温度が液体窒素の沸点のとき(表3)のエタノールの融点における熱起電力」は,「基準温度が氷点(表2)のエタノールの融点における熱起電力」と「基準温度が液体窒素のとき(表3)の氷点における熱起電力」の和になっていることを確かめよ．

(4) これまでは水銀やエタノールを用いた温度計が主流だったが現在は熱電対を温度計として使う機会が多い．熱電対を温度計として使うことの工学的利点を測定温度範囲を含め，いくつかの視点から考えよ．

実験9　光 の 波 長

1.　目　　的

回折格子(かいせつこうし)を用いてナトリウムのスペクトル線（D 線）の波長を測定する．同時に，光の波長測定の最も基本的な機器である分光計の扱い方を学ぶ．

2.　原　　理

回折格子は平行平面ガラス板の表面にアルミニウム膜を真空蒸着し，ダイヤモンドのカッタで等間隔に平行線を刻んだものである（この実験ではその複製品，レプリカ格子を用いる）．この平行線の間隔を格子定数とよび，d で表すことにする．回折格子による**光の回折**は，等間隔で平行に並んだ非常に多くの**スリット**（細いすきま）による光の干渉作用と考えることができる．

いま，図 1 のように波長 λ の平行光線が回折格子に垂直に入射するとき，隣り合う 2 本の光の光路差が 1 波長またはその整数倍に等しければ，すべての光波は同位相にあるので互いに強め合う．したがって，

$$d \sin \phi_m = m\lambda \qquad (m = 0, \pm 1, \pm 2, \cdots) \tag{1}$$

を満たす角度 ϕ_m で明るい線が現れる．線は $m = 0$ を中心に左右対称に現れ，$m = 0$，$m = \pm 1$，$m = \pm 2$，… をそれぞれ 0 次，1 次，2 次，…の**回折像**とよぶ．格子定数 d がわかっていれば，**回折角**を測定することにより，式 (1) から**光の波長**を求めることができる．

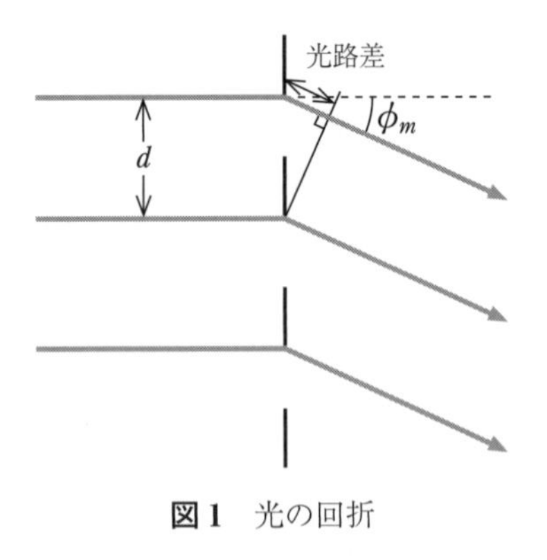

図 1　光の回折

3.　装置と測定試料

この実験では分光計，回折格子，ナトリウム・ランプとその点灯装置，明るさを調整できる電気スタンドを使用する．

3.1 分 光 計

光の波長を測定するための測定器を**分光計**といい，この実験で使用する分光計は，図2に示すように，目盛円板，コリメータ，望遠鏡の3つの主要部分からできている．

目盛円板：直径15 cmの円板の全周は，最小目盛1度で角度が刻まれている．望遠鏡の回転角度は，望遠鏡と一体となって回転する副尺 V_1 により0.1度（＝6分）まで読み取ることができる．

コリメータ：点光源を凸レンズの焦点上に置くと，ここから出た光はレンズを通過したのち平行光線となる．この性質を利用して，一端にスリットをもち，ここから入った光を他端にある凸レンズで平行光線として射出する装置を**コリメータ**という．スリットがレンズの焦点上に正しくくるように鏡筒の長さを調整してある．

望遠鏡：望遠鏡は中心回転軸のまわりを回転する保持台に取り付けられている．望遠鏡はだいたいの位置まで保持台を手で持って回転させ，目的位置の近くでは微動ネジQを使って細かく回転させることができる．

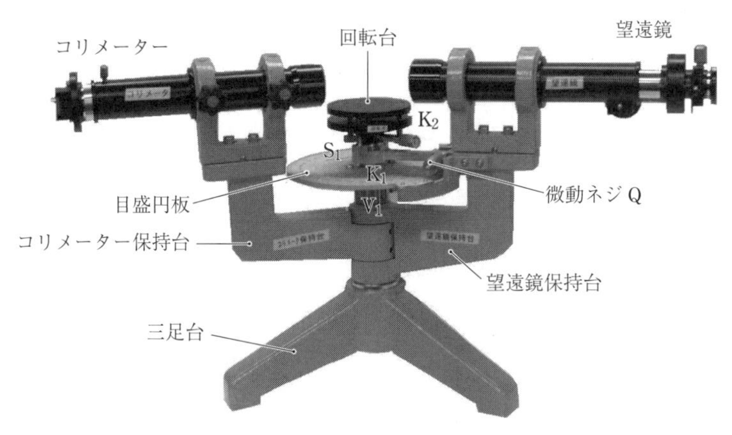

図2 分光計

3.2 ナトリウム・ランプ

ランプは二重ガラス管になっていて，内部のガラス管内にはナトリウムのほかに，少量のアルゴンが封入されている．ナトリウム・ランプを点灯させるためには点灯装置が必要である．

3.3 ナトリウムのスペクトル線（D線）

原子を構成している外殻電子は特定のエネルギー準位の軌道だけに存在することができる．放電などによって原子にエネルギーを与えると，電子は高いエネルギー準位の軌道に移り，やがて低いエネルギー準位の軌道に落ちる．そのとき軌道のエネルギー準位のエネルギー差に相当する特定の波長の光が放射される．この光を分光器で見ると1本の線として観測されるので，このスペクトルを**線スペクトル**，見える線を**スペクトル線**という．ひとつの種類の原子は多くの種類のスペクトル線をもっているが，それらのスペクトル線の波長や強度は原子の種類に固有である．そこでスペクトル線の波長や強度を測定することによって，試料に含まれる元素を分析することができる．

ナトリウム原子はきわだって明るいD線というスペクトル線を放出する．D線は，ごく接近した2つのスペクトル線（D_1線：$\lambda_{D1} = 588.9953$ nm，D_2線：$\lambda_{D2} = 589.5923$ nm）からなっている．

4.　分光計の調整

この実験で使用する分光計には，ネジやつまみの形や位置が本文中に指示する図と多少異なるものがある．このため分光計のネジやつまみには本文中で使用する記号が表示してある．

注意：回す指示がないネジ（赤いラベルがついている）は絶対に回してはいけない．

注意：ネジを回す量はほんのわずか（数分の1回転以下）でよいはずである．回しすぎるとバランスが崩れてしまい，正常な状態に戻すのが難しくなるので，むやみに回してはいけない．うまく見えないときはネジを回す前に，その他の操作をするように．

注意：視力の違いによって調整の結果に違いが生じるので，調整は交代しないでおこなう．

注意：ネジやつまみについているラベルをはがしてはいけない．

4.1　光軸と回転軸の調整

分光計を正しく使用し，光の波長を精度よく測定するためには，コリメータと望遠鏡の光軸を一直線上にして，さらに光軸が中心回転軸（分光計の中心を通る軸）および回折格子面と垂直に交わるように調整しなくてはいけない．これらの調整は1つの調整操作のためにそれまでの調整が乱されることのないよう，以下の順序にしたがっておこなう．図3は分光計を横から見た図，図4は上からみた図，図5は調整時の光路の図である．図中の丸のついた番号は調整手順の番号に合わせてある．

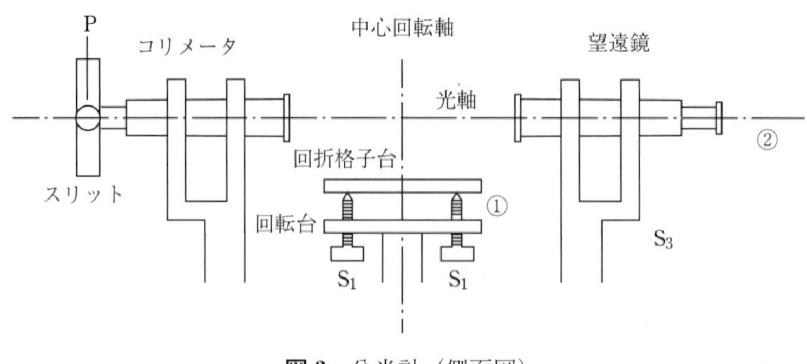

図3　分光計（側面図）

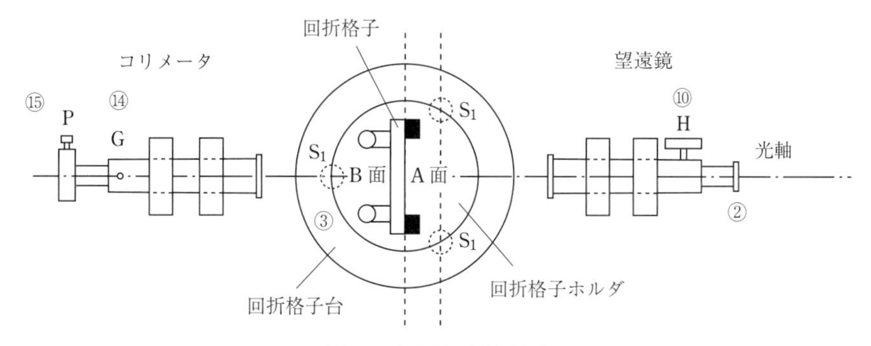

図4 分光計（上面図）

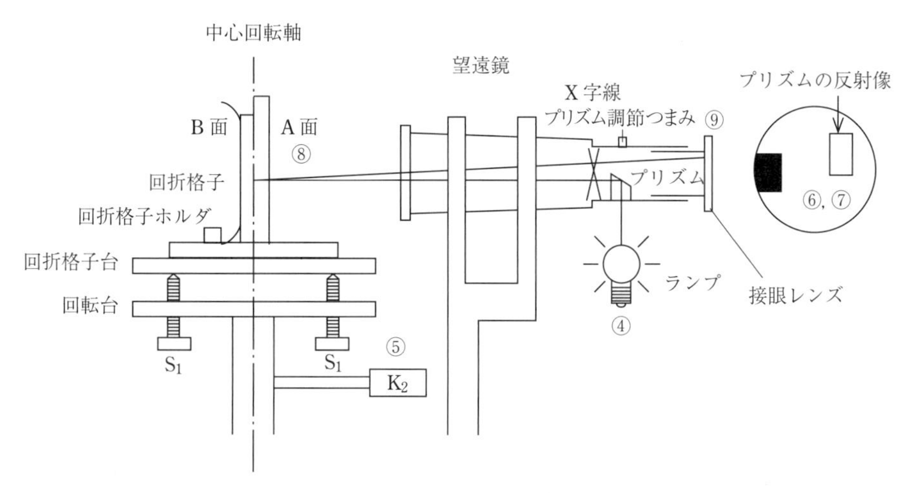

図5 目測による調整

① 図3を参照しながら，回折格子台と回転台が平行になっていることを横から見て確認する．もし平行でなかったら3つのネジ S_1 を回して調整する．

② ネジ K_1(図2参照)を少しゆるめてから，図4のように望遠鏡の光軸とコリメータの光軸がほぼ直線上にくるように望遠鏡を回転させる．

③ 図4を参照しながら，回折格子ホルダーにセットしてある回折格子を回折格子台にのせる．このとき回折格子の面が3つのネジ S_1 のうち2つを結ぶ直線に平行になるようにする．格子を刻んだ面(以下 A 面とよぶ)を望遠鏡側に向ける．回折格子に書いてある文字が正しく(鏡文字ではなく)読める方が A 面である．

④ コンセントにあるスイッチを入れて望遠鏡の接眼部についたランプを点灯する．ランプの反対側の望遠鏡にプリズム穴の開閉つまみがあるので穴を開けてプリズムに光が入るようにする．図5に示すように，ランプの光はプリズムと回折格子面で反射されて望遠鏡内に戻ってくる．

⑤ ネジ K_2 を少しゆるめて回転台が自由に回転できるようにする．

⑥ 望遠鏡をのぞきながら回転台を左右に少しだけ回転させ，回折格子 A 面によるプリズム

の反射像(長方形またはかまぼこ形をした明るい像)が見えるようにする. もし見えないときは, 回折格子台と回転台が平行に調整できていないから, ① と ② の調整をやり直す.

⑦　回転台を回して回折格子の刻んでない面(以下 B 面とよぶ)を望遠鏡側に向け, 回転台を左右に少しだけ回転させて B 面によるプリズムの反射像が見えるようにする. もし見えないときは, 反射像が見えるまで ①,②,⑥,⑦ の調整を繰り返す. このように回転台をまわして回折格子のそれぞれの面による反射像が見えるようになれば, 回折格子の面は中心回転軸に対してほぼ平行になっていて, 望遠鏡の光軸は回転軸(回折格子)に対してほぼ垂直になっている.

4.2　望遠鏡のピント調整

図 5 を参照しながら次の調整を行う.

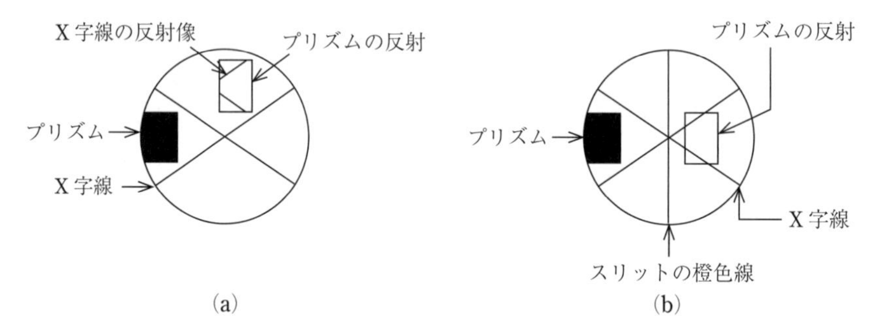

図 6　望遠鏡とコリメータの調整

⑧　回転台を回し, 回折格子の A 面を望遠鏡側に向ける.

⑨　望遠鏡の接眼レンズを指でつまんで前後させ, X 字線が最もはっきり見えるように調整する.

⑩　望遠鏡の側面のつまみ H(図 4 参照)を回して, 図 6(a)に示すようにプリズムの反射像の中に X 字線の反射像がはっきり見えるように, ピントを合わせる.

4.3　コリメータの調整

⑪　ナトリウムランプを次のような手順で点灯し, ランプの最も明るく光っている部分がスリットの直後にくるように置いて, ランプの高さを調節する

ナトリウムランプの点灯法：点灯装置の電源スイッチを入れ, 押しボタン(起動スイッチ)を押してフィラメントを加熱する. 数秒たって十分赤くなったところで押しボタンを離すと放電が始まる. 点灯直後はアルゴンの薄いピンク色の放電が見られるが, この放電で管内が加熱されてナトリウムの蒸気圧が高まると, 数分後には橙色のナトリウムの放電が始まる. フィラメントが過熱されて切れる恐れがあるから, 押しボタンを必要以上に長く押し続けたり, 放電開始後に押してはいけない.

⑫　望遠鏡を回転させて望遠鏡とコリメータが一直線になるようにし, スリットによってでき

た縦長の橙色線を視野の中心部に入れる．

⑬ コリメータのつまみG(図4参照)をゆるめて，鏡筒を手で前後させて調節し，橙色線がはっきり見えるようにする．調節後つまみGをしめる．

⑭ スリット開閉ネジP(図4参照)を回して橙色線の幅を調節する．スリット開閉ネジPはスリットの横にある．原理的には幅は細い方がよいが，あまり細いと暗くなるので，適切な幅にする．ネジPは閉めすぎても開きすぎてもこわれるから，慎重に回すこと．

⑮ ネジK_1(図2参照)を締めて望遠鏡を固定する．次に微動ネジQを用いて望遠鏡を少しずつ回転させ，橙色線がX字線の中心を通るようにする．

⑯ 回折格子のA面を望遠鏡に向ける．

⑰ 回転台を左右に少しだけ回し，X字線とX字線の反射像をプリズムの反射像の中で重ねる．重なったところでネジK_2を軽く締めて回転台が動かないようにする．このとき図6(b)のように，X字線とX字線の反射像が重なり，重なったX字線の中心を橙色線が縦に通るはずである．ネジK_2を軽く締めるときに橙色線がX字線の中心からずれてしまうときは，回転台を手で押さえながらネジK_2を締める．

⑱ プリズム穴のつまみをまわして，プリズム穴を閉じる．

5. 測　　定

スペクトルの測定は照明を十分に暗くしておこなう必要がある．どこかの班が測定を始めるときになったら部屋の照明を消し，明るさが調節できる電気スタンドを使用する．電気スタンドの明るさは，テキストやノートの字が読める程度に調節する．明るくしすぎると他の班の測定に影響を与えるので気をつける．再び部屋の照明をつけるときは，すべての班の測定が終了していることを確認する．

望遠鏡を見る役割を共同実験者と交代する場合，視力が同じ程度であれば問題ないが，はっきりと見えないときは，接眼レンズ⑨を少し出し入れしてピントを調節する．

(1) 調整が終了した時点でX字線の中央に明るい橙色線が見える．これが0次の回折像である．ねじK_1を締めて微動ネジQを用いて回折像とX字線の交点とを正確に一致させ，このときの望遠鏡の回転角度θ_0を目盛円板と副尺V_1を用いて読み取って表1に記入する．

目盛(副尺)の読み方は119ページの《参考》を参照する．

(2) ネジK_1をゆるめて望遠鏡を回転させていくと(望遠鏡の本体ではなく望遠鏡保持台を持って回す)，図7のように1次，2次，…と次々に回折像(橙色線)が視野に入ってくる．「3.3 ナトリウムのスペクトル線(D線)」で述べたように，D線は2本の線からなっている．回折像のかたちに注目しながら1次，2次，…と回折像を観測し，何次の回折像から2本に分離して見えるかを記録する．もし回折像が2本の線に分離して見えないときは申し出よ．

(3) 望遠鏡を0次の回折像とX字線の交点が一致する位置に戻し，回転角度が(1)で測定した角度θ_0と一致していることを確認する．もし一致していないときは，0次の回折像以外

表1　回折格子によるナトリウム D 線の波長の測定

次数 m	副尺	左側の角度 θ_m [度]	右側の角度 θ_{-m} [度]	回折角 ϕ_m [度]	波長 $\lambda \pm \Delta\lambda$ [nm]
0	V_1				
1	V_1				±
2	V_1				±
3	V_1				±
4	V_1				±
5	V_1				±
X	V_1				±

X の行には，測定できた最高次数 m の測定データを記入する．副尺の 1 目盛り = 0.1 度である．

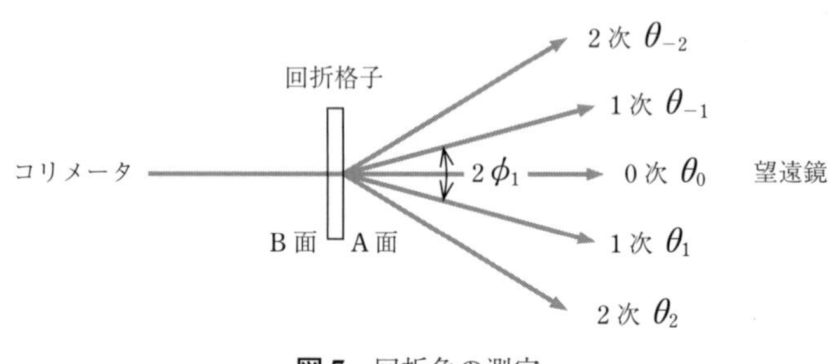

図7　回折角の測定

を見ている可能性が大きいので，正しい 0 次の位置に戻す．

(4)　ネジ K_1 をゆるめて望遠鏡をゆっくり左に回転させ，1 次の回折像が見えてきたらネジ K_1 を締めて微動ネジ Q を用いて回折像を X 字線の交点を一致させ，(1) のときと同様にして回折像を測定する．

(5)　2 次から 5 次までとさらに測定できる最高次数 x 次について，同様にして回折角を求めたら，(3) の操作をおこない，次に右側の回折角について測定する．

(6)　測定が終了したら分光計のランプとナトリウム・ランプの電源を切る．

6. 測定データの整理

(1)　各次数について左と右の角度の差 $\theta_m - \theta_{-m}$ をとれば，その次数に対する回折角 ϕ_m の 2 倍が得られる．これを 2 で割って ϕ_m を表 1 に記入する．計算不確かさが生じないように 0.01° の位まで求める．

(2)　式 (1) を用いて，回折角 ϕ_m から波長 λ を計算し，表 1 に記入する．この実験で使用している回折格子の格子定数は $d = 1.0000 \times 10^{-5}$ m である．波長の単位はナノ・メートル nm を用いる ($1\ \mathrm{nm} = 10^{-9}\ \mathrm{m}$)．

(3)　格子定数dの不確かさは十分に小さいとして無視し，回折角ϕ_mの不確かさ$\Delta\phi_m$によって生じる波長λの不確かさを$\Delta\lambda$とすれば，式(1)と21ページの式(5.18)より，

$$m\,\Delta\lambda = d\cos\phi_m\,\Delta\phi_m \tag{2}$$

となり，式(1)を用いてdを消去すると

$$\Delta\lambda = \frac{\lambda\,\Delta\phi_m}{\tan\phi_m} \tag{3}$$

が得られる．この実験では$\Delta\phi_m$は次数mによらずに分光計の最小読取値である0.1度，ラジアンで表すと$\Delta\phi_m = 0.1\times\pi/180 = 1.7\times10^{-3}$ radであるとする．それぞれの次数について，波長の不確かさを式(3)によって見積り，表1に記入する．

7．検　　討

以下の課題について検討し，ノートにまとめる．

(1)　λ_{D1}とλ_{D2}(114ページ)の平均値λ_{D}を求め，各次数における$\lambda\pm\Delta\lambda$と比較する．一致しなかったときは，その理由を考えよ．

(2)　λ_{D1}とλ_{D2}の差$\lambda_{\mathrm{D2}}-\lambda_{\mathrm{D1}}$を求め，この値と各次数における$\Delta\lambda$を比較しながら，高次になるとスペクトル線が2本に分離して見えることとの関係について考えよ．

(3)　回折の次数mと波長λの不確かさ$\Delta\lambda$との関係から，波長λを高い精度で測定するにはどうしたらよいかを考えよ．

《参考》　分光計の目盛の読み方

副尺を使用した目盛の読み方は，基本的には11ページの「4.3 副尺」やノギスと同じである．分光計の副尺は主尺9目盛分を10等分に目盛ってあるので，主尺の1目盛分1度の1/10，すなわち0.1度まで読み取ることができる．図8に目盛を読み取る例を示す．副尺の目盛0が示す主尺の目盛は，148°を越えている．主尺と副尺の目盛線は副尺の4のところで一致しているから，これを主尺の読みに加えて，148.4°となる．

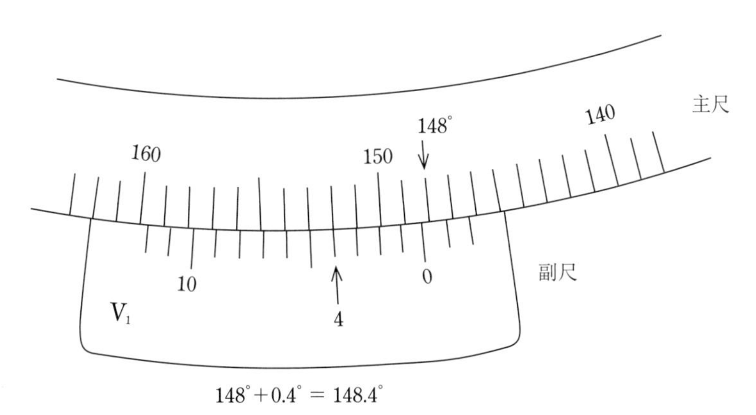

図8　分光計の目盛

実験 10　磁気ヒステリシス

1. 目　的

強磁性体である鉄の磁化の磁場依存性を測定して磁気ヒステリシス曲線のグラフを作成し，飽和磁化，残留磁化，保磁力を求める．この実験によって強磁性体の磁気特性について，理解を深める．

2. 原　理

いろいろなものに磁石を近づけてみると，鉄はくっつくのに，アルミニウムはつかないことを体験する．物質はその磁気的な性質によって，鉄のように強く磁化する**強磁性体**とよばれるものと，アルミニウムのようにごく弱くしか磁化しない**常磁性体**，さらに**反磁性体**，**反強磁性体**などに分けることができる．磁性の生じる原因は，物質を構成している原子が電子のスピンと軌道運動によって**磁気双極子**であることによる．磁気双極子がその両端に $-q_{\mathrm{m}}$ と $+q_{\mathrm{m}}$ の点磁荷をもっているときに，その間をマイナスからプラスへ結ぶベクトルを $\boldsymbol{l}$ とすると，この磁気双極子を特徴づける量として**磁気双極子モーメント** $\boldsymbol{m} = q_{\mathrm{m}}\cdot\boldsymbol{l}$ が定義される．磁化の強さ M は単位体積あたりの磁気双極子モーメントを足し合わせたものとなる．物質の磁性は，その構成原子がどれくらいの磁気双極子をもっているか，また磁気双極子モーメントどうしがどのような相互作用をしているかによって決まってくる．一般に物質に**磁場** H を加えると，$M = \chi H$ で表される**磁化** M が生じる．ここで χ は**磁化率**と呼ばれる量である．常磁性体のアルミニウムでは磁化率は正の小さな一定値であるのに対して，鉄のような強磁性体では磁化率が非常に大きく，また磁場 H に強く依存して変化する．

強磁性体に磁場をかけたときの磁化の変化を図 1 に示す．磁化していない状態 O から出発してプラス方向に磁場を強めていくと，磁化はプラス方向に O → A → B と大きくなり，やがて磁化の増加が鈍くなって飽和する (C)．ここから磁場を弱めていくと磁化はゆるやかに減少し，磁場がなくなったときにも有限の磁化 D が残る．ここで磁場の向きをマイナス方向に変えてから磁場を強めていくと，磁化はゼロの状態 E を通過し，それからマイナス方向に磁化されて飽和する (F)．ここから磁場を弱めてゼロにし，再びプラス方向に磁場を強めていくと磁化は F → G → K → C となる．このような磁場-磁化グラフを**磁気ヒステリシス曲線**（磁気履歴曲線），CDEFGKC の一巡を**磁気ヒステリシス・ループ**という．状態 C と F における磁化の大きさ M_{S} を**飽和磁化**といい，磁気双極子モーメントがすべて磁場方向にそろったときの値を示している．状態 D と G における磁化の大きさ M_{R} を**残留磁化**，状態 E と K における磁場の大きさ H_{C} を**保磁力**という．このループで囲まれた面積は，1 周の変化をしたときに，熱とな

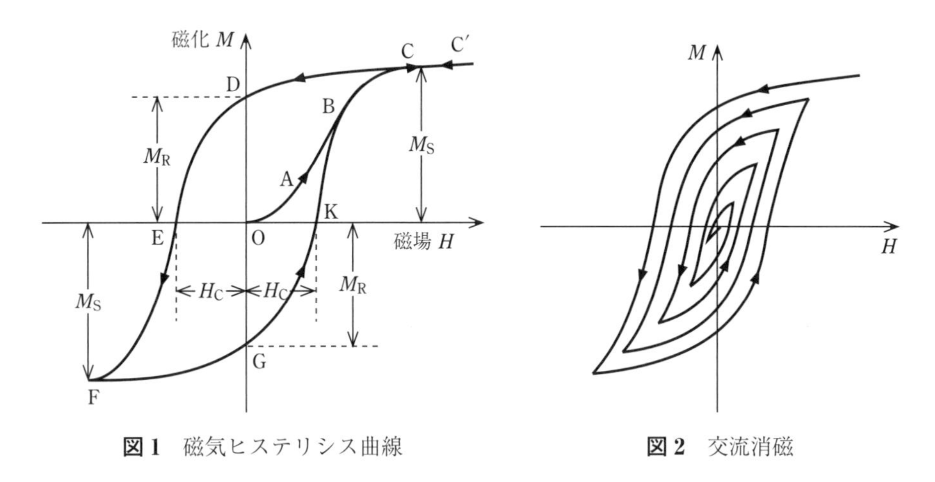

図 1　磁気ヒステリシス曲線　　**図 2**　交流消磁

って消費されるエネルギーに等しい．これを**ヒステリシス損失**という．強磁性体については 127 ページの《参考》も参照するとよい．

磁性体の磁化をゼロにすることを**消磁**という．消磁を行う方法はいくつかあるが，ここでは**交流消磁**によって試料を消磁する．交流消磁とは，十分に大きな交流電流を流したコイル内に磁性体を挿入し，しだいに電流を減少させるか試料をコイルから抜き出すことにより，図 2 のように磁場を徐々に減らしながら磁化をゼロにすることである．

3．装　置

図 3 に示したように，長さ l，断面積 S の細長い磁性体試料の磁化を測定することを考える．磁化が M の細長い磁性体試料があるとき，試料の N 極側の表面には磁荷 $M{\cdot}S$ が，S 極側の表面には磁荷 $-M{\cdot}S$ が現れる．試料の延長上にあって試料の中央からの距離が R の点 O における磁場 H_m は，クーロンの法則に基づいて計算でき，

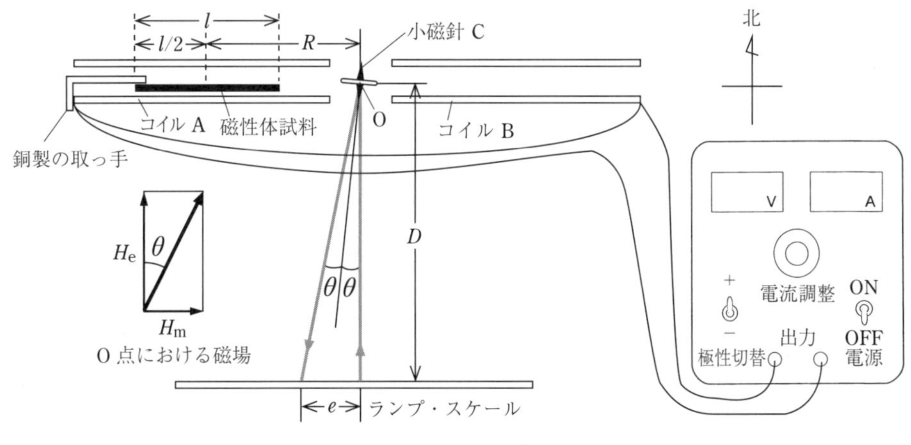

図 3　装置の概略図

$$H_{\mathrm{m}} = \frac{M\cdot S}{4\pi\mu_0\left(R-\dfrac{l}{2}\right)^2} - \frac{M\cdot S}{4\pi\mu_0\left(R+\dfrac{l}{2}\right)^2} = \frac{M\cdot S\cdot l\cdot R}{2\pi\mu_0\left(R^2-\dfrac{l^2}{4}\right)^2} \tag{1}$$

となる．磁場の向きは点Oと試料を結んだ方向になる．この磁場の強さは地磁気を基準にして次のように求めることができる．試料を地磁気に直交する東西方向におくと，点Oに置かれた小磁針Cは，試料によってつくられた磁場 H_{m} と北向きの地磁気 H_{e} とを合成した方向に向く．小磁針の北からの振れ角を θ とすると，$\tan\theta = \dfrac{H_{\mathrm{m}}}{H_{\mathrm{e}}}$ となり，角度 θ から磁場 H_{m} が求められ，式(1)から磁化 M が求められる．θ は**光てこ**(実験4を参照)によって大きく拡大して測定する．すなわち，小磁針に取り付けた小さな鏡にランプの光を当て，小磁針Cの南方，距離 D にあるスケール上に反射像をつくる．反射像の位置を e とすれば，$\tan 2\theta = \dfrac{e}{D}$ の関係が成り立つが，θ は小さいので，$\tan\theta = \dfrac{e}{2D}$ と近似できる．したがって

$$\frac{H_{\mathrm{m}}}{H_{\mathrm{e}}} = \frac{e}{2D} \tag{2}$$

となり，式(1), (2)から,

$$M = \frac{\pi\mu_0 H_{\mathrm{e}}\left(R^2-\dfrac{l^2}{4}\right)^2}{D\cdot S\cdot l\cdot R}\cdot e = ke \tag{3}$$

が得られる．そこで係数 k を求めれば，反射像の位置 e [m] から磁化 M [T] が得られる．ここで $H_{\mathrm{e}} = 24.5\ \mathrm{A\cdot m^{-1}}$ は地磁気，$\mu_0 = 4\pi\times10^{-7}\ \mathrm{H\cdot m^{-1}}$ は真空の透磁率，R [m] は磁性体の中央から小磁針までの距離，l [m] は試料の長さ，S [m^2] は試料の断面積，D [m] はスケールから小磁針Cまでの距離である．

いままでは試料によってつくられる磁場だけを考えていたが，実際にはコイルAによってつくられる磁場が存在する．これを打ち消すためにコイルBを設け，点Oにおいては試料による磁場だけが現れるようにする．コイルBはコイルAと同じもので，両者には同じ大きさの電流が反対向きに流れるように，直列に配線してある．

試料に加えられた磁場 H は，次の式から求められる．コイルAには銅線が1mあたり 2.45×10^3 回巻かれているので，コイルに電流 i [A] を流すと，コイル内には,

$$H = 2.45\times10^3 i\ [\mathrm{A\cdot m^{-1}}] \tag{4}$$

の磁場が生じる．

コイルに電流を流す電源は定電流電源装置である．極性切替スイッチは電流の向きを切り替えるスイッチで，中央位置でoffになる．

4. 試　料

強磁性体試料は鋼鉄線で，コイルの中に挿入しやすいように，銅製の取っ手がはんだ付けし

てある．

5．測　　定

(1)　表 1 を参考にして測定データを記入する表を準備する．テキストの表 1 は途中が省略してあるので注意すること．

(2)　図 5 を参考にしてグラフ用紙に「電流に対する像の位置」を作成する座標を記入する．

5.1　試　　料

(3)　試料を観察して，ノートにスケッチする．図 3 を参考にして試料の長さ l を巻尺で 1 mm まで，試料の直径 d をマイクロメータで 0.001 mm まで測定してノートに記録する．

5.2　ランプ・スケールとコイルの調節

(4)　試料を小磁針から 1 m 以上に遠ざける．鉄製品が近くにあると測定に影響を与えるので，かばん，携帯電話，スチール製のイスなどを小磁針から 1 m 以上に遠ざける．

(5)　小磁針の真上からみて，コイル A，B の中心軸上に小磁針 C があることを確認する．もしずれていたら，小磁針を入れてある箱を南北に動かして調節する．

(6)　図 4 にランプ・スケールの構造と反射像を示す．ランプ・スケールがコイルと平行になるようにおく．ランプを点灯し光を鏡に当て，スケール上に反射像が映るようにしながら，鏡とランプ・スケール間の距離を調整して反射像のピントを合わせる．ランプの光を鏡に当てながらランプスケール全体を左右に動かし，反射像の位置がスケール上の 0 付近にくるように調整する．つまみ G を回して，図 4 に示すように反射像の位置をスケール上の 0 に一致させる．

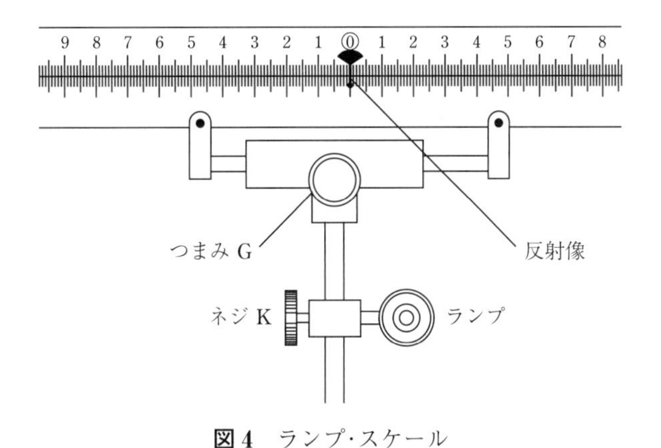

図 4　ランプ･スケール

(7)　電源装置の電源スイッチを on にする．極性切替スイッチを＋側に倒し，電流調整つまみを時計回りにいっぱい回して，コイルに最大電流を流す．このときはまだ左右のコイルのバランスがとれてないので，反射像はスケール上で右か左に動く．そこでコイル B の位置を東西方向にすべらせるように細かく移動させて，反射像がスケール上の 0 にくるように調整する．これにより小磁針Cの位置で左右のコイルがつくる磁場が打ち消し合うようになる．

(8) 極性切替スイッチをoffにして，反射像の位置が0のままであることを確認する．もし2 mm以上ずれた場合はつまみGを回して，0に合わせ(7)からやり直す．

5.3 電流に対する像の位置の予備測定

(9) 図3に示したように，試料に取り付けた取っ手の折り曲げた部分がコイルに軽く接触するまで，試料をコイルAに静かに挿入する．このときコイルを動かさないように注意する．

(10) 極性切替スイッチを＋側に倒し，電流調整つまみを時計回りにいっぱい回して，電流と像の位置を記録する．このとき電流と像の位置はそれぞれ最大値をとるので，(11)で作成するグラフの目盛を決めるときの参考にする．次に極性切替スイッチを－側に倒す．像の位置がマイナス側に移動し，その絶対値が＋側に倒したときと1 cm以内になっていることを確認する．＋側と－側の差は，小磁針がコイルA，Bの中心軸から南北にずれているために生じる．もし1 cm以上の差があるときは(5)からやりなおす．

(11) 電流調整つまみを反時計回りにいっぱい回して電流を0にし，極性切替スイッチをoffにする．

5.4 試料の消磁

(12) 試料を交流消磁器で次の手順で消磁する．試料を消磁器のコイルの中に挿入してから可変変圧器(スライダック)のハンドルを時計回りに回してコイルに1 A以上の電流を流す．1分程度放置し，それから試料をゆっくりと抜き去ると，試料は消磁される．消磁作業が終了したら可変変圧器のハンドルを反時計回りにいっぱい回して電流をゼロにしておく．消磁後の試料を，消磁器の付近にある電流計(磁石が使用してある)や鉄製品に近づけてはいけない．

(13) 消磁した試料を(9)のときと同様にコイルAに挿入する．像の位置が0から動かないことによって消磁を確認する．像が5 mm以上動いたときには消磁をやり直す．

5.5 電流に対する像の位置の測定

(14) 電流iと像の位置eの関係を次の順序で測定する．測定値は表1に記入し，図5を参考にグラフにも記入せよ．データ点の並びが図5のようにならない場合は，調整や操作にあやまりがあった可能性が大きいので，ただちに測定を中止して(6)からやりなおす．

最初に極性切替スイッチがoffのときに状態Oについて測定する．続いて極性切替スイッチを＋に倒し，電流調整つまみをゆっくりと回して電流を0.2 Aずつ単調に増加させながらO→A→B→Cと測定していく．像の位置の読み取りは0.5 mm単位で行う．電流調整つまみがそれ以上回らなくなり電流が最大になったときが状態Cである．C→Dの部分では電流を単調に減少させていく．状態Dでは極性切替スイッチをoffにして測定する．D→

表1　電流に対する像の位置

OUT スイッチ	状態	電流 i [A]	像の位置 e [mm]
off	O	0.000	0.5
NOR.	A	0.206	7.0
		⋮	⋮
		1.801	198.5
	C	1.939（最大）	204.0
		1.790	203.5
		⋮	⋮
		0.194	152.5
off	D	0.000	147.5
REV.		−0.208	127.5
		⋮	⋮
		−1.804	−202.5
	F	−1.925（最大）	−205.0
		−1.799	−204.5
		⋮	⋮
		−0.203	−155.0
off	G	0.000	−149.0
NOR.		0.207	−129.0
		⋮	⋮
		1.806	200.0
	C	1.924（最大）	203.5

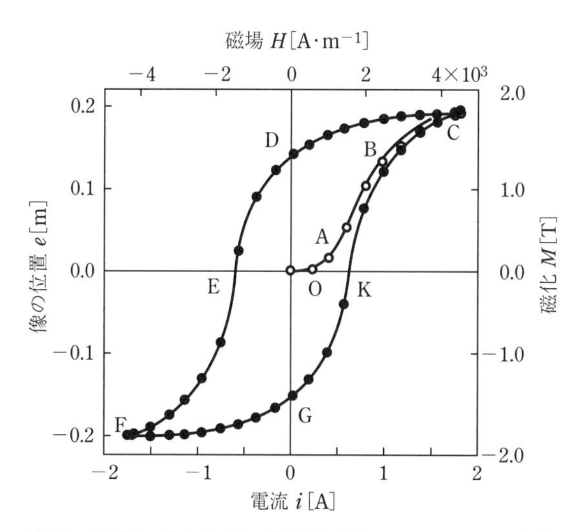

図5　電流に対する像の位置と磁気ヒステリシス曲線

E → F → G の部分では極性切替スイッチを－側にして同様に測定する．G → K → C のときは＋にする．測定中は電流は必ず単調に増加あるいは減少させなければならない．目標としていた電流値を通り越してしまっても，電流調整つまみをバックさせてはいけない．電流 i を切りの良い値にする必要はない．状態 O, D, G の測定時は電流を確実にゼロにするために，極性切替スイッチを off にする．

(15)　以上の測定が終ったらコイルに最大電流を流したままで，試料をコイルから抜き取る．このとき像の位置が0に戻ることを確認する．もし0を示していないときには，その位置を読み取って記録する．

(16)　電源装置の電源スイッチとランプのスイッチを切る．

5.6　換算係数を得るための測定

(17)　図3を参考に，小磁針とスケール間の水平距離 D，試料の中央から小磁針までの距離 R を巻尺で1 mmまで測定し，ノートに記録する．

6.　測定データの整理

(1)　像の位置 e を磁化 M に換算するための係数 k を，式(3)によって求める．長さの単位をmに換算して計算すること．

(2)　図5上で状態CとF，状態DとGのときの像の位置 e を読み取ってその絶対値を表2に記入し，試料の飽和磁化 M_S と残留磁化 M_R を求める．

(3)　図5上で状態EとKのときの電流 i を読み取ってその絶対値を表2に記入し，保磁力 H_C を求める．電流 i を磁場 H に換算するときは，式(4)を用いる．

(4)　図5に磁場 H と磁化 M の目盛を記入してグラフを完成させる．

表2　磁化特性の測定結果

磁化特性	状態	$\|$電流 $i\|$ [A]	磁場 H [A·m^{-1}]	$\|$像の位置 $e\|$ [m]	磁化 M [T]
飽和磁化 M_S	C	1.939		0.2040	
	F	1.925		0.2035	
	平均	1.932	4.733×10^3	0.2038	1.785
残留磁化 M_R	D	0.000		0.1525	
	G	0.000		0.1515	
	平均	0.000	0	0.1520	1.331
保磁力 H_C	E	0.502		0.0000	
	K	0.510		0.0000	
	平均	0.506	1.240×10^3	0.0000	0.000

7.　検　　討

以下の課題について検討し，ノートにまとめる．

(1)　実験で得られた磁気ヒステリシス曲線の形を調べ，実験が正常におこなわれたかどうかを検討せよ．もし形が異常であった場合は，異常な形になった理由を考えよ．

(2)　一般に使用されている鉄材の飽和磁化はおよそ2 Tである（129ページの「強磁性体材料」を参照）．この値をもとに，実験によって得られた飽和磁化の値が妥当であるかどうかを考えよ．

(3)　測定(15)において像の位置が0に戻らない場合は，どのような理由が考えられるか．

(4)　この実験では地磁気を基準に用いる方法で磁化を測定したが，磁化を測定する方法はその他にもある．それらを調べて，それぞれの特徴について考えよ．

8．追加実験

紙片の面積が質量に比例することを利用して，磁気ヒステリシス・ループで囲まれた部分の面積を求め，ヒステリシス損失(128ページの「ヒステリシス損失」を参照)を測定する．

ライト・ボックス(下から光を当てて透かして見る道具)を利用して，作成したヒステリシス・ループを別紙に写しとって切り抜き，その質量 m_h を 0.1 mg まで測定できる電子天秤を用いて測定する．面積の基準にするために同じ紙から，一辺の長さが電流 $i_\mathrm{b} = 1$ A，他の一辺の長さが像の位置 $e_\mathrm{b} = 0.1$ m に相当する長方形を切り抜き，その質量 m_b を測定する．試料の磁気ヒステリシス損失 W_h は式(5)によって求められる．

$$W_\mathrm{h} = 2.45\times10^3\, i_\mathrm{b}\cdot k\cdot e_\mathrm{b}\cdot\frac{m_\mathrm{h}}{m_\mathrm{b}} = 2.45\times10^2\, k\cdot\frac{m_\mathrm{h}}{m_\mathrm{b}}\ [\mathrm{J\cdot m^{-3}}] \tag{5}$$

《参考》

強磁性体の磁化

強磁性体を構成する原子がもっている磁気双極子モーメントは，近接原子間に働く量子力学的な相互作用によって同じ方向にそろおうとする．その結果，すべての原子のモーメントの方向がそろって強磁性体は巨視的な磁石となるはずである．ところが巨視的な磁石になると，N極には正，S極には負の磁荷が集まって互いに反発し合い，磁石をばらばらに壊そうとする作用をもつ．したがって近接原子間に働く相互作用と磁荷のクーロン相互作用とは互いに逆の作用を及ぼすことになる．この両作用が競合するために，強磁性体はいくつかの**磁区**に分かれ，1つの磁区の中では原子のモーメントの方向はそろっているが，隣の磁区のモーメントの方向とは異なっていて，熱平衡状態では，磁性体全体としてのN極やS極が現れないようになっ

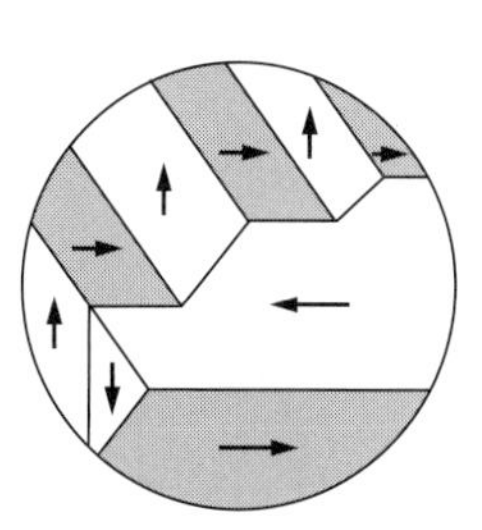
(a)　磁場を加える前

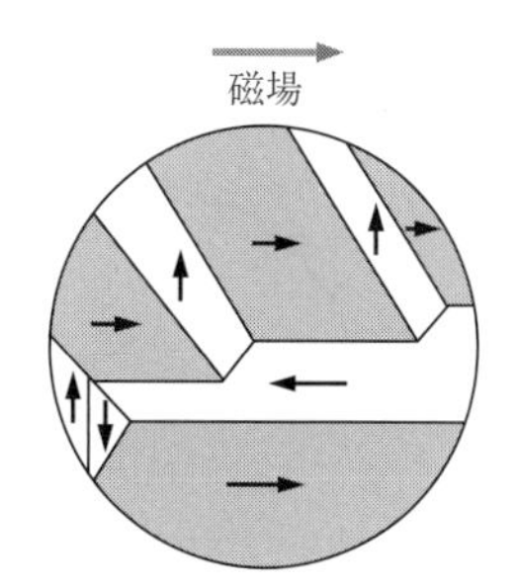

(b)　磁場を加えたとき

図6　磁区の変化

ている．このとき磁化はゼロである（図 6（a））．

磁場は，モーメントに対して磁場方向にそろえようとする力を及ぼす．このため磁場を加えると，**磁壁**（磁区を分けている境界面）が移動して磁場とは反対方向のモーメントをもった磁区は細り，それに応じて磁場方向のモーメントをもった磁区は太ることになって，磁化は磁場とともに増す（図 6（b））．磁壁は，磁場による力とエネルギーの高い磁壁の部分の体積を減らそうとする内部応力とのつりあった位置まで移動するが，磁場がある値を越えると不連続的に位置が変わって不可逆的な移動をする．ヒステリシス曲線は，このような不可逆的な磁壁の移動によって得られたものである．

厳密には，図 1 の CC′ の部分は，磁場の増加に伴って磁化もわずかに増加する．この部分では磁壁の移動が完全に終わり，磁化が**容易軸**方向から磁場の方向へ回転することによって，可逆的に変化する．

ヒステリシス損失

ヒステリシス損失が，ヒステリシス・ループによって囲まれた面積になることを導いておこう．いま磁場 H の中にある断面積 S，長さ l の磁性体の磁化を，M から $M+\Delta M$ に増したとする．これは S 極から $S\cdot\Delta M$ だけの磁荷を取り出して，磁場 H に沿って N 極に向かって l だけ運ぶことに相当する．$S\cdot\Delta M$ の磁荷には磁場 H によって $H\cdot S\cdot\Delta M$ の力が働いているので，その間に磁場のする仕事は $S\cdot H\cdot\Delta M\cdot l$ となり，単位体積あたりでは $H\cdot\Delta M$（図 7 の灰色の部分の面積）になる．消磁状態（$M=0$，$H=0$）から M に磁化している状態までに磁場 H のなす仕事は，

$$W=\int_0^M H\cdot \mathrm{d}M$$

で，図 7 の斜線の部分の面積に等しい．この仕事は，磁性体内で一部は磁気エネルギーとして貯えられ，一部は熱になって失われる．ヒステリシス・ループに沿って 1 周する間に磁場のする仕事について考えると，図 8 の交差線の引いてある部分については，磁化が増加していく過程では正，減少していく過程では負となって打ち消され，結局ヒステリシス・ループが囲む面

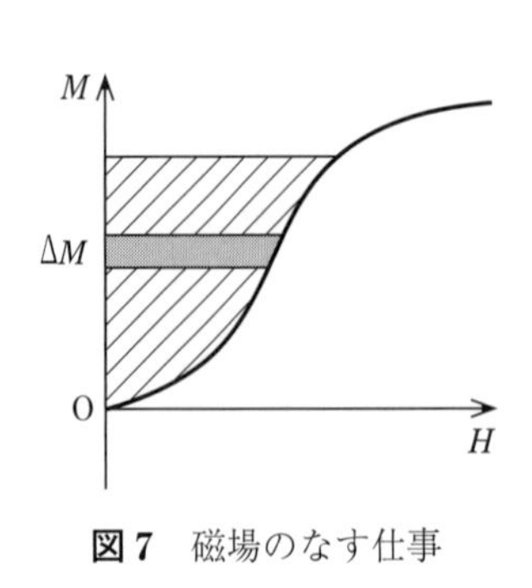

図 7　磁場のなす仕事

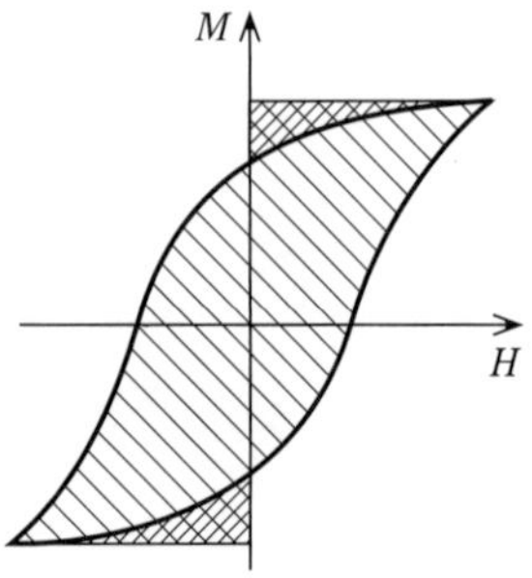

図 8　ループの場合

積で表される．つまりその間に磁場がなす仕事は

$$W_{\mathrm{h}} = \oint H \cdot \mathrm{d}M$$

で与えられる．この間に磁化状態は出発点に戻っているので，この仕事は磁気エネルギーとして貯えられることはなく，磁性体内で熱エネルギーに変わって失われる．

強磁性体材料

強磁性材料は，用途に応じて**軟磁性材料**と**硬磁性材料**とに分類される．前者はヒステリシス損失の小さい磁性材料であって，変圧器の鉄心や磁気ヘッドなどとして用いられる．これに対して後者は，保磁力が大きくて容易には**減磁**されない磁性材料で，永久磁石や磁気記録媒体などに用いられる．なお飽和磁化は，純鉄で 2 T，ニッケルで 0.6 T くらいである．

実験 11　電気抵抗の温度変化

1. 目　的

金属の電気抵抗と半導体の電気抵抗を温度を変えながら測定し，それぞれの温度特性を理解する．グラフを用いたデータ解析や最小二乗法によるデータ解析についても学ぶ．

2. 原　理

2.1 物質の電気抵抗率

銅や銀のように電気を非常によく通す物質を**導体**，ガラスやゴムのようにほとんど電気を通さない物質を**絶縁体**という．**電気抵抗**(**抵抗**ともいう) R は物体の長さ L に比例し断面積 S に反比例するから，$R = \rho \dfrac{L}{S}$ と表され，比例係数 ρ は物質固有の量であり，**抵抗率**とよばれている．抵抗率の値は物質によって 20 桁以上もの広い範囲にわたっていて，金属の場合には非常に小さく 10^{-8}〜$10^{-5}\,\Omega\cdot\mathrm{m}$ ぐらいなのに対し，絶縁体では 10^{10}〜$10^{15}\,\Omega\cdot\mathrm{m}$ もある．また金属と絶縁体の中間の 10^{-5}〜$10^{9}\,\Omega\cdot\mathrm{m}$ ぐらいの抵抗率をもつ物質も数多く知られていて，**半導体**とよばれている．このように抵抗率の大きさによって物質をだいたい分類することはできるが，その境界はあまりはっきりせず，特に半導体と絶縁体とはそれほど厳密には区別できない．しかし金属と半導体(絶縁体)は，その電気的性質の温度に対する特性から明確に区別できる．この実験では金属と半導体の電気抵抗を温度に対して測定し，温度特性の違いを調べる．

2.2 金属の電気抵抗の温度変化

金属における電気抵抗は，熱振動をしている原子(結晶格子)によって伝導の担い手である電子が散乱されることによって生じる．熱振動は高温になるほど大きくなるため，一般に金属の抵抗率は温度の上昇とともに増大し，室温付近では温度に対して直線的に変化することが知られている．実際に室温付近の絶対温度 T における抵抗率 ρ は次式で表される．

$$\rho = \rho_0[1+\alpha(T-T_0)] \tag{1}$$

ここで T_0 はある基準温度，ρ_0 は基準温度 T_0 での抵抗率である．係数 α は正の値をとり，**抵抗率の温度係数**とよばれる．温度係数 α の値は基準温度 T_0 を何度にするかによって多少変わるが，一般的には T_0 を氷点 (273.15 K) にとる (「付録 C 付表 17」参照)．式 (1) において，熱膨張など温度変化にともなう金属の形状変化は無視できるぐらい小さい (「付録 C 付表 11」参照) ので，金属の抵抗率 ρ を電気抵抗 R におきかえることができ，

$$R = R_0[1+\alpha(T-T_0)] \tag{2}$$

と表すことができる．基準温度 T_0 を氷点 (273.15 K) にとると，式 (2) の $T-T_0$ はセ氏温度 t に置き替えることができ，氷点における電気抵抗を R_0 とすると式 (2) は，

$$R = R_0(1+\alpha t) = R_0 + at \tag{3}$$

と書き替えられる．式 (3) からわかるように電気抵抗 R とセ氏温度 t の関係をグラフにすると直線関係が得られ，その傾き a と切片 R_0 から「氷点における金属の抵抗率の温度係数 α」を

$$\alpha = \frac{a}{R_0} \tag{4}$$

より求めることができる．

2.3　半導体の電気抵抗の温度変化

半導体における電気抵抗の温度変化は，伝導の担い手である電子や正孔の数が温度変化にともなって大きく変化することによって生じる．温度が上昇すると熱エネルギーを得て自由に動くことができる電子や正孔の数が増大するため，半導体の抵抗率は小さくなる．一般に半導体の抵抗率の温度変化は

$$\rho = \rho_c \, e^{\frac{B}{T}} \tag{5}$$

で表されることが知られている．ここで ρ_c は定数，B は**特性温度**と呼ばれる温度の次元を持つ正の定数で単位は K である．特性温度 B に**ボルツマン定数** k を掛けた量は半導体の**活性化エネルギー**とよばれ，半導体の抵抗率の温度変化を特徴づける物質固有の量である．

金属の場合と同様に抵抗率を電気抵抗で置き替えても式 (5) は近似的に成り立つ．そこで抵抗率を電気抵抗に置き替え，両辺の自然対数をとると，

$$R = R_c \, e^{\frac{B}{T}} \tag{6}$$

$$\log_e R = \log_e R_c + \frac{B}{T} \tag{7}$$

となり，$\log_e R$ と絶対温度の逆数 $1/T$ とが直線関係になることがわかる．したがって，電気抵抗 R の温度変化を測定し，$\log_e R$ と $1/T$ の関係をグラフにすると，特性温度 B をその傾きから得ることができる．また式 (5) を温度 T_0 の近傍でテーラー展開すると

$$\begin{aligned}\rho &= \rho(T_0) + \rho'(T_0)(T-T_0) + \cdots \\ &= \rho_c \, e^{\frac{B}{T_0}} - \frac{B}{{T_0}^2} \rho_c \, e^{\frac{B}{T_0}}(T-T_0) + \cdots \\ &\sim \rho_c \, e^{\frac{B}{T_0}} \left[1 - \frac{B}{{T_0}^2}(T-T_0)\right] \\ &= \rho_0[1+\alpha(T-T_0)] \end{aligned} \tag{8}$$

と表すことができる．ここで $\rho_0 = \rho_c \, e^{\frac{B}{T_0}}$ は $T = T_0$ のときの抵抗率であり，抵抗率の温度係数 α は

$$\alpha = -\frac{B}{{T_0}^2} \tag{9}$$

で表される負の値で，α の分母が絶対温度の 2 乗であることから，温度 T_0 とともに大きく変化する．α が負であることから半導体の抵抗率は金属の場合とは逆に温度の上昇とともに減少することがわかる．

この実験では金属と半導体の室温近傍での電気抵抗の温度変化を測定し，それぞれの物質がもつ電気抵抗の温度依存性を確かめる．また金属と半導体それぞれの抵抗率の温度係数 α や半導体の特性温度 B なども求める．金属や半導体の抵抗率が式(1)や式(5)で表される理由については 138 ページの《参考》にまとめてある．

3. 装 置 と 器 具

図 1 に実験装置の概略を示す．ホットプレート付きマグネチックスターラ(magnetic stirrer)は，回転する磁石によって攪拌子(かくはんし)(中に磁石が入っている)を回し，容器内の液体を攪拌しながら，ホットプレートで加熱する装置である．その他，デジタルマルチメータ(KEYSIGHT 34461A)，デジタル温度計(TENMARS TM-80N)，デジタル温度計プローブ(K タイプ熱電対，カスタム LK-300)，ビーカーを使用する．電気抵抗の測定に使用するマルチメータでは，測定物の電気抵抗に合わせて自動的に測定レンジが変化し，それに伴い機器不確かさも変化する．確度仕様を ±(読み値の % + レンジの %) で表現すると，100 Ω，1 kΩ，10 kΩ の各レンジで ±(0.012 % + 0.004 %)，±(0.012 % + 0.001 %)，±(0.012 % + 0.001 %) である．たとえば 100 Ω レンジで 20.7482 Ω と表示された場合，機器不確かさは ±(20.7482 × 0.00012 + 100 × 0.00004) = ±0.0065 Ω となる．

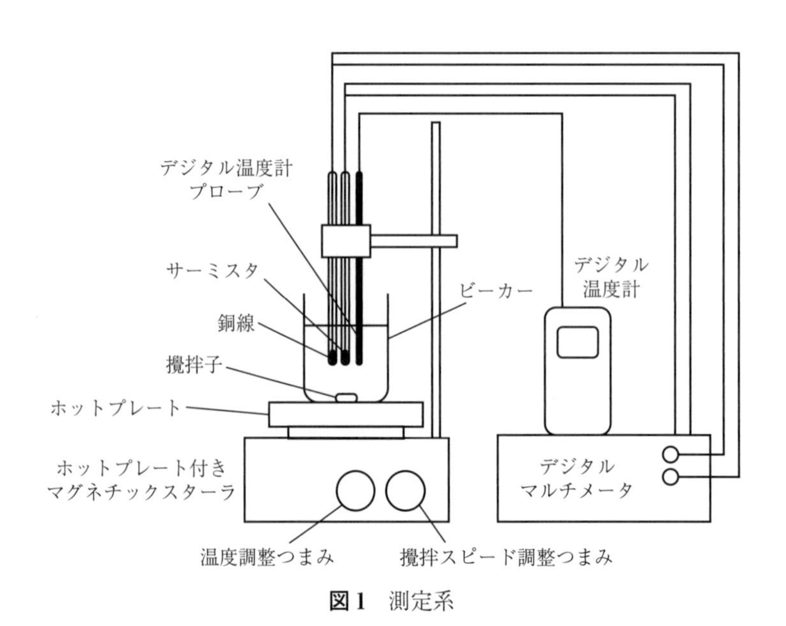

図 1　測定系

4. 試　料

測定試料は金属として**銅線**が，半導体として**サーミスタ**(品番 D 35)が準備してある．サーミスタ thermistor は thermally sensitive resistor の略で Ni，Mo，Co などの酸化物を成形，焼結させた酸化物半導体である．名前のとおりに電気抵抗が温度に対して敏感に変化するので，高感度の温度センサとして用いられている．

試料は保護のためガラス管の中に納められ，銅線には青色の，サーミスタには白色のリード線が取り付けられている．

5. 測　定

5.1 測 定 準 備

測定がやりやすいように装置を配置する．マルチメータ前面左下の電源ボタンを押し，装置が立ち上がったら右上 Ω2W ボタンを押す．マルチメータは前面(Front)と背面(Rear)の2ヶ所に信号入力部を持ち，前面右下のスイッチで各入力に対する測定結果の表示を切り替えることができる．前面に銅線，背面にサーミスタが配線されていることを確認し，Front(スイッチが飛び出た状態)と Rear(スイッチを押し込んだ状態)を切り替え，表示される抵抗値が変化するか試す．以下，銅線の電気抵抗を測定するときは Front，サーミスタの電気抵抗を測定するときは Rear に忘れず切り替える．

次に，温度計の電源ボタンを押し，温度が表示されるまで待つ．温度計は時間経過で自動的に電源が切れるため，HOLD ボタンを長押しして測定中に消えないようにする(このとき，ディスプレイの電源マークが消える)．なお，マルチメータと温度計は指定外のボタンを押してはいけない．

測定データを記録するため，表1〜3と図2, 3を参考にして表とグラフ用紙の準備をする．グラフはそれぞれグラフ用紙に大きく作成する．また，ガラス管の先端に納められている試料の様子をよく観察し，スケッチする．

5.2 氷点における電気抵抗の測定

(1) ビーカーに水を200 mL ほど入れてから，氷をビーカーの口いっぱいまで押し込むように入れる．試料と温度計プローブの先端の高さをそろえて氷水の中へ入れて，5分間放置する．

(2) 温度を温度計で 0.1 ℃ まで測定し表1に記録する．温度は 0.0〜0.5 ℃ 程度になるはずである．温度が十分に下がらないときには氷を多めにしてやり直す．

(3) マルチメータ右下スイッチが Front になっていることを確認し，Run/Stop ボタンを1回押して表示を止める．このときの抵抗値を銅線の電気抵抗として表1に記入する．Run/Stop をもう1回押すと，測定が再開される．

(4) マルチメータ右下スイッチを Rear に切り替え，(3)と同様にしてサーミスタの電気抵抗を測定し表1に記入する．

表1　氷点における電気抵抗

試　料	温度 [℃]	電気抵抗 R_{0M} [Ω]
銅　線	0.3	28.3957
サーミスタ	0.3	514.625

(5)　測定が終わったら氷水を流しに捨てる．

5.3　電気抵抗の温度変化の測定

(6)　ビーカーに撹拌子を入れてから，水道水を 400 mL ほど入れ，ホットプレートの中央に置く．試料と温度計プローブの先端の高さをそろえて，水の中央付近まで差し込む．

(7)　スターラ左側面の電源を入れ，撹拌スピード調整つまみ (Stir) と温度調整つまみ (Heat) を押下後，それぞれ 450 rpm，200 ℃ に設定する．こうして水を撹拌しながら加熱する．

(8)　マルチメータ右下スイッチを Rear にし，温度計を見て水温がきりのいい温度 (たとえば 20.0 ℃) になった瞬間に Run/Stop ボタンを 1 回押して表示を止め，温度とサーミスタの電気抵抗を表 3 に記録する．記録が終わったら，Run/Stop ボタンをもう 1 回押して測定を再

表2　電気抵抗の温度変化 (銅線)

番号	温度 t [℃]	電気抵抗 R [Ω]
1	20.0	30.7538
2	25.6	31.4663
⋮	⋮	⋮
5		
⋮		

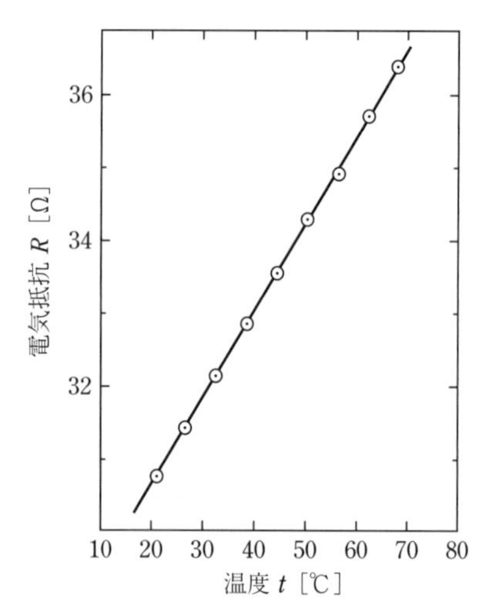

図2　電気抵抗の温度変化 (銅線)

表3　電気抵抗の温度変化 (サーミスタ)

番号	温度 t [℃]	電気抵抗 R [Ω]	絶対温度 T [K]	$1/T$ [K^{-1}]	$\log_e R$
1	22.5	311.189	295.65	3.38238×10^{-3}	5.74040
2	27.5	252.577	300.65	3.32613	5.53172
⋮	⋮	⋮	⋮	⋮	⋮
5					
⋮					

開させる．

(9)　マルチメータ右下スイッチを Front にし，温度計を見て水温が 2.5 ℃ 上昇したら，(8)と同様にして温度と銅線の電気抵抗を表 2 に記録する．

(10)　以降，水温が 2.5 ℃ 上昇する度に，(8) と (9) の測定を交互に繰り返す（たとえば 20.0 ℃ でサーミスタ，22.5 ℃ で銅線，25.0 ℃ でサーミスタ，…）．ただし，目標の温度で測定できなかった場合でも，そのときの温度と電気抵抗を記録し測定を続ける（たとえば 22.5 ℃ で測定できずに水温が上昇してしまっても，22.6 ℃ や 22.7 ℃ で測定すればよい）．

(11)　水温が 70 ℃ を超えたら測定を終了する．マルチメータ，温度計，スターラの電源を切る．ビーカーに入っている水は十分に冷えてから流しに捨てる．そのときに攪拌子をなくさないよう注意する．

6.　測定データの整理

6.1　電気抵抗の温度変化の解析（銅線）

(1)　図 2 を参考に電気抵抗の温度依存性のグラフをつくる．データ点がほぼ直線上に並ぶことを確かめる．「付録 B 2」を参考に，測定データを最もよく表すように定規で直線を引き，引いた直線上の任意の 2 点 $(t_1, R_1), (t_2, R_2)$ をグラフから読み取って記録する．2 点は測定した温度範囲内でなるべく離れたきりのよい温度上にとり，0.1 mm まで読み取って電気抵抗を求める．

(2)　直線を $R = R_0 + at$ として，読み取った 2 点から R_0 と a を求める．また氷点における抵抗率の温度係数 $\alpha = \dfrac{a}{R_0}$ を求め，電気抵抗の温度変化を式 (3) の形で表す．

6.2　電気抵抗の温度変化の解析（サーミスタ）

(3)　図 3 を参考に電気抵抗の温度変化のグラフをつくる．

(4)　$T = 273.15 + t$ を用いてセ氏温度 t を絶対温度 T に換算し，$\log_e R$ と $1/T$ を計算して表 3 に記入する（ここで用いる自然対数 $\log_e$ は関数電卓では ln である）．有効なデータが保存されるように有効数字に注意すること（23〜26 ページの「計算結果の有効数字」を参照せよ）．図 4 を参考に縦軸を $\log_e R$，横軸を $1/T$ にとってグラフをつくる．データ点がほぼ直線上に並ぶことを確かめ，測定データを最もよく表すように定規で直線を引く．

(5)　$x = 1/T$，$y = \log_e R$，$r = \log_e R_c$ として式 (7) を $y = r + Bx$ と表し，引いた直線上の任意の 2 点 $(x_1, y_1), (x_2, y_2)$ を銅線の場合と同様にグラフから読み取って記録する．読み取った 2 点から r と特性温度 B を求め，定数 $R_c = e^r$ [Ω] を計算して，電気抵抗の温度変化を式 (6) の形で表す．

(6)　$T = 273.15$ K（氷点）における抵抗率の温度係数 α を式 (9) を用いて求める．

(7)　$T = 273.15$ K（氷点）における電気抵抗 R_{0G} を式 (6) を用いて求める．

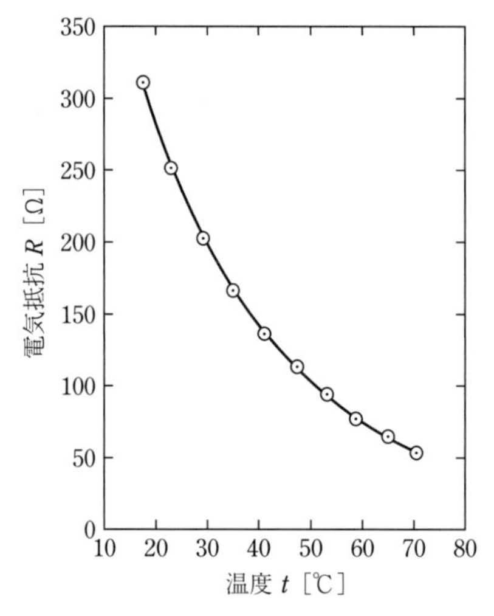

図 3　電気抵抗の温度変化（サーミスタ）

(8)　最小二乗法（「付録 B3」参照）を用いてサーミスタの電気抵抗の温度依存性を解析する．そこで $x=1/T$，$y=\log_e R$，$r=\log_e R_c$ として式(7)を $y=r+Bx$ と表し，最小二乗法によって定数 r と特性温度 B の最確値を求める．最小二乗法を用いるにあたって，この実験では不確かさは抵抗にだけあって温度にはないものとする．また機器不確かさも考えない．

(9)　最小二乗法で求めた直線 $\log_e R=r+B/T$ を図 4 上に破線（点線）で引き，直線が測定データを正しく表していることを確かめる．直線がデータ点からずれているときは計算ミスなどの誤りがあるので，最小二乗法の計算を見直す．

(10)　「付録 B 3」を参考にして r と B の標準偏差 Δr と ΔB を求める．

(11)　グラフから求めたときと同様に，最小二乗法で求められた r と B を用いて，氷点にお

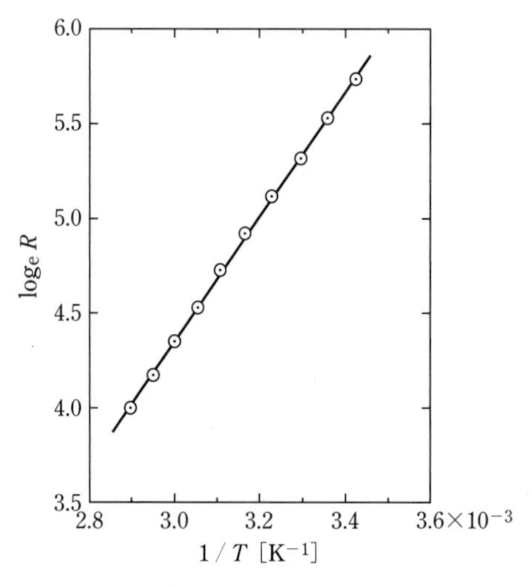

図 4　サーミスタの $(\log_e R)$-$(1/T)$ 特性

けるサーミスタの電気抵抗 R_{0L} を

$$R_{0L} = e^{\left(r+\frac{B}{T}\right)} \tag{10}$$

によって求める．式(10)は式(6)と $R_c = e^r$ から得られる．

(12)　R_{0L} の不確かさ ΔR_{0L} を

$$\Delta R_{0L} = R_{0L}\sqrt{(\Delta r)^2+\left(\frac{\Delta B}{T}\right)^2} \tag{11}$$

によって見積もる．式(11)は式(10)と21ページの式(5.18)から得られる．

7．結　果

有効数字に注意して，以下の結果を表をつくってまとめる．

銅線

(1)　氷点における抵抗率の温度係数 α

(2)　氷点における電気抵抗 R_{0M} と R_0

(3)　式(3)の形で表した電気抵抗の温度変化

サーミスタ

(4)　氷点における抵抗率の温度係数 α

(5)　氷点における電気抵抗 R_{0M}, R_{0G}, $R_{0L} \pm \Delta R_{0L}$

(6)　式(6)の形で表した電気抵抗の温度変化

8．検　討

以下の課題について検討し，ノートにまとめる．

(1)　金属と半導体それぞれの電気抵抗の温度変化のグラフを比較し，その特徴と違いについて，この実験によって確かめられたことをまとめよ．

(2)　実験で求めた銅の抵抗率の温度係数 α と，「付録C付表17」にある銅の値とを比較し，両者の相違について考察せよ．「付録C付表17」にある α も氷点における値である．

(3)　氷点における銅線の電気抵抗について，解析から求めた値 R_0 と直接に測った値 R_{0M} を比較し，両者の相違について考察せよ．

(4)　氷点におけるサーミスタの電気抵抗について，グラフから求めた値 R_{0G}，最小二乗法によって求めた値 $R_{0L} \pm \Delta R_{0L}$，直接に測った値 R_{0M} を比較し，両者の相違について考察せよ．なお原理には「直線の傾き B は定数である」と書いてあるが，現実のサーミスタの場合には，温度によってごくわずか変化する．ていねいに測定して，正確にグラフを作成すると，データ点の並びが直線ではなく，少しカーブしていることがわかる．

(5)　銅線とサーミスタを氷点～数十℃において温度センサとして用いることを考えてみる．氷点における温度係数 α や電気抵抗の温度変化のグラフを比較し，銅線とサーミスタを温度センサに利用する場合について，それぞれの利点と欠点を考えてまとめよ．

(6)　グラフを用いて解析する方法と最小二乗法を用いて解析する方法を比較し，それぞれの長所と短所を考えてまとめよ．

《**参考**》

オームの法則

電気抵抗がどのような式で表されるか考えてみよう．いま1個の電子に注目し，電場 $\boldsymbol{E}$ によってその電子が物質中で運動し始めることを考える．電子の速度を $\boldsymbol{v}$，電荷を $-e$，質量を m とすると，電子の運動方程式は

$$\boldsymbol{F} = m\frac{\mathrm{d}\boldsymbol{v}}{\mathrm{d}t} = -e\boldsymbol{E} \tag{A.1}$$

となる．この式に従うと電子は時間とともにどんどん加速されていくことになるが，実際には電子は物質を構成している原子とたびたび衝突し，しだいに一定の終速度に近づいていく．そこで電子全体の平均速度を $\boldsymbol{v}$ とし，散乱の効果まで含めた運動方程式は

$$m\frac{\mathrm{d}\boldsymbol{v}}{\mathrm{d}t} = -e\boldsymbol{E} - m\frac{\boldsymbol{v}}{\tau} \tag{A.2}$$

となる．ここで右辺の第2項が散乱の効果を表し，τ は緩和時間と呼ばれる．緩和時間を理解するために，電場を加えてしばらくしてから急激に電場を取り去ったと考えてみよう．式(A.2)は

$$\frac{\mathrm{d}\boldsymbol{v}}{\mathrm{d}t} = -\frac{\boldsymbol{v}}{\tau} \tag{A.3}$$

となり，初期条件として電場を取り去ったときの電子の速度 $\boldsymbol{v} = \boldsymbol{v}(0)$ を用いて，これを解くと

$$\boldsymbol{v}(t) = \boldsymbol{v}(0)\mathrm{e}^{-\frac{t}{\tau}} \tag{A.4}$$

となる．すなわち緩和時間 τ は $\dfrac{|\boldsymbol{v}(t)|}{|\boldsymbol{v}(0)|} = \dfrac{1}{\mathrm{e}}$（この e は自然対数の底）となる時間で，電子系が非平衡状態から平衡状態へ緩和する時間を表し，時定数に相当している．

電場が存在しているときに定常状態に達すると式(A.2)の左辺 $\dfrac{\mathrm{d}\boldsymbol{v}}{\mathrm{d}t}$ は0になるから，電子の平均速度は

$$\boldsymbol{v} = -\frac{\mathrm{e}\boldsymbol{E}\tau}{m} = -\mu\boldsymbol{E} \tag{A.5}$$

となる．ここで $\mu = \dfrac{e\tau}{m}$ は**移動度**と呼ばれ，「物質中での電子の動きやすさ」を表す．考えている物質の長さを L，断面積を S，単位体積あたりの電子の個数(**電子密度**)を n とすると，流れる電流はその平均速度 $\boldsymbol{v}$ と断面積 S から

$$\boldsymbol{I} = -ne\boldsymbol{v}S \tag{A.6}$$

と表される．その物質の両端にかかる電圧を V とすると，電場 $E = V/L$ である．これより

電圧と電流の関係は，式(A.5)，(A.6)より

$$\boldsymbol{V} = \frac{1}{ne\mu}\frac{L}{S}\boldsymbol{I} \tag{A.7}$$

と表され，抵抗 $R = \dfrac{L}{ne\mu S}$ とすると，**オームの法則**が得られる．この式を変形して**抵抗率** ρ は

$$\rho = R\frac{S}{L} = \frac{1}{ne\mu} \tag{A.8}$$

と表され，物質の抵抗率は，電子密度 n と移動度 μ によって決まることがわかる．

金属の電気抵抗

金属内には規則正しく原子が配列して格子を組んでいて，それらのまわりに自由に運動することのできる電子，**自由電子**が非常に多く存在している．金属の場合には，移動度 μ はさほど大きくないが，電子密度 n が非常に大きいため，抵抗率が小さい．金属に電場を加えると，自由電子は熱振動する格子(原子)と衝突を繰り返しながらも平均して電場と逆の方向に移動し，電流が生じることとなる．格子との衝突は電子の運動を妨げることとなり，これが金属の電気抵抗の原因となる．金属の場合には，式(A.8)において，電子密度 n は温度によらず一定なので，抵抗の温度変化は移動度 μ の温度依存性に対応する．電子の散乱の原因となる格子は熱振動をしていて，その振動の振幅は温度とともに大きくなる．そのため温度が上昇するに従って電子は散乱されやすくなり，移動度 μ は温度に反比例して小さくなる．このため高温では式(A.8)は温度に比例し，原理で述べた式(2)が成立する．

半導体の電気抵抗

実際の半導体の電気的性質は含まれる不純物濃度によって敏感に変化し，その伝導機構は複雑である．ここでは簡単のために，不純物を含まないゲルマニウムのような，**真性半導体**について考える．半導体中の電子は原子間の共有結合に使われて原子に強く束縛されており，金属中の電子のように自由に動くことができない．しかし温度が上昇してくると熱エネルギーを得て結合が切れるようになり，しだいに自由に動けるようになってくる．共有結合が切れて電子が飛び出すとその後には孔が残る．この孔(あな)のことを**正孔**と呼び，電荷の符号が正である以外は電子と同じ性質をもった粒子のように運動することができる．これらの電子と正孔は**伝導キャリア**とよばれる．密度 n の電子と密度 p の正孔が伝導に寄与するとして，電子と正孔の移動度をそれぞれ μ_n と μ_p とすると，抵抗率の逆数である伝導度 $\sigma = 1/\rho$ は式(A.8)の逆数を用いて

$$\sigma = ne\mu_n + pe\mu_p \tag{A.9}$$

と表されることになる．半導体では金属とは逆に，キャリア密度は小さいがむしろ移動度は大きな値をもっている．熱エネルギーをもらって運動を始める伝導キャリアの個数は，統計力学

的に**ボルツマン因子** $e^{-\frac{E_g}{2kT}}$ に比例することが知られている．ここで k は**ボルツマン定数**，T は絶対温度，E_g は**ギャップ・エネルギー**とよばれる量で，電子を原子に束縛しておくのに関係したエネルギーである．ボルツマン因子の温度変化は非常に大きいので，半導体では伝導キャリア数が温度上昇とともに急激に増大する．その変化は移動度 μ の温度変化に比べてはるかに大きいので，半導体の抵抗は伝導キャリア数の温度変化に支配される．したがって，温度の上昇とともに半導体の抵抗は減少する．真性半導体ではほぼ同数の電子と正孔が存在する（$n = p$）から，式（A.9）の半導体の伝導度は

$$\sigma \propto e^{-\frac{E_g}{2kT}} \qquad \text{(A.10)}$$

とボルツマン因子に比例する形で表すことができる．これより抵抗率は適当な比例定数 ρ_c を用いて

$$\rho = \frac{1}{\sigma} = \rho_c e^{\frac{E_0}{kT}} = \rho_c e^{\frac{B}{T}} \qquad \text{(A.11)}$$

となり，原理で述べた 131 ページの式（5）と一致する結果が得られる．ただし，ここで $E_0 = E_g/2$ は活性化エネルギーとよばれ，B は特性温度である．E_0 と B は

$$E_0 = kB \qquad \text{(A.12)}$$

の関係にある．

実験12　高温超伝導

1. 目　　的

超伝導物質は，臨界温度以下の低温において量子的な性質が巨視的に現れて，電気抵抗の消失，完全反磁性などの性質を示す．ここでは，高温超伝導物質（$YBa_2Cu_3O_{7-x}$）を使って，その特徴である電気抵抗の消失と，完全反磁性の現象などを観察する．焼結法を使って作成した試料を用いて，4 端子法による電気抵抗の測定や，X-Y レコーダ，熱電対，液体窒素の使用法なども学ぶ．

2. 原　　理

超伝導が出現する温度（常伝導状態から超伝導状態へ遷移する温度）は**臨界温度**とよばれ，T_c で表される．超伝導状態のもつ第一の特徴は，電気抵抗がゼロになる**完全導電性**を示すことであり，第二の特徴は**完全反磁性**を示すことである．液体ヘリウム（数 K）が必要になる超伝導（金属など）に対して液体窒素（77 K）の温度でも現れる超伝導は，一般に**高温超伝導**といわれている．超伝導は，本質的に量子力学のマクロな現象である．その発現の理由などについては 151 ページの《参考》「超伝導」に書いてある．

2.1 電 気 抵 抗

超伝導状態では電気抵抗がゼロであり，電流を流しても電圧降下が起きないことから，超伝導状態の出現は電気抵抗の温度変化から測定できる．電気抵抗はオームの法則から 電圧 V [V] と電流 I [A] から

$$R = \frac{V}{I} \tag{1}$$

と表されるが，試料の長さや断面積に依存しているために，物質固有の性質を表す物理量としては適当でない．このために，単位断面積，単位長さあたりの電気抵抗である抵抗率が用いられる．細長い金属線のように，電流が試料の内部を十分一様に流れている場合には，試料の断面積を S [m^2]，電圧測定端子間の長さを L [m]，電圧測定端子間の試料の電気抵抗を R [Ω]，とすると，抵抗率 ρ は

$$\rho = \frac{S}{L}R = \frac{S}{L}\cdot\frac{V}{I}\ [\Omega\cdot\mathrm{m}] \tag{2}$$

で与えられる．

2.2　4端子法による電気抵抗の測定原理

ここで用いる試料のような形状の抵抗を求める場合には，金属，半導体を問わず，電極部の**接触抵抗**（接合部分に生ずる電気抵抗）を小さくすることが困難なため，物質の電気抵抗測定法として**4端子法**が広く用いられている．これは図1(a)のように試料に4つの電極を取り付け，端子1,4間に電流を流し，端子2，3間に生じる電圧を測定する方法で，式(1)より抵抗Rを求めることができる．図1(b)は，試料に測定器を接続したときの等価回路である．接触抵抗R_Iは試料の抵抗よりもはるかに大きいので，試料に発生する電圧よりも接触抵抗によりに発生する電圧のほうが大きくなってしまう．そのために，AF間の電圧を測定しても，試料の抵抗から発生した電圧を求めたことにはならない．これに対して，接触抵抗R_Vは，電圧計の大きな内部抵抗に比べはるかに小さく，無視することができるので，CD間の電圧Vと試料に流した電流Iを測定すれば，接触抵抗の影響を避けて，試料のBE間の抵抗が測定でき，BE間の距離Lと試料の断面積から式(2)によって抵抗率が求められる．

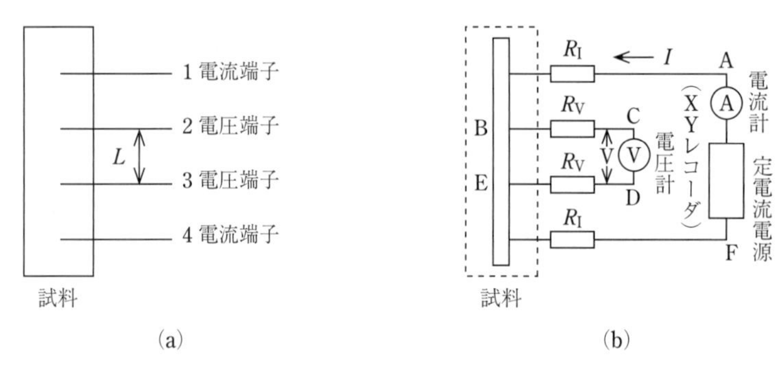

図1　4端子法

2.3　完全反磁性

高温超伝導試料の上に強力な永久磁石（ネオジム磁石など）をのせて，静かに液体窒素を注いで冷却する．試料の温度が臨界温度T_c以下に下がって超伝導状態になると，磁石が浮上する．これは，外部からの磁場を打ち消すように超伝導体の表面に電流（**反磁性電流**）が発生し，磁力線を押し出してしまう性質，完全反磁性を示す（**マイスナー効果**）からである（図2）．

完全反磁性は，古典的な電磁気学における類似の現象，電磁誘導ではまったく説明できない現象である．一般に，導体に磁石を近づけると導体に誘導電流が流れ，反発を受ける．普通の導体の場合には磁石の運動を止めれば電流はたちまち消滅するが，電気抵抗がゼロの超伝導体であれば，その電流は持続し，磁石と反発し続けるのではないかと考えられる．しかし，誘導電流が発生しないように磁石を動かさないで冷却した実験でも磁石は浮上する．したがって完全反磁性は電磁誘導によって起こる現象ではなく，超伝導物質がもっている磁気的性質なのである．

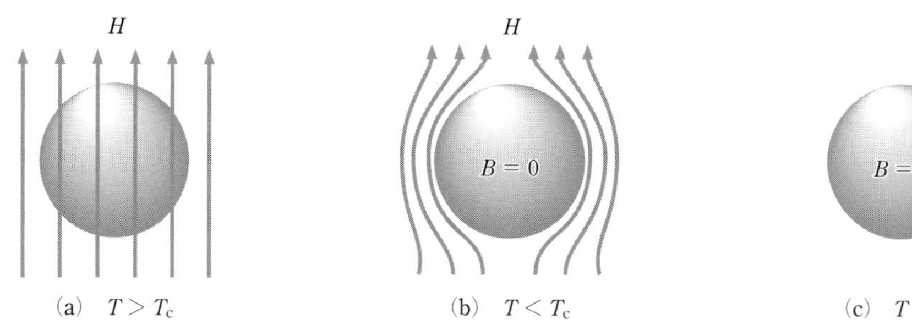

図 2　超伝導体の磁気的な振舞い．(a) 臨界温度より高いとき，(b) 臨界温度より低いとき (超伝導状態)，(c) 超伝導状態で外部磁場を取り去ったとき．

2.4 永久電流

円環状の試料を外部磁場の中に置いて超伝導状態まで冷却すると，反磁性電流が生じ，円環の内側と外側の表面に環電流が流れる．その後，磁場を取り除くと，円環の中空部分を貫いていた磁束が保存されるように円環の内側に環電流が残る．円環が超伝導状態にある限り，この電流は円環を流れつづける．このような電流を**永久電流**という (図 3)．したがって，円環は永久磁場を発することになる．試料が暖まって常伝導状態にもどると，抵抗が再び現れて電流は消失する．

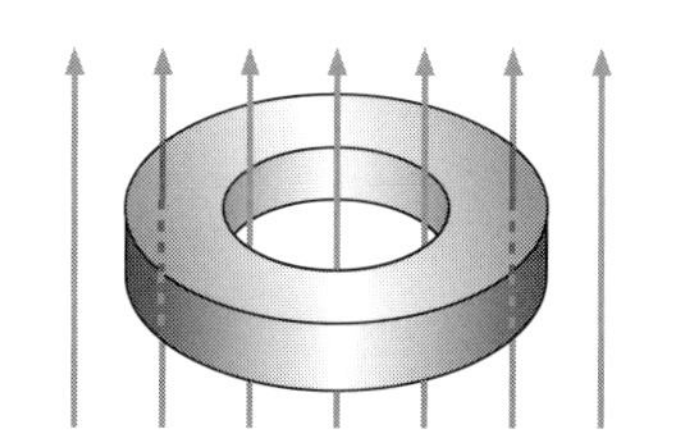

(a)　外部磁場中での常伝導状態の円環

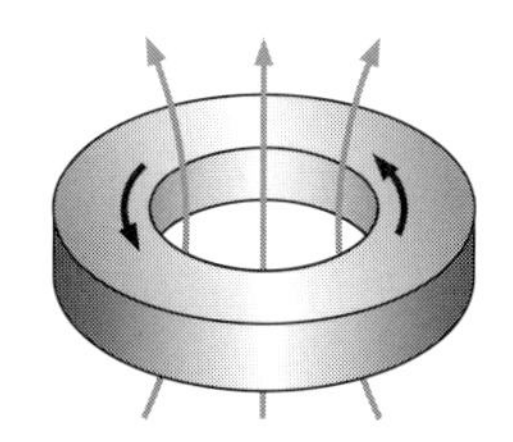

(b)　超伝導状態で円環に永久電流が残る

図 3　超伝導円環の永久電流の発生

3. 装　置

この実験ではデジタルマルチメータ (Agilent 34401A) 2 台，測定用 PC，直流電源装置，電流計，試料ホルダ，クロメル－アルメル熱電対 (実験 8 参照)，液体窒素用デュワーびん，テスタ，ネオジム磁石，ノギスを使用する．電圧計として使用するマルチメータでは，確度仕様を ±(読み値の % + レンジの %) で表現すると，100 mV レンジで ±(0.0050 % + 0.0035 %) である．たとえば 100 mV レンジで 1.3835 mV と表示された場合，機器不確かさは ±(1.3835 × 0.000050 + 100 × 0.000035) = ±0.0036 mV となる

4. 試　料

試料として高温超伝導物質 ($YBa_2Cu_3O_{7-x}$) を使用する．試料の作製法は《参考》「焼結法による試料作製」に書いてある．

5. 測　　定

最初に高温超伝導体の完全反磁性と永久電流を観察し，次に4端子法を用いて電気抵抗の温度変化を測定する．

5.1 完全反磁性（マイスナー効果），永久電流の観察

(1) 完全反磁性（マイスナー効果）の観察：円板試料を，観察用のシャーレの中に置き，その上にネオジム磁石（長径10 mm 厚さ3 mm，磁束密度 $B_{\mathrm{r}} = 1\ \mathrm{T}$）をのせて，液体窒素を静かに注ぎ観察をする．超伝導状態になると磁石が浮く様子をノートにスケッチする．

(2) 永久電流の観察：常温状態で円環の形をした試料を方位磁石に近づけても針が振れないことを確かめる．次に円環試料の上に磁石を置いて外部磁場を加えた状態にして液体窒素を注ぎ，円環試料が超伝導状態になるまで冷却する．磁石（磁場）を取り除いてから再び方位磁石に近づけてその振れを観察する．その様子をノートにスケッチする．

5.2 試 料 の 準 備

(3) 図4を参考にして試料を端子の間にはさみ込んで，ホルダをソケットにさしこむ．接触抵抗を小さくするために試料は少し強く押し込む．

(4) 電流端子間1-4（リード線の黄と茶色）と，電圧端子間2-3（リード線の赤と黒色）の電気抵抗をテスタで測定し記録する．それぞれ5Ω程度以下になるように試料を押し込む．抵抗が下がらない場合は申し出よ．（接触抵抗が大きいと発熱量が大きくなり，測定に影響を与える．）

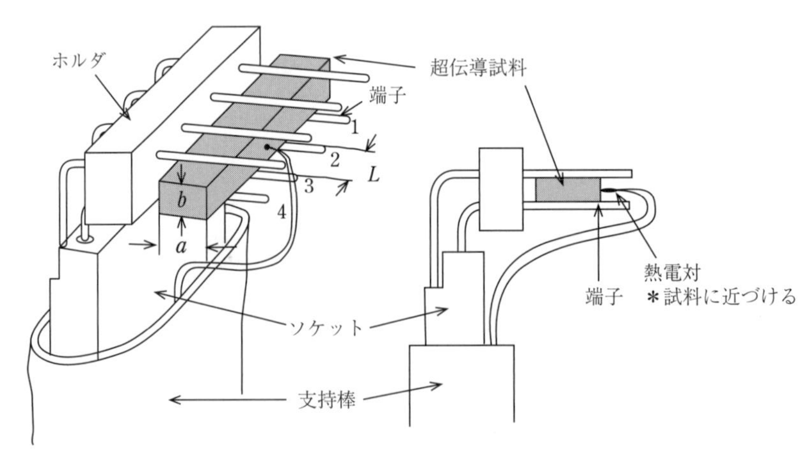

図4　試料の取り付け

5.3 装置の組み立ておよび配線

(5) 直流電源装置とマルチメータ2台のPowerスイッチがOFFになっていることを確認してから，図5のようにテフロン製の試験管の中に，試料ホルダを取り付けた支持棒を入れて

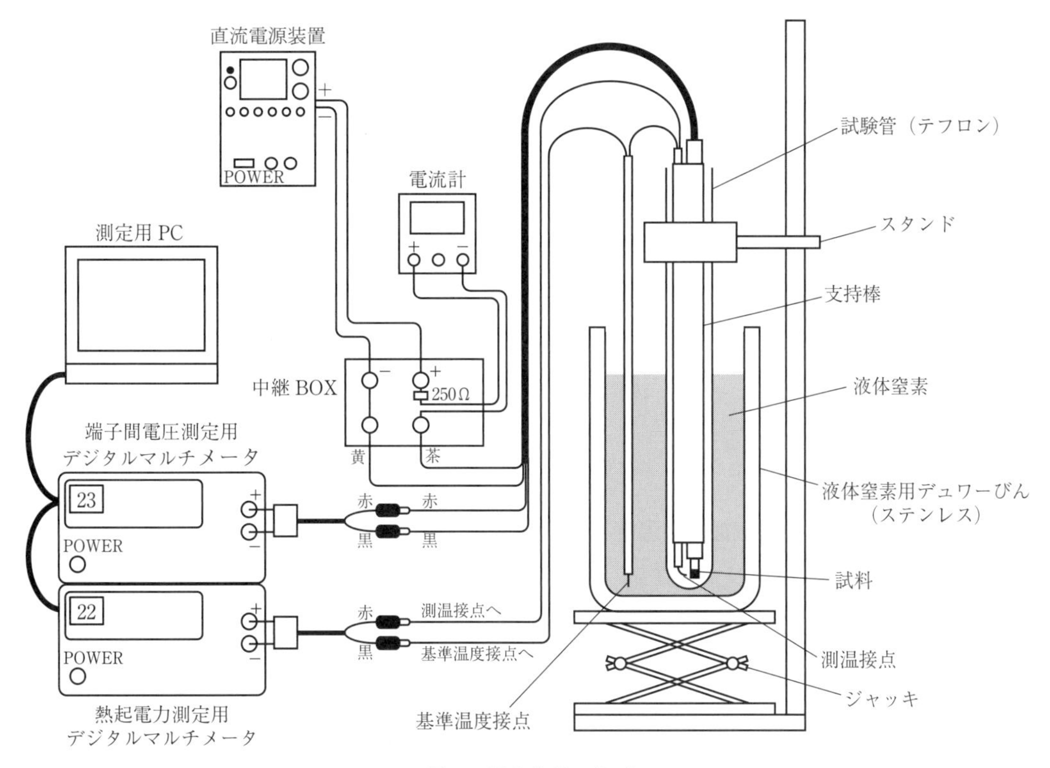

図5　測定装置の概略

スタンドに固定する．

(6)　支持棒から出ているリード線のうち，図5のように黄と茶の線（電流端子）を中継 BOX に配線し，赤と黒の線（電圧端子）を23と番号が付けられているマルチメータに接続する．また，22と番号が付けられているマルチメータに熱電対（黒：基準接点側，赤：測温接点側）を接続する．

5.4　デジタルマルチメータと測定用 PC の準備

(7)　マルチメータ前面左下の Power スイッチを押し，2台とも立ち上げる．続いて，測定用 PC の電源ボタンを押してデスクトップ画面が表示されたら，「実験12超伝導用プログラム」と書かれたアイコンをダブルクリックしプログラムを開く．本実験では VEE（Visual Engineering Environment）言語で記述された測定プログラムを用いる（VEE によるプログラムの記述については実験17を参照）．測定用 PC とマルチメータの設定はすでにプログラムされているので，ここではプログラムを書き替えない．

5.5　電流の設定

(8)　直流電源装置の電源スイッチ（POWER）とデジタル電流計のスイッチを入れる．

(9) 電源装置の VOLTAGE つまみで電圧を 50 V，CURRENT つまみで電流を 0.050 A に設定する．次に，OUTPUT ボタンを押すとランプが点灯し回路に電流が流れる．このとき，デジタル電流計で読み取った電流が 0.050 A になるように，電源装置の SHIFT ボタンを押したまま CURRENT つまみを回して微調整する．デジタル電流計で読み取った電流は実験中に変化することがあるため，値をノートに記録しておく．電流が流れないときは申し出よ．

5.6 液体窒素の準備

(10) 液体窒素を液体窒素用デュワーびんに上から 2 cm 程度まで入れる．少量の液体窒素が手などに触れても問題はないが，衣服などに多量にしみ込むと凍傷を起こすことがある．取り扱いには十分に注意する．

5.7 高温超伝導体の電気抵抗の温度変化の測定

(11) 液体窒素用デュワーびんを図 5 のようにジャッキの上にのせ，熱電対の基準温度接点を液体窒素に入れる．

(12) 測定用 PC の VEE Pro ウィンドウ上方のツールバーにある再生ボタン▶をクリックすると測定が開始する．22 番のマルチメータで熱電対の熱起電力，23 番のマルチメータで電圧端子間の電圧が 1 秒ごとに測定され，表示も更新される．また，その測定データについて，横軸を熱電対の熱起電力 [V]，縦軸を電圧端子間の電圧 [V] として PC の画面上にプロットされる．プロットと同時に Excel ファイルが作成され，A 列に熱起電力 [V]，B 列に端子間電圧 [V] が書き込まれる．なお，プログラムを停止するまで Excel ファイルをクリックしない．

(13) マルチメータと PC 画面のプロットから，熱起電力，端子管電圧ともに正の値になっていることを確認する．正負が逆転している場合は配線を見直して修正する．

(14) ジャッキを使ってデュワーびんを持ち上げ，液体窒素をテフロン製の試験管にゆっくり近づけて，降温時の測定を行う．熱起電力の 1 秒当たりの低下量を 0.01 mV 以内に抑えることが望ましい (表 1 が作成できなくなる)．

(15) 試験管が液体窒素に浸って，試料の温度が臨界温度以下になると抵抗が消失する．このときに端子管電圧がゼロになる様子を観測する．電圧がゼロにならない場合や負になった場合は申し出よ．試料と電圧端子の接触抵抗が大きく，測定がうまくいかない場合は (3) からやり直す．

(16) 液体窒素温度近くまで冷却して超伝導状態を観測した後，ジャッキを使ってデュワーびんをゆっくり下げて，昇温時の測定を行う．降温時と同様に，熱起電力の 1 秒当たりの上昇量を 0.01 mV 以内に抑えることが望ましい．特に試験管の底が液体窒素から抜け出ると温度が急上昇するため，液面すれすれになったら待ち時間を長く取る．

(17) 試験管が液体窒素から抜け出て熱起電力が 5 mV 程度まで上昇したら，VEE Pro ウィンドウ上方のツールバーにある停止ボタン■をクリックして測定を終了させる．

5.8　測定データの保存と出力

(18)　マルチメータおよびPC画面上のプロットが停止したことを確認したら，以降の操作によってデータを保存する（VEEプログラム自体は保存しない）．データを保存する前にエクセルやVEE Proウィンドウを閉じないように注意する．ウィンドウを閉じてPCを立ち下げるのは，データ整理と検討が終わった後にする．

(19)　PC画面にプロットが表示された状態で，スクリーンショットをする．デスクトップにあるペイントを立ち上げ，キーボードのCtrlを押しながらVを押す．すると，先ほどスクリーンショットした画像が貼り付けられるので，左上の「ファイル」から「名前を付けて保存する」を選ぶ．保存先をデスクトップの実験12データフォルダ，名前を「学科名_西暦_月_日_机のアルファベット」としてjpeg形式で保存する．

(20)　データが記録されたExcelファイルを表示させ，左上の「ファイル」から「名前を付けて保存する」を選ぶ．保存先をデスクトップの実験12データフォルダ，名前を「学科名_西暦_月_日_机のアルファベット」としてxls形式で保存する．

(21)　各机に置いてあるUSBメモリをPCに差し込み，保存したデータをコピーする．

(22)　コピーが完了したらUSBメモリを取り外し，保存したjpegファイルを印刷用PCでA4用紙に出力する．印刷したグラフ部分に，図6を参考にして測定時の電流，X軸とY軸の最小電圧読取値，降温時と昇温時の矢印を記入する．

(23)　直流電源装置のOUTPUTボタンを押して出力を切る（ランプ消灯）．続いて，電源装置，マルチメータ2台，デジタル電流計の電源スイッチを切る．液体窒素はデュワーびんの

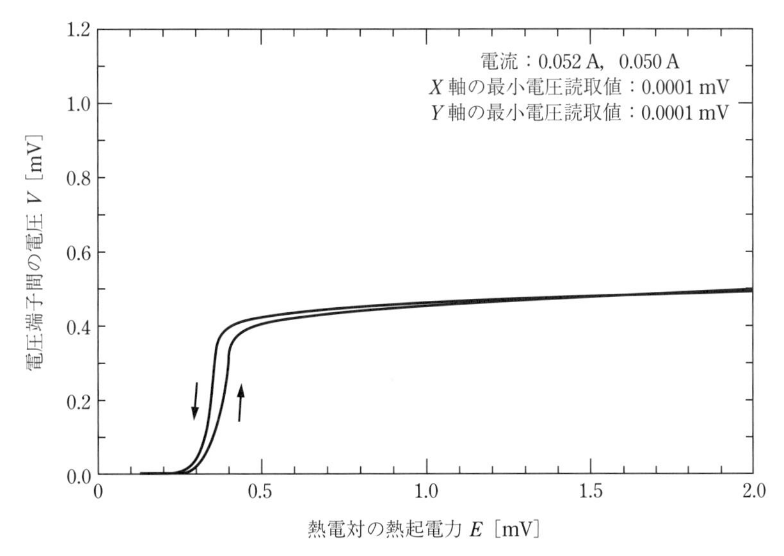

図6　熱起電力Eと端子間電圧Vの関係

まま置いておき気化させる．

5.9　試料の形状および試料ホルダの形状の測定

(24)　試料の形状をスケッチし，図 4 を参考にして電流の流れている方向に垂直な面の幅 a と厚み b をノギスで測定して記録する．

(25)　試料ホルダの電圧端子の間隔 L をノギスで測定し，記録する (図 1，図 4 参照)．

6.　測定データの整理

(1)　Excel の表データから，降温時の熱電対の起電力 E が 0.05 mV ごと 0〜0.1 mV の範囲で，端子間電圧 V を 0.0001 mV まで読み取り表 1 に記入する．熱起電力を 0.01 mV 以内の間隔で測定できていれば，表 1 に記されている E に最も近い測定データを採用すればよい．液体窒素温度 (−195.82 ℃，77.33 K) を基準としたときの熱起電力 E から求まる絶対温度 T [K] の値は表 1 に示してある．式 (2) より試料の抵抗率 r [W·m] を計算し，有効数字に注意して表 1 に記入する．

(2)　表 1 の温度 T [K] と抵抗率 r [W·m] との関係から図 7 を作成する．

表 1　E，T，V と抵抗率 ρ の関係

熱起電力 E [mV]	試料温度 T [K]	端子間電圧 V [V]	抵抗率 ρ [Ω·m]
0.00	77.4	$\times 10^{-3}$	$\times 10^{-5}$
0.05	80.5		
0.10	83.6		
0.15	86.3		
0.20	89.1		
0.25	91.9		
0.30	94.6		
0.35	97.1		
0.40	99.7		
0.45	102.2		
0.50	104.6		
0.55	107.0		
0.60	109.3		
0.65	111.7		
0.70	114.0		
0.75	116.2		
0.80	118.2		
0.85	120.5		
0.90	122.7		
0.95	124.8		
1.00	126.8		

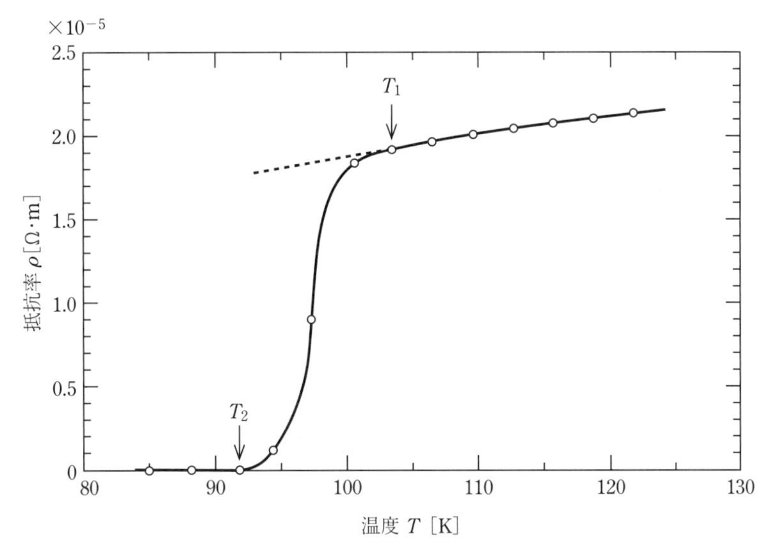

図7　抵抗率 ρ と温度 T の関係

7．検　　討

以下の課題について検討し，ノートにまとめる．

(1)　超伝導状態が始まる温度 T_1 [K] と電気抵抗がゼロになる温度 T_2 [K] を図7から求めて記録し，この実験で用いた試料と同じ種類の高温超伝導物質の超伝導臨界温度（図7の T_2 に相当）は92 K であることを参考に，実験で得られた値が妥当かどうか検討せよ．

(2)　高温超伝導体の電気抵抗と温度との関係を測定した記録用紙を見ると，テキストの図6にも示したように，温度下降時と温度上昇時とで抵抗温度曲線が左右にずれているであろう．このようにずれる理由を考えよ．

(3)　超伝導の性質がどのようなことに応用できるか考えてまとめよ．

《参考》

焼結法による試料作成

この実験で使用する試料は以下のような「試料作成手順」で作成する．

試料作成手順

(1)　計量：電子天秤を用いて，混合試料粉末を薬包紙の上に1.0 g 計量する．使用する試料は，Y_2O_3，$BaCO_3$，CuO をモル比1：4：6で混合し，900～950 ℃において約5時間加熱，炉内徐冷，乳鉢を使用しての粉砕，再度混合などの前処理を行ったものである．（$BaCO_3$ は医薬外劇物であるから，体内に取り込まないように注意すること．）

(2)　成形：図8(a)のような試料成形用の金型を組み立て，その中に計量した試料粉末を静かに入れる．小さなガラス棒を用いて粉末を均等にならしてから，成形を助けるために，スポイトで3滴程度の少量のメチルアルコールを均一に加える．

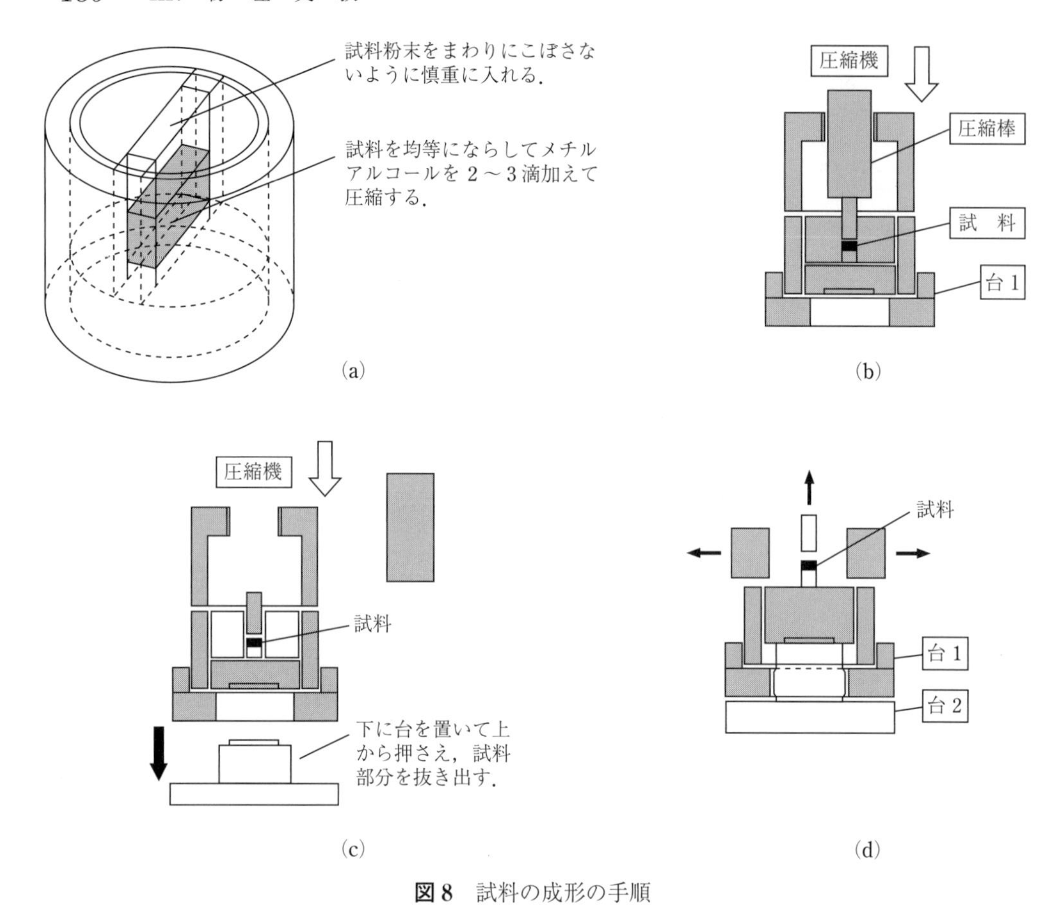

図 8　試料の成形の手順

(3)　圧縮：図 8(b)のように，ハンド圧縮機により圧力計の目盛 260 kg 重·cm^{-2} の圧力を約 2 分間かける．ジャッキ部のシリンダ口径が 25.0 mm であるので，試料には約 1.5×10^{8} Pa の圧力がかかる．

(4)　試料台抜き出し：図 8(c)のように，圧縮棒を抜き取ったのち，下の試料台を抜き出すための台を置き，再びハンド圧縮機により試料台を抜き出す．このとき圧縮機のハンドルはごくゆっくりと動かすこと．

(5)　試料取り出し：図 8(d)のように，金型を分解し，プラスチック製のピンセットを用いて試料を耐熱磁製板の上に置く．プレスした試料は非常にくずれやすいので，慎重に取り扱う．

(6)　焼成：試料は，耐熱磁製板にのせたまま電気炉の中に入れる．焼成は 850～950 ℃ で 5 時間加熱し，7 時間以上かけて炉内冷却する．400～600 ℃ で酸素が少し抜け，結晶構造が正方晶から斜方晶へ転移することが知られている．この温度範囲で急冷すると超伝導体にならない．

《参考》

超 伝 導

1987年3月27日から30日までの4日間，第42回日本物理学会年会は，本学を会場にして開かれた．その間，会場は超伝導への異常な熱気に包まれたが，研究者のみならずマスコミや企業の超伝導に寄せる関心には並々ならぬものがあった．特に，第2日目の26日に講堂において行われた，「超伝導にまつわる最近の話題および高温超伝導」と題する低温シンポジウムは，朝9時30分から夜11時まで熱気に満ちた研究討論の場となった．このような超伝導研究への熱気は，実はその前年，すなわち1986年にIBMスイスの2人の研究者MüllerとBednorzとが“Possible High T_c Superconductivity in the Ba-La-Cu-O System”と題する論文を雑誌“Zeitschrift für Physik”に発表したことから急激に高まってきたものである．ではなぜ，この論文をきっかけにして超伝導への関心がこれほどまでに高まってきたのか，まずその辺の事情から述べることにしよう．

超伝導とは電気抵抗が0のことである．電気抵抗が0ならば，電気が流れてもジュール熱が発生しないので，無駄なエネルギー損失がない．このことによって，超伝導を電力貯蔵，送電，電磁石などに幅広く応用することができる．たとえば，電力貯蔵についていえば，電流を減衰させることなく流し続けておけるので，需要の少ない時間帯あるいは季節に電力を貯蔵しておけば，昼夜あるいは季節によって需要に急激な変動があっても，その変動に十分対処できて，常に安定した電力供給が可能となる．また，太陽電池を使って太陽エネルギーを電力に変換して貯蔵しておくことも可能である．これは火力発電を使わないので，大気汚染の心配のないきれいな発電の可能性を示している．そのほか，乗物を例にとると，磁気浮上列車の構想がある．列車に強力な超伝導電磁石を搭載し，線路側には推進用コイルと浮上用コイルを設置するシステムで，推進用コイルに三相交流を流すことによって電磁石に走行力を発生させるものである．さらに高速で移動する電磁石によって浮上用コイルに発生した誘導電流が，電磁石を浮上させるような磁場を作るので，列車はレールから10 cmほど浮き上がり，レールとの摩擦もなく高速で走ることができるというものである．

このように，超伝導のもたらす影響には測り知れないものがあるが，困ったことに超伝導にするにはきわめて低温に冷やさなければならない．従来から知られていた金属の超伝導体の場合には，高価な**液体ヘリウム**で冷やさなければならなかったので，応用も限られていた．もっと高温で超伝導になる材料を発見したならば，その社会に与える影響はきわめて大きいのである．しかしながら，超伝導になる温度は，1973年に23 Kの金属材料が発見されてからは，頭打ちの状態が続いていた．そこで，金属以外の高温超伝導の可能性などが，いろいろと模索されていたのである．

このようななかで，1986年にMüllerとBednorzとの発見した**酸化物超伝導体**は，高温超伝導材料の方向を示したものである．実際，その後またたく間に，世界中の研究者によって100 Kに達する材料が開発された．この程度の温度であれば，豊富にある**液体窒素**で冷却することによって容易に超伝導にすることができる．現在では，酸化物の粉末試料が，混ぜ合わせるためのすりこぎと一式になって市販されており，焼き方にちょっとしたコツが要るが，焼き固めて 100 K 程度の酸化物超伝導体をつくることもできるようになった．このような研究成果の急激な進展を目のあたりにすると，室温で超伝導になる材料の開発も夢ではないとの期待を感じさせられる．このように見てくると，2 人の発見は画期的であったことがわかる．この功績によって，2 人は 1987 年度のノーベル物理学賞を受賞した．

ところで，酸化物は絶縁体にきわめて近い物質である．この酸化物がなぜ高温超伝導体になるのであろうか．**高温超伝導**の超伝導のメカニズムはいまだ十分には解決されていない．ここではまず，従来から知られていた金属の超伝導のメカニズムから述べることにしよう．それに基づいて高温超伝導についての理解を深めてもらえればよいと思う．

Hg の電気抵抗は，温度が 4 K 以下になると 0 になる．この驚くべき事実は，1911 年に Kamerlngh Onnes によってはじめて発見されたのであるが，その後，Hg だけでなく多くの金属において，電気抵抗が低温で 0 になることが観測された．さらに，1933 年には電気抵抗が 0 になると金属から磁力線がはじき出されるという，いわゆる**マイスナー効果**が Meissner と Ochsenfeld とによって発見された．超伝導とは，電気抵抗が 0 になることであるが，そのときには，マイスナー効果も起こっているのである．

超伝導の理論的な説明は，Bardeen，Cooper，Schrieffer の 3 人によってなされたが，それは超伝導発見から約半世紀を経た 1957 年のことであった．この理論は，3 人の頭文字をとって BCS 理論と呼ばれる．この理論によると，低温では，金属内の自由電子は 2 個ずつペアを組んでゆるく結ばれた 2 電子分子となっている．そしてこのペアが，Bose 凝縮することによって超伝導をつくりだしているというのである．

ここで，Bose 凝縮というのは，マクロな数（Avogadro 数の程度）の粒子がすべて同一の速度で運動をしていることである．したがって，自由電子のペアが Bose 凝縮するということは，2 電子分子がすべて同じ速度で運動しているので，電子全体があたかも隊列を組んで整然と流れているようなものである．隊列を組んだこのような流れの場合には，不純物原子によって部分的に乱されるとしても，全体の流れに影響を受けることなく，流れはいつまでも続く．これが永久電流といわれるものであり，外部から電場を加えなくてもいつまでも流れ続けるのである．すなわち，電気抵抗が 0 ということである．ジュール熱は発生しない．

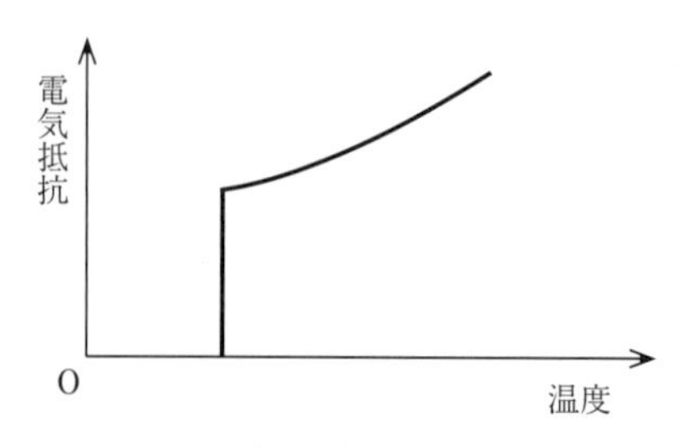

図 9　電気抵抗の温度依存性

ところで温度が上がると，熱的励起によってこのペアがくずれて1個ずつの電子に分かれる．1個の電子については，電子固有の性質によってBose凝縮が禁止されている．これは，電子が排他原理に従う粒子であるからである．排他原理というのは，粒子は互いに異なる運動をしていて，2個以上の粒子が同一の運動をすることはない，という原理のことである．ばらばらの1個ずつの電子は，排他原理に従う粒子であるからBose凝縮を起こさないのである．低温でペアを組んだ2電子分子の場合には，この分子は1個ずつの電子とは違って，排他原理に従わない粒子になるので，Bose凝縮を起こしたのである．したがって，温度が上がってペアがくずれると，電子は隊列を組まずに運動をすることになるので，不純物原子によって散乱され，散乱されるごとに運動方向を変えることになる．散乱によって，運動はあらゆる方向に均等化されるので，はじめ電子全体の流れがあっても，やがて流れは止まるのである．電流を流すには，外部からの電場を加えなければならない．これがすなわち，電気抵抗が生じているということである．

次に，磁場との関連を述べる．2電子分子がBose凝縮をしている中に磁場が侵入すると，その磁束は磁束量子といわれる普遍定数 $\phi_0 = 2\times10^{-15}\,\mathrm{T\cdot m^2}$ の整数倍しか許されないことが導かれるのである．したがって，外部磁場が弱くてこの磁束量子に達しないときには，超伝導体内への磁場の侵入は許されないことになる．これがマイスナー効果といわれる現象である．超伝導体を磁石のそばに置くと，超伝導体から磁力線がはじき出されてまわりの磁力線がひずむので，超伝導体と磁石の間に斥力が生ずることになる．ここで外部磁場を強くして磁束量子に達すると，磁力線は磁束量子ごとにまとまって超伝導体内の各所を貫通し始めるのである．このまとまった磁力線のことを**渦糸**と呼んでいる．さらに外部磁場を強くすると，磁力線の密度は大きくなって，ついには超伝導体は通常の導体となり，磁場は一様に導体内に侵入することになる．

さて，外部磁場を強くしていったとき，渦糸が生じるよりもっと弱い磁場のときに通常の導体になってしまう超伝導体がある．このような超伝導体を，**第1種超伝導体**という．これに対して，上に述べたように渦糸が生じた段階を経てから通常の導体になる超伝導体のことを，**第2種超伝導体**という．第1種であるか，それとも第2種であるかは，物質によって決まっていることであるが，場合によっては，不純物原子の量によって変わる．高温超伝導体は，第2種である．

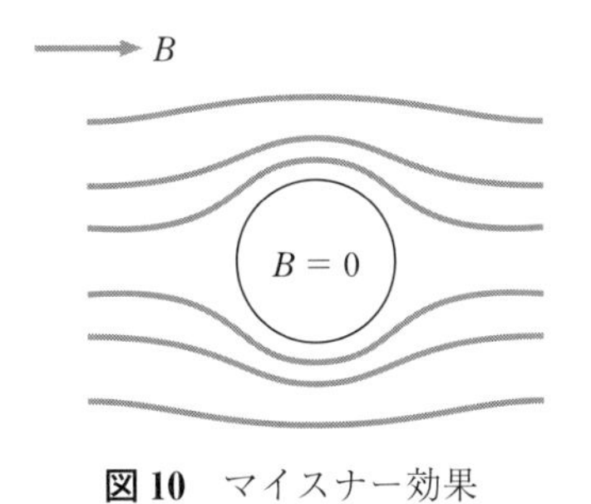

図10 マイスナー効果

さてここで，金属内において自由電子のペアができるメカニズムについて述べる．金属は，静止した正に帯電したイオンと，走り回っている自由電子とから成り立っている．電子 A とイオンとの間にはクーロン引力が働くので，イオンは電子 A のほうへ少し変位しており，そのために A のまわりには余分に正の電荷が集まっている．イオンは電子に比べて動きが遅いので，A が離れても余分な正の電荷はしばらく残っていて，A に引力を及ぼしながら次の電子 B をも引き寄せることになる（図 11 参照）．こうして電子 A と B とは同時にイオンの余分な正の電荷に引き寄せられるので，これは 2 つの電子の間にイオンを媒介とした引力が働いていることと同じである．この引力が電子間の直接のクーロン斥力よりも強いとペアができることになる．このように，ペアをつくるには，電子とイオンとの相互作用の強さが重要であるが，また，この相互作用の強さが超伝導になる温度を決めているのである．このメカニズムに基づくと，超伝導になる温度は，Hg では 4 K であり，これまでに発見された最高の温度は 1973 年の Nb_3Ge の 23 K であった．このメカニズムに基づくならば，超伝導になる温度はこれ以上には上がらないのではないかといわれていた．

ところが，酸化物超伝導体（LaBaCuO, LaSrCuO, YBaCuO）の場合には，その温度は 100 K に達している．この場合の超伝導メカニズムは，銅原子の間を往き来する電子の交換エネルギーと深い関わりがあるといわれており，上に述べた BCS 理論の電子とイオンとの相互作用による超伝導メカニズムとは異なっている．この新しいメカニズムに基づくと，超伝導になる温度はさらに上がるのではないかといわれており，室温において超伝導になる可能性さえ予想されている．

次に，この酸化物超伝導は，前に述べたように第 2 種超伝導体である．第 2 種超伝導体は，磁場の渦糸の形で超伝導体内に侵入するのであるが，かなり強い磁場になるまで超伝導であり続けるので，技術的応用が注目されている．ここで，永久電流を流したときに問題になる渦糸の運動と，**ピン止め**とについて述べておこう．

いま，左から右に向かって永久電流を流したとすると，この電流によって生ずる磁場が超伝導体内に渦糸の形で現れる．図 12 で平面 ABCD は，超伝導体の断面を表しており，磁力線は紙面の裏から表に向かって貫いている．各渦糸のまわりに環状電流が流れているので，内部では隣り合った環状電流が打ち消し合い，隣に環状電流のない導体表面 AB と CD に沿って電流

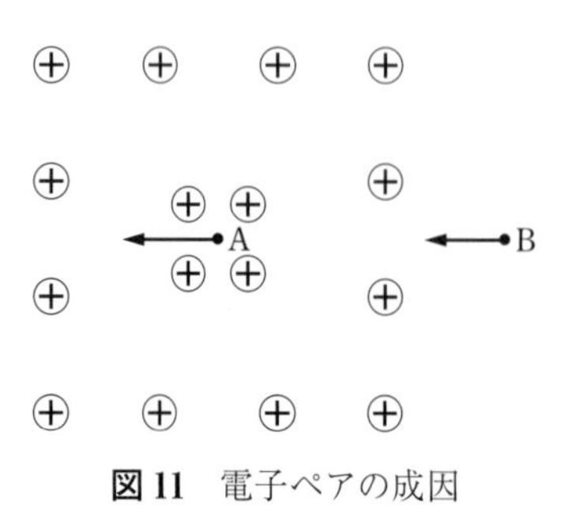

図 11　電子ペアの成因

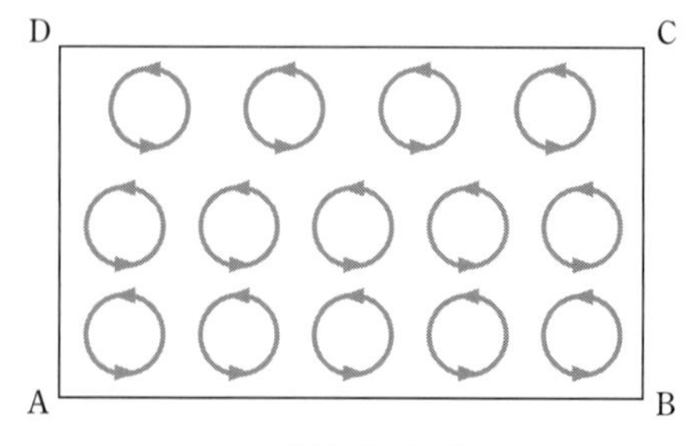

図 12　渦糸と表面電流

が流れることになる．表面 AB では左から右に強い電流が，表面 CD では右から左に弱い電流が流れて，両方合わせた正味の電流は左から右に向かって流れるわけである．したがって，渦糸の密度は一様ではなく，表面 AB 側で密に，表面 CD 側で疎に分布している．ところで，渦糸の間には反発力が働いて渦糸は分布が密なところから疎なところへ移動しようとするので，これを押し止める力が必要である．この力は，渦糸が材料中にある欠陥（原子配列の乱れ）に引っかかってピン止めされる「ピン止め力」といわれるものである．ピン止め力が弱いと，少し永久電流を流すだけで渦糸が運動し始め，ジュール熱が発生することになる．強い永久電流を流すには，このような欠陥を材料の中につくり出して積極的に不均質化することが必要である．

渦糸の運動は超伝導体を一瞬のうちに通常の導体に変える．いま，超伝導体の一部で渦糸が動き出したとする．すると，**ジュール熱**が発生し，その熱によってまわりの超伝導体は通常の導体に変わってジュール熱がそこでも発生し，さらにその熱によってまわりの超伝導体は次々と雪崩のように通常の導体に変わって熱が発生することになる．もしもこのような雪崩現象が起こると，冷却用の液体ヘリウムなどが急激に蒸発して爆発の危険にさらされる．超伝導開発には，基礎的な研究はもちろん必要不可欠であるが，このような雪崩を起こさないための工夫とか，ピン止めの導入といった技術的な課題も併せて研究されなければならない．

実験13　RC直列回路

目　　的

抵抗やコンデンサ，コイルは，いろいろな電子機器などの中で受動素子として非常に重要な役目を果たしている．ここでは，抵抗 R とコンデンサ C の直列回路を用いて，実験 [I] では，RC 直列回路における電気的過渡現象を直流（方形波）に対して測定する．また，実験 [II] では，交流（正弦波）を用いて，RC 直列回路の周波数に対する応答を調べる．測定を通して個々の素子の働きや，回路の動作について理解する．

実験 [I]　RC 直列回路における電気的過渡現象

I.1　原　　理

RC 直列回路に直流電圧を加えると，コンデンサには電荷がたまり始める．このとき電流や電圧は時間とともに変化して，有限の時間を経てから定常的な状態に達する．この定常状態に達するまでの現象を**電気的過渡現象**という．RC 直列回路でどのような電気的過渡現象が生じるか考えてみよう．

抵抗（電気抵抗 R）と**コンデンサ**（静電容量 C），スイッチ S および電圧 V_B の電池からなる直列回路を図 1 に示す．回路は 2 個の電池をスイッチで切り替えられるようになっており，スイッチを接点 S_1 につないだときには回路に $-V_B$ が，S_2 に切り替えたときには $+V_B$ が供給される．コンデンサにかかる電圧 V_C は図の X 点から見た Y 点の電位と定め，図中の矢印でこの向きを表示する．また，コンデンサの Y 点側に蓄えられる電荷を q とする．抵抗にかかる電圧 V_R は Y 点から見た Z 点の電位である．はじめにスイッチが S_1 側に十分長い間つなが

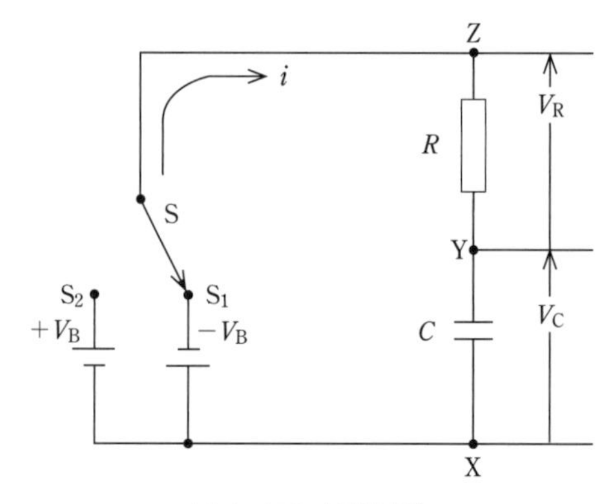

図 1　RC 直列回路

っていたとすると，コンデンサにかかる電圧 V_C は $-V_B$ となり，コンデンサの電荷 q は $-CV_B$ になっている．

ここで時刻 $t=0$ でスイッチを S_2 側に切り替えて，その後 V_R や V_C がどのように時間変化するかを導いてみる．$t>0$ の任意の時刻において V_R と V_C の間にはキルヒホッフの法則から

$$V_B = V_R + V_C \tag{1}$$

の関係が成り立つ．回路に流れる電流 i を図1に示した向きとすると，電流 i はコンデンサの電荷 q を用いて $i=\dfrac{dq}{dt}$ と表され，また $V_R=iR$，$q=CV_C$ であるから，式(1)は

$$V_B = R\frac{dq}{dt} + \frac{q}{C} \tag{2}$$

となる．この微分方程式の一般解は

$$q(t) = CV_B + q_1 e^{-\frac{t}{RC}} \tag{3}$$

である．ここで q_1 は積分定数である．初期条件 $q(0)=-CV_B$ より，積分定数は $q_1=-2CV_B$ と定まるから，

$$q(t) = CV_B\left(1-2e^{-\frac{t}{RC}}\right) \tag{4}$$

となり，コンデンサに蓄えられていく電荷 q の時間変化が求められる．これより，電流 i は式(4)を時間微分して

$$i(t) = \frac{dq}{dt} = 2\frac{V_B}{R}e^{-\frac{t}{RC}} \tag{5}$$

と表される．抵抗にかかる電圧 V_R とコンデンサにかかる電圧 V_C の時間変化は，

$$V_R = i(t)R = 2V_B e^{-\frac{t}{\tau}} \tag{6}$$

$$V_C = \frac{q(t)}{C} = V_B\left(1-2e^{-\frac{t}{\tau}}\right) \tag{7}$$

となる．ここで $\tau=RC$ は**時定数**と呼ばれている．時定数 τ は電荷や電圧の時間変化の速さの目安となる量であり，単位は秒(s)である．図2にRC回路に加えた電圧 V_B と式(6)，(7)を用いて計算した V_R と V_C の時間変化を示す．V_C の時間変化はコンデンサが $-q$ から $+q$ へと電荷を蓄えていく様子を表し，V_R の時間変化は電荷を蓄えるときの速さに相当する．時間の経過とともに V_C は $-V_B$ から V_B へ変化し，時定数 τ 秒後($t=\tau$)には全変化量 $2V_B$ の約63%変化する．また $V_R=V_C$ となる時刻を t^* とすると，これと時定数 τ との関係は式(6)と(7)から次式で与えられる．

$$\tau = \frac{t^*}{\log_e 4} = \frac{t^*}{1.386} \tag{8}$$

次に，再び十分時間が経過したのち，$t=T$ でスイッチを S_1 に戻す．これ以降の時刻においては V_R と V_C は

$$V_R = -2V_B e^{-\frac{t-T}{\tau}} \tag{9}$$

$$V_C = -V_B\left(1-2e^{-\frac{t-T}{\tau}}\right) \tag{10}$$

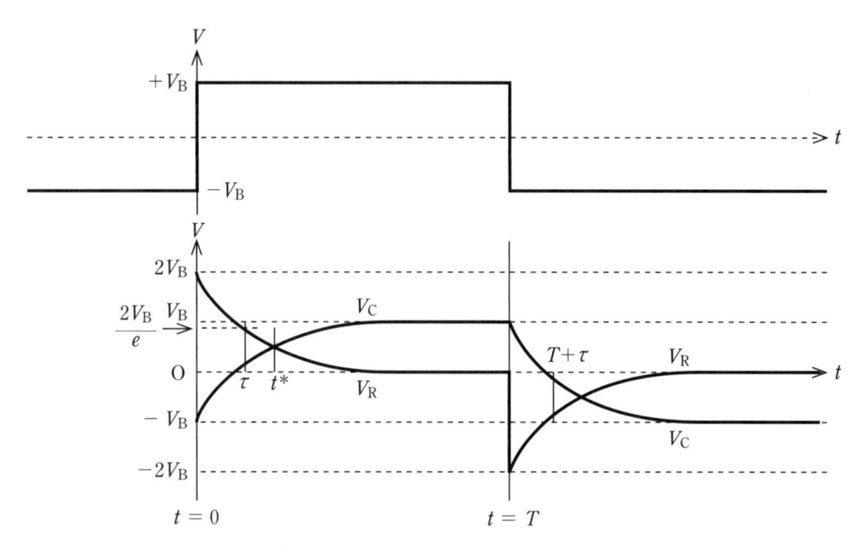

図2　直流電流に対する V_R と V_C の時間変化

となることが，式(6)，(7)と同様に導かれる．$t > T$ での V_R と V_C の時間変化も図2に示す．どの時間領域においても，V_R と V_C の間には

$$V_R = \tau \frac{dV_C}{dt} \tag{11}$$

の関係が成り立っている．

ここではスイッチを切り替えることによって $\pm V_B$ の直流電圧を交互に回路に加えることを考えたが，これは方形波(⎍)を回路に加えることと同じである．方形波(矩形波(くけい)ともいう)を用いれば，RC 直列回路における電気的過渡現象をオシロスコープで容易に観測することができる．

I.2　実 験 装 置

ファンクション・ジェネレータを用いて任意の時間波形の電圧を RC 配線盤に入力し，オシロスコープを用いて抵抗にかかる電圧 V_R とコンデンサにかかる電圧 V_C の時間波形を観測する．RC 配線盤には $R = 10\,\mathrm{k\Omega}$ の抵抗，$C = 0.022\,\mu\mathrm{F}$ のコンデンサが，図3のように配線してあり，端子 X, Y, Z をクリップや 10：1 プローブのフックではさんで，ファンクション・ジェネレータやオシロスコープに接続できるようになっている．配線には 10：1 プローブ2本，同軸ケーブルを用いる．オシロスコープのつまみや，ボタンの名称や機能については，53ページの「オシロスコープのパネル面」を参照せよ．10：1 プローブの使用法は「実験2」で習得済みである．

図4にファンクション・ジェネレータのパネル面とつまみの名称を示すので，以下の操作をするときに参照せよ．

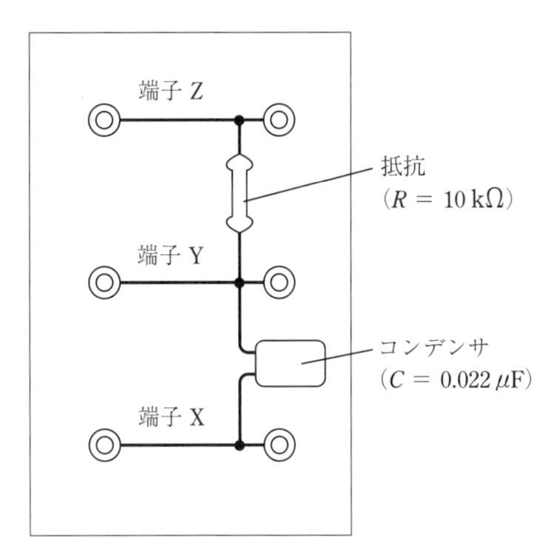

図 3　RC 配線盤

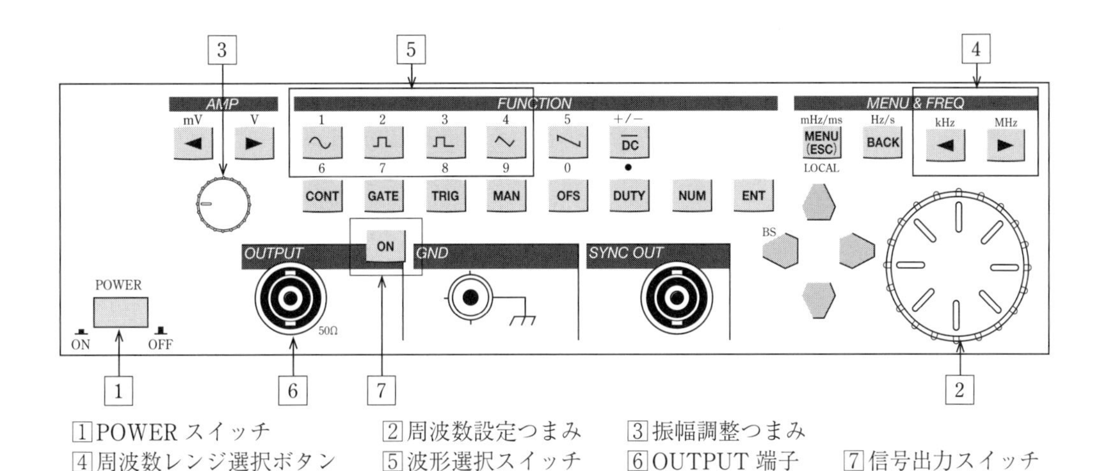

1 POWER スイッチ　2 周波数設定つまみ　3 振幅調整つまみ
4 周波数レンジ選択ボタン　5 波形選択スイッチ　6 OUTPUT 端子　7 信号出力スイッチ

図 4　ファンクション・ジェネレータの正面パネル

I.3　測定と測定データの整理

I.3.1　方形波の入力

ファンクション・ジェネレータを用いて RC 直列回路に方形波電圧を以下の手順に従って入力する．ファンクション・ジェネレータの調整としては，周波数設定つまみ 2 と，振幅調整つまみ 3，周波数レンジ選択ボタン 4，波形選択スイッチ 5，信号出力スイッチ 7 だけを使用する．それ以外のプッシュ・スイッチは押さない状態にしておく．

(1)　RC 配線盤の抵抗 (R = 10 kΩ) とコンデンサ (C = 0.022 μF) の端子 X, Y, Z の位置を確認する．

(2)　OUTPUT 端子 6 に同軸ケーブルを接続し，アース・リードのワニ口クリップ (黒色) を RC 配線盤の X に，信号側ワニ口クリップ (赤色) を Z につなぐ．

(3)　波形選択スイッチ 5 の方形波(⎍)を押し込む.

(4)　周波数設定つまみ 2 を回して，300 Hz に調整する．周波数表示を見ながら調整する.

(5)　信号出力スイッチ 7 を押して，点灯させると OUTPUT 端子 6 から信号が出力される.

I.3.2　方形波の観測

オシロスコープを用いて，入力した方形波を観測する．オシロスコープのつまみ，ボタンの番号は 53 ページ図 7 を参照する.

(6)　オシロスコープは電源スイッチ ㉝ を押し込むと，30 秒程度で起動する．そのままだと前回実験者の設定が残っており正しい測定がおこなえないため，Default Setup ボタン ⑧ を押し初期設定に戻す．画面中央に波形が表示されるはずである.

(7)　CH 1 Menu ボタン ⑳ を押す．初期設定ではプローブ倍率が 10 倍(画面上だと 10×)になっている．この設定では振幅が入力信号の 10 倍に表示されるため，1×に変更する．画面上に表示されたメニュー「Probe Setup」に対応した画面右隣のボタンを押すと，Multipurpose つまみ ① の左横のランプが緑色に点灯する．つまみを回して「Attenuation」を選択したら，Multipurpose つまみ ① を押し込む．その後 Multipurpose つまみ ① を左に回すことで，10×→ 5×→ 2×→ 1×と変化する．1×に合わせたらもう一度 Multipurpose つまみ ① を押し込むことで決定できる．後に CH 2 も使用するので，CH 2 Menu ボタン ㉓ を押し，同様の手順で Probe Setup を 1×にする．その後，もう一度 CH2 Menu ボタン ㉓ を押し，画面左下の CH 2 100 mV の表示を消す.

(8)　方形波の電圧を測定するために，CH 1 INPUT ㉕ に 10：1 プローブを接続し，プローブのアース・リードを端子 X に，プローブ先端のフックを端子 Z につなぐ．このときプローブのスイッチが×10 になっていることを確認する.

(9)　Horizontal Scale つまみ ㉙ を回し，画面中央下部に表示されている掃引時間(初期値は 4.00 μs/div)を 400 μs/div に設定する.

(10)　CH 1 Vertical Scale つまみ ㉑ を回し，画面左下に表示されている垂直軸感度(初期値は 100 mV/div)を 500 mV/div に設定する．画面上で方形波が観測できる.

(11)　ファンクション・ジェネレータの振幅調整つまみ 3 を回し，方形波の波高値がオシロスコープの画面上で 4.0 div になるように調整する．なお，ファンクション・ジェネレータに表示されている電圧は 50 Ω の負荷を接続した場合に印加される電圧を示しており，実際に回路にかかっている電圧とは異なる．そのため，今回はオシロスコープから電圧を読み取り，ファンクション・ジェネレータに表示される電圧は使用しない.

(12)　方形波をグラフ用紙にスケッチし，方形波の周波数や垂直軸と水平軸の設定などの測定条件を記録する.

I.3.3　過渡現象の測定

オシロスコープのCH 1とCH 2を使って抵抗とコンデンサにかかる電圧を同時に観測する．以下の手順に従ってプローブを接続し，オシロスコープを設定する．

(13)　オシロスコープのCH 2 Menuボタン㉓を押す．CH 2の波形(水色)が表示される．

(14)　コンデンサの電圧V_Cを測定するために，CH 1 INPUT⑨に接続したプローブのアース・リードを端子Yに，プローブ先端のフックを端子Xにつなぐ．

(15)　抵抗にかかる電圧V_Rを測定するために，CH 2 INPUT⑩に10：1プローブを接続し，プローブのアース・リードを端子Yに，プローブ先端のフックを端子Zにつなぐ．2本のプローブのスイッチが**×10**に入っていることを確認する．

(16)　Horizontal Scaleつまみ㉙を回し掃引時間を400 μs/divに設定する．

(17)　CH 1とCH 2のVertical Scaleつまみ㉑，㉔を回し，垂直感度を500 mV/divに設定する．

(18)　この接続ではオシロスコープに入力されるV_RとV_Cの信号が正負逆向きになっているので，極性を反転させる．CH 2 Menuボタン㉓を押し，画面上に表示されるメニューの中から「-more-」を選択する．「-more-」に対応した画面右横のボタンを押すと，Page2/2に切り替わる．表示されたメニューの中から「Invert」を選択，Onにする．これによって画面に表示されるV_RとV_Cの向きが同じになる．

(19)　CH 1とCH 2の波形の0レベル(電圧が0のときの表示位置)が中央にあるかを確認する．中央にない場合には，CH 1とCH 2のVertical Positionつまみ⑲，㉒を回して調整する．位置の確認には，目盛の左外側に表示される三角形の位置，およびVertical Positionつまみを回したときに画面左上に表示される[The Ch □ position is set to ○○ div]を参考にする．

これによりRC直列回路に方形波を入力したときに抵抗とコンデンサにかかる電圧，V_RおよびV_Cが図5のように観測される．

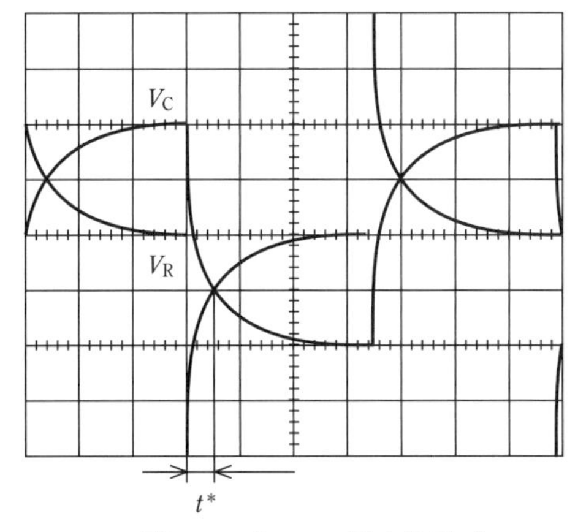

測定条件
f = 0.300 kHz
垂直軸
CH 1：0.5 V/div
CH 2：0.5 V/div
時間軸
0.5 ms/div
10：1プローブ使用

図5　V_RとV_Cの測定波形（τ～ 10 Tの場合）

(a) 過渡現象の観測

(20) V_R と V_C の波形を図 5 を参考にスケッチし，方形波周波数や垂直軸と水平軸の設定などの測定条件を記録する．

(21) t^* の測定は，Horizontal Scale つまみ ㉙ を回し，掃引時間表示を 200 μs/div に切り替えておこなう．V_R と V_C の交点の位置が読み取りにくいときには，Horizontal Position つまみ ㉗ を回し，読み取りやすい目盛のところまで波形を移動させるとよい．測定が終わったら，掃引時間を 400 μs/div に戻し，Horizontal Position つまみ ㉗ を回して，波形をもとの位置に戻しておく．

(22) Math ボタン ⑯ を押す．画面上に表示されるメニュー「Operator」が“+”になっていることを確認する．もし“−”や“×”になっている場合は，「Operator」を選択後，Multipurpose つまみ ① を回して“+”にする．「-more-」から「Vertical Scale」を選択した後，Multipurpose つまみを回して 500 mV に合わせる．これで，画面上には CH 1 と CH 2 を足し合わせた波形が表示される．これは，式(1)からわかるように，電圧 V_B に等しくなることから，ファンクション・ジェネレータから回路に供給している方形波と同じになっている．実験 I.3.2 で描いたスケッチと比較して両者が一致していることを確かめる．測定が終わったら，Math ボタン ⑯ を押して画面の表示を戻す．

(b) 微分波形の観測($\tau \ll T$ の場合)

時定数 τ が入力波の周期よりも十分に短い($\tau \ll T$)とき，RC 直列回路の抵抗の両端に現れる電圧 V_R は入力波 V_{in} の微分の形となる．ここでは方形波，三角形，正弦波を入力波 V_{in} とし，その微分波形を観測する．

(23) 図 6(a)を参考に，ファンクション・ジェネレータからの同軸ケーブルのアース・リードを RC 配線盤の Z に，信号クリップを X に接続する．オシロスコープの CH 1 INPUT と CH 2 INPUT に接続されたプローブのフックをそれぞれ X と Y に接続する．またプローブのアース・リードを両方とも Z に接続する．このように接続することによって CH 2 には V_R が入力される．

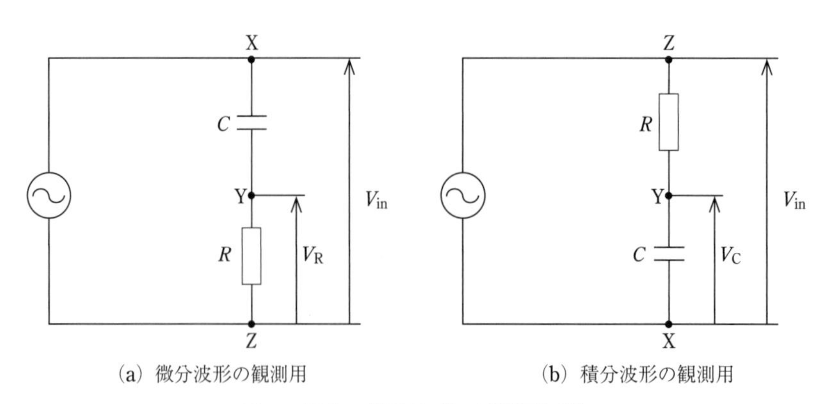

(a) 微分波形の観測用　　(b) 積分波形の観測用

図 6　微分・積分波形の観測用回路

(24) ファンクション・ジェネレータの周波数レンジ選択ボタン 4 を使い，周波数設定つまみ 2 により入力波の周波数を 50 Hz に調整する．このとき $\tau \ll T$ となる．

(25) オシロスコープの Horizontal Scale つまみ ㉙ を回し，掃引時間表示を 4 ms/div に切り替え，CH 1 と CH 2 ともに Vertical Scale つまみ ㉑，㉔ を回して 500 mV/div に設定する．この実験では CH 2 の極性を反転させる必要がないので，(18) と同じ手順で Invert を Off にする．Vertical Position つまみ ⑲，㉒ を回して，CH 1 の波形の 0 レベル（電圧が 0 のときの表示位置）を中央から上に 2 div，CH 2 の波形の 0 レベルを中央から下に 2 div の位置に合わせる．この際，目盛の左外側に表示される三角形の位置，および画面左上に表示される［The Ch □ position is set to ○○ div］を参考に調整する．

(26) ファンクション・ジェネレータの波形選択スイッチ 5 の方形波を押し込み，振幅調整つまみ 3 を調節して，図 7 のような波形が現れるようにする．画面の上段に入力波形，下段に微分波形が表示されるはずである．このときの画面をスケッチする．波形が静止しないときはオシロスコープの Trigger level ㉛ を調整する．

(27) ファンクション・ジェネレータの波形選択スイッチ 5 を三角波や正弦波に切り替え，微分波形が見やすいように Vertical Scale CH 2 つまみ ㉔ を 50 mV/div などに調節して画面をスケッチする．

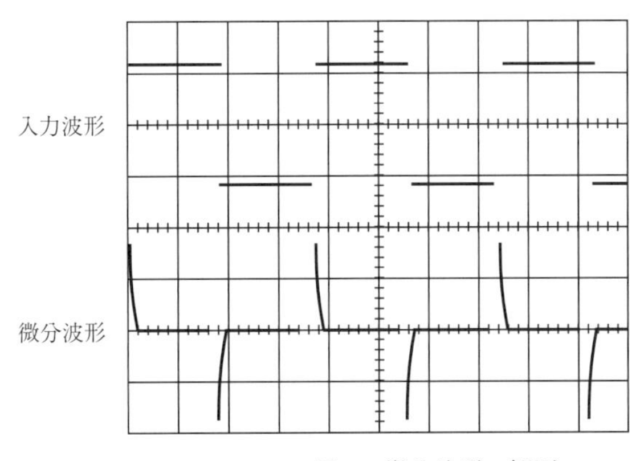

図 7　微分波形の観測

このように時定数 τ に比べて入力波の周期が十分長い場合には，RC 直列回路は微分回路として用いることができ，特に方形波の微分波形はコンピュータや測定器の中での処理を同期させるためのタイミング・パルスとして使われている．

(c) 積分波形の観測（$\tau \gg T$ の場合）

時定数 τ が入力波の周期よりも十分に長い（$\tau \gg T$）とき，RC 直列回路のコンデンサの両端に現れる電圧 V_C は入力波の積分の形となる．そこで入力波の周波数を上げて τ よりも周期を短くして積分波形の観測をおこなう．

(28) ファンクション・ジェネレータの周波数レンジ選択ボタン 4 を使い，入力波の周波数を 15 kHz に調整する．このとき $\tau \gg T$ となる．

(29)　図 6 (b) を参考に配線の Z と X を交換し，アース・リードが X に接続されるようにする．このように接続することによって CH 2 には V_C が入力される．

(30)　オシロスコープの Horizontal Scale つまみ ㉙ を 10 μs/div に切り替え，CH 2 の Vertical Scale つまみ ㉔ を 50 mV/div に合わせる．このとき，CH 1 と CH 2 の波形の位置が実験手順 (25) に示した位置にあることを確認する．もし，異なる場合は同様の手順で再調整する．

(31)　波形が見にくいときは Vertical Scale CH 2 つまみ ㉔ を調節する．

このように時定数 τ に比べて入力波の周期が十分短い場合には，RC 直列回路は積分回路として用いることができる．

I.4 検　討

以下の課題について検討し，ノートにまとめる．

(1)　電気抵抗 $R = 10\ \mathrm{k\Omega}$ と静電容量 $C = 0.022\ \mu\mathrm{F}$ から時定数 $\tau = RC$ を計算し，実験で t^* から求めた値と比較せよ．

(2)　過渡現象の測定 (b), (c) で入力した方形波の周波数から T (半周期) を計算し，τ の値と比較せよ．

(3)　観測した微分波形や積分波形と，入力波形を数学的に微分したり積分したりして得られる波形とを比較せよ．

(4)　RC 直列回路に電圧を加えてから定常状態に達するまでに，どのような現象が起こっているのかを，入力波および V_R, V_C の観測波形と照らし合わせて記述せよ．

実験［II］ RC 直列回路の周波数応答

II.1 原　理

RC 直列回路に正弦波の交流電圧を加えたときの，電圧や位相の周波数特性を調べる．これは RC 直列回路の応用を考えるうえで重要な特性である．図 8 に示すように，RC 直列回路に

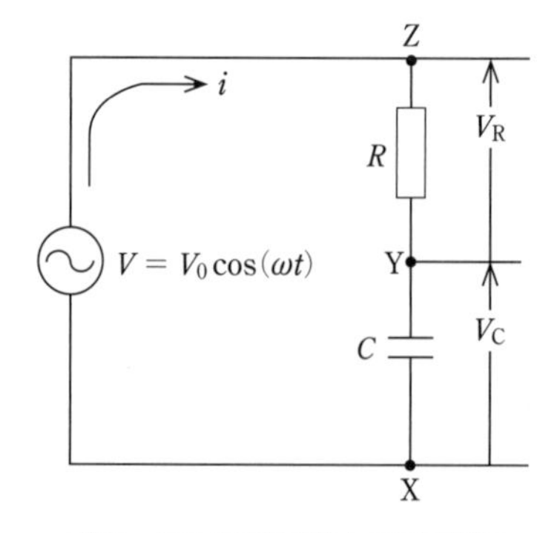

図 8　RC 直列回路と交流電源

角周波数 $\omega = 2\pi f$，振幅 V_0 の交流 $V = V_0 \cos(\omega t)$ が加えられた状態を考える．

コンデンサの電荷を q，回路に流れる電流を i とすると，キルヒホッフの法則より，式(1)，(2)と同様に，

$$V_0 \cos(\omega t) = V_R + V_C = R\frac{dq}{dt} + \frac{q}{C} \tag{12}$$

の関係が成り立つことがわかる．ここでは電源と同じ周期で変動する解 $q(t)$ を求めることにする．そこで $q(t) = q_0 \cos(\omega t + \phi)$ とおき，式(12)に代入して q_0 と ϕ を求めると

$$q_0 = V_0\frac{C}{\sqrt{1+\omega^2C^2R^2}} = V_0\frac{C}{\sqrt{1+\omega^2\tau^2}} \tag{13}$$

$$\phi = -\tan^{-1}(\omega CR) = -\tan^{-1}(\omega\tau) < 0 \tag{14}$$

を得る．ただし実験［I］で述べたように，時定数 $\tau = RC$ である．電流 i は，

$$i = \frac{dq}{dt} = V_0\frac{\omega C}{\sqrt{1+\omega^2\tau^2}}\cos\left(\omega t - |\phi| + \frac{\pi}{2}\right) \tag{15}$$

となり，V_R と V_C は

$$\begin{aligned} V_R = iR &= V_0\frac{\omega CR}{\sqrt{1+\omega^2\tau^2}}\cos\left(\omega t - |\phi| + \frac{\pi}{2}\right) \\ &= V_{R0}\cos\left(\omega t - |\phi| + \frac{\pi}{2}\right) \end{aligned} \tag{16}$$

$$\begin{aligned} V_C = \frac{q}{C} &= \frac{V_0}{\sqrt{1+\omega^2\tau^2}}\cos(\omega t - |\phi|) \\ &= V_{C0}\cos(\omega t - |\phi|) \end{aligned} \tag{17}$$

となる．ここで V_R と V_C の振幅をそれぞれ V_{R0} と V_{C0} で表してある．式(15)～(17)より，V_C は電源電圧 V より $|\phi|$ だけ位相が遅れていて，電流 i と抵抗の端子間電圧 V_R はコンデンサの端子間電圧 V_C に対して常に $\pi/2$ だけ位相が進んでいることがわかる．V と V_C の時間変化の一例を図9に示す．入力電圧に対する出力電圧の比を**利得** G(gain)とよび，いまの場合は V が入力電圧であり，V_C を出力電圧とすると，利得 G は

$$G = \frac{V_{C0}}{V_0} = \frac{1}{\sqrt{1+\omega^2\tau^2}} \tag{18}$$

で与えられる．実用上は G の代わりに

$$N = 20\log_{10}|G| \tag{19}$$

が用いられ，単位に**デシベル**(記号は dB)が使われている．

II.2　実験装置

実験［I］と同様にオシロスコープ，ファンクション・ジェネレータ，10：1プローブ2本，同軸ケーブル，RC配線盤($R = 10\,\mathrm{k\Omega}$ の抵抗，$C = 0.022\,\mu\mathrm{F}$ のコンデンサ)を用いる．

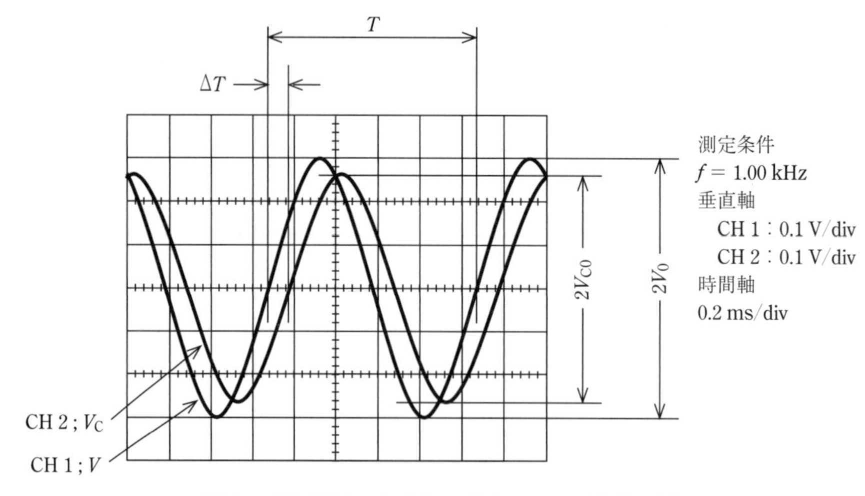

図 9 交流電圧 V とそれに対する V_C の波形の例

II.3 測定と測定データの整理

II.3.1 測定準備

(1) RC 直列回路に入力している正弦波 V の電圧を測定するために，CH 1 の 10：1 プローブのアース・リードを RC 配線盤の X 端子に，プローブ先端のフックを Z 端子につなぐ．

(2) コンデンサの電圧 V_C を測定するために，CH 2 のプローブのアース・リードを RC 配線盤の X 端子に，プローブ先端のフックを Y 端子につなぐ．

(3) オシロスコープの Horizontal Scale つまみ ㉙ を 200 μs/div に，CH 1 と CH 2 の Vertical Scale つまみ ㉑，㉔ を 100 mV/div に設定する．

(4) CH 1 と CH 2 の Vertical Position つまみ ⑲，㉒ を回し，画面左の三角形を見ながら，波形の 0 レベルを画面中央の水平軸および垂直軸に合わせる．このとき，画面左上に［The Ch (1or2) position is set to 0 div］と表示されることを確かめる．

(5) ファンクション・ジェネレータの波形選択スイッチ 5 を正弦波（〜）にして，周波数を 1 kHz に調整する．するとオシロスコープの画面上に図 9 のような波形が現れる．信号が静止しないときには，オシロスコープの TRIG LEVEL（トリガ・レベル調整つまみ）㉞ を回して調整する．

(6) オシロスコープの画面を見ながら，入力電圧の波高値が 6.0 V（図 9 の 2 V_0 が 6.0div）となるように，ファンクション・ジェネレータの振幅調整つまみ 3 を調整する．なお，ファンクション・ジェネレータに表示されている電圧は 50 Ω の負荷を接続した場合に印加される電圧を示しており，実際に回路にかかっている電圧とは異なる．そのため，今回はオシロスコープから電圧を読み取り，ファンクション・ジェネレータに表示される電圧は使用しない．

(7)　Measureボタン⑥を押し，Multipurposeつまみ①を使用して画面上のメニューの中から「Peak-to-Peak」を選択する．Multipurposeつまみ①を押下し，選択した文字の左横に□マークが出ていれば選択できている．CH 1とCH 2両方について選択したら，Menu On/Offボタン⑬で戻る．画面左下に波高値がCH 1 Pk-to-Pk ○○ mV　CH 2 Pk-to-Pk ○○ mVと表示されているはずである．以降，波高値を読み取る際は，左下の数値を活用してよい．ただし，目測でも0.1 divまで読み取って値の妥当性を確かめること．

II.3.2　測　　定

(a)　利得 G の周波数依存性の測定

入力する正弦波の周波数 f を表1に示すような値で0.1 kHzから100 kHzまで順次変化させ，V_0 と V_{C0} を測定する．周波数を変更するときには必要に応じてファンクション・ジェネレータの周波数レンジ選択ボタン4を切り替える．以下の手順で測定を行う．

(1)　周波数をセットしたら，ファンクション・ジェネレータに表示された周波数を表1に記録する．交流波形を画面上に1から2周期程度表示させるように，Horizontal Scaleつまみ

表1　利得 G の周波数依存性の測定

周波数 f [kHz]	コンデンサの端子間電圧の波高値 $2V_{C0}$			利得 G	
	目盛の読み [div]	垂直軸感度 [V/div]	電圧 $2V_{C0}$ [V]	実測値 $\frac{2V_{C0}}{2V_0}$	式(18)による計算値 $\frac{1}{\sqrt{1+\omega^2\tau^2}}$
0.100					
0.150					
0.220					
0.330					
0.480					
0.680					
1.00					
1.50					
2.20					
3.30					
4.80					
6.80					
10.0					
15.0					
22.0					
33.0					
48.0					
68.0					
100.0					

㉙を調整し，周波数を変えるごとに，CH 1 で測定している波高値 $2\,V_0$ が 6.0 V になっていることを確認する．もし 6.0 V からずれていたらファンクション・ジェネレータの振幅調整つまみ [3] で調整する．

(2)　CH 2 の波高値 $2V_{C0}$ を読み取って表 1 に記録する．このとき波高値が画面上でできるだけ大きくなるように Vertical Scale CH 2 つまみ㉔を調節し，垂直軸感度 [V/div] も表 1 に記録する．Vertical Position CH 2 つまみ㉒によって波形の底を下の方にある目盛線に，Horizontal Position つまみ㉗によって波形の頂点が画面中央の目盛線にくるようにそれぞれ合わせる．このように表示させることで，目測で値が認識しやすくなる．電圧を計算するときには，10：1 プローブを用いていることに注意すること．

(3)　利得 G を $G = \dfrac{2\,V_{C0}}{2\,V_0} = \dfrac{2\,V_{C0}}{6.0}$ で求めて表 1 に記入する．

(4)　利得 G と周波数 f との関係を図 10 に示すように両対数のグラフ用紙にプロットする．グラフを見ると，表 1 に指示した周波数で測定する理由がわかるであろう．対数目盛に対しておよそ等間隔になるように測定したのである．

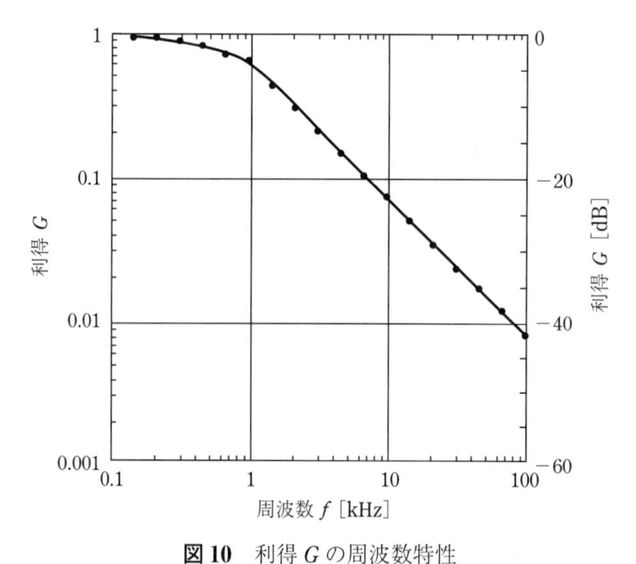

図 10　利得 G の周波数特性

(b)　位相差 ϕ の周波数依存性の測定

実験 2 でもおこなったように，リサージュ図形を用いて位相差 ϕ を測定する．リサージュ図形から位相差を求める方法は，周波数を変えても時間軸を調整する必要がないことや，特に位相差の小さいときに高精度な測定ができるなどの長所をもつ．実験 2 で説明したようにリサージュ図形から V_1，V_2 を読み取ることで位相差を求めることができる．ここでは，次の手順に従って，周波数 f を利得 G の測定の時と同様に変化させて，33 Hz から 22 kHz の範囲で測定する．Horizontal Acquire ボタンを押し，画面上のメニュー「-more-」から page2/2 の「XY Display」を選択する．X-Y 動作モードで画面表示される．

(1)　CH 1 と CH 2 ともに Vertical Scale つまみ ㉑，㉔ を 10 mV/div にセットする．

(2)　枠外左および上部の三角形を見ながら Vertical Position つまみ ⑲，㉒ を回し，CH 1，CH 2 ともに 0 div にセットする．画面左上に［The Ch (1or2) position is set to 0 div］と表示されることを確かめる．

(3)　水平方向は Vertical Position CH 1 つまみ ⑲ で，垂直方向は Vertical PositionCH 2 つまみ ㉒ で調整して，0 レベルを画面中心にする．それからファンクション・ジェネレータの振幅調整つまみ [3] を反時計回りいっぱいに回す．

(4)　ファンクション・ジェネレータの周波数を設定するごとに，V_1 が 6.0 div となるように振幅調整つまみ [3] を調整する．周波数と V_2 を読み取って表 2 に記録する．図形が横に長くなりすぎて V_1 が読み取れなくなったら，Vertical Scale CH 1 つまみ ㉑ を回して調節する．

(5)　実験 2 で示したリサージュ図形から求めた位相差 $|\phi| = \sin^{-1}\dfrac{V_2}{V_1} = \sin^{-1}\dfrac{V_2}{6.0}$ より ϕ を計算して表 2 に記入する．位相差 ϕ の周波数依存性を図 11 のような片対数グラフ用紙にプロットする．

(c)　高周波雑音を除去する

RC 直列回路において高い周波数で V_C が小さくなることの応用例として，高周波の雑音 (noise) を取り除く実験をおこなう．図 12 に模式的に示すように，適当な R と C を選んで回路を設計すれば，高周波雑音を含んだ信号から，雑音を取り除くことができる．

表 2　位相差 ϕ の周波数依存性の測定

周波数 f [kHz]	目盛の読み V_2 [div]	位相差 ϕ [°]	
		実測値 $-\sin^{-1}\dfrac{V_2}{V_1}$	式 (14) による計算値 $-\tan^{-1}(\omega\tau)$
0.033			
0.049			
0.068			
0.103			
0.157			
0.223			
0.331			
0.485			
0.682			
⋮			
22.1			

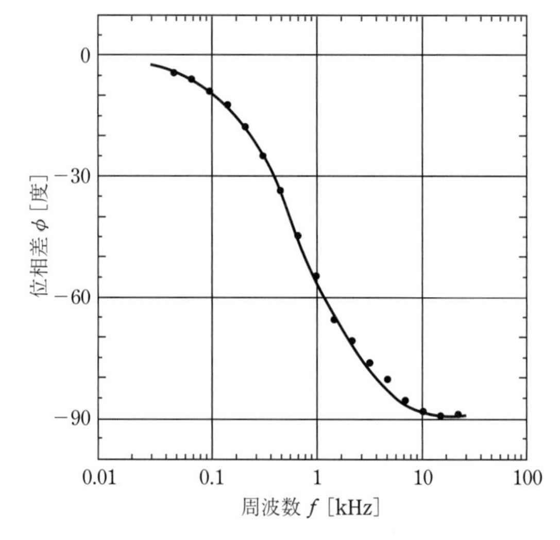

図 11　位相差 ϕ の周波数依存性

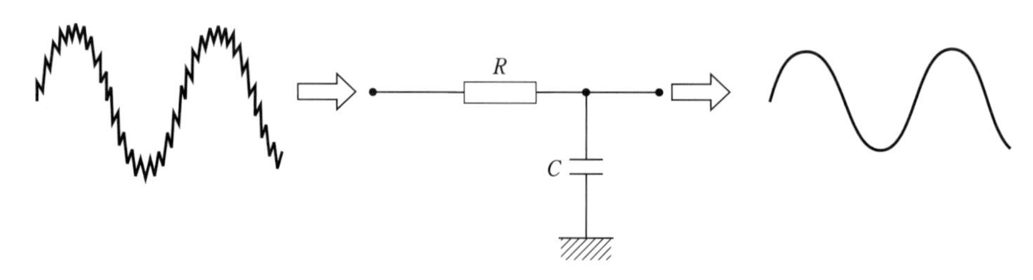

図 12　低域通過フィルタの応用例(高周波雑音の除去)

(1)　オシロスコープの Horizontal Scale つまみ㉙を 200 μs/div，Vertical Scale つまみ㉑，㉔を CH 1，2 ともに 100 mV/div にセットする．CH 1 と CH 2 の波形の位置を，I.3.3(b)(25)と同様に中央の水平軸から上下 2 div の位置に合わせる．

(2)　図 13 を参考にオシロスコープと 2 台のファンクション・ジェネレータを RC 直列回路に接続する．

(3)　ファンクション・ジェネレータ A で周波数が約 1 kHz，波高値が約 3 div の正弦波を発生させる．この正弦波が目的の信号に相当する．

(4)　ファンクション・ジェネレータ B で周波数が 30 kHz の雑音に相当する三角波を発生させ，振幅調整つまみ③を回して図 12 の左側のような波形(高周波雑音を含んだ信号 V_{in})が表示されるように調節する．トリガーレベルを調整しても波形が静止しないときは，ジェネレータ A の周波数を少しだけ変えてみる．

(5)　CH 2 の信号 V_C が，図 12 の右側のように，ぎざぎざがかなりとれた波形になっていることを確認してから，画面をスケッチする．

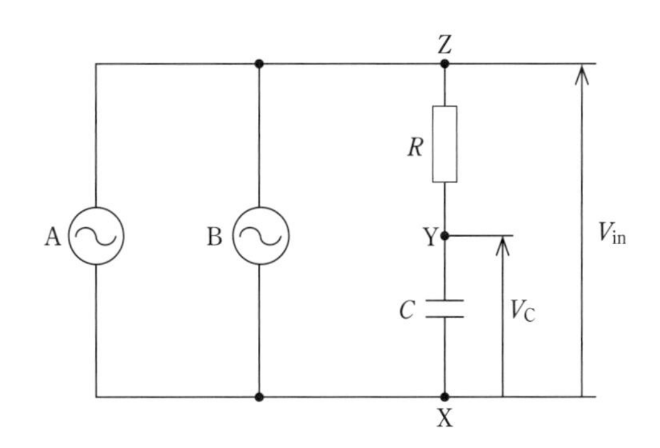

図 13 高周波雑音の消去の実験

II.4 検　討

以下の課題について検討し，ノートにまとめる．

(1) 実験［I］で計算して求めた時定数 τ と周波数 f を式(18)と式(14)に代入し，各周波数に対する利得 G と位相差 ϕ を計算して，表1と表2に計算値として記入せよ(計算に用いる角周波数は $\omega = 2\pi f$ である)．次に測定結果のグラフ(図10と図11)に計算値をプロットして，測定結果と比較せよ．

(2) 利得の周波数依存性より，周波数の高い正弦波交流はコンデンサの両端に現れにくくなることがわかる．RとCを図12のようにおいたRC直列回路は，このような特性をもつことから**低域通過フィルタ**(low pass filter)と呼ばれている．利得は，式(18)からわかるように，時定数 τ と角周波数 ω の積 $\omega\tau = 1$ のところで $1/\sqrt{2}$ に落ちるが，この周波数 $f_C = \omega/2\pi = \dfrac{1}{2\pi RC}$ を**遮断周波数**(cutoff frequency)と呼び，低域通過フィルタの通過域と定義している．また，式(14)からわかるように，$\omega\tau = 1$ のところでは位相差 $\phi = -45^\circ$ となる．

そこで，位相差 ϕ の周波数依存性のグラフ上で位相差 $\phi = 45^\circ$ となるところから遮断周波数 f_C を求めよ．また，その周波数 f_C で利得 G が $1/\sqrt{2}$ となっていることを，利得 G の周波数依存性のグラフ(図10)上で確かめよ．

電力は振幅の2乗に比例するので，遮断周波数のところで入力電力と出力電力の比が1/2となることを注意しておこう．

(3) RC直列回路によって高周波雑音が除去できる理由を考えよ．

(4) 利得 G の周波数特性，および式(11)の関係を用いて，低い周波数のときには V_R が入力波の微分形，高い周波数のときには V_C が入力波の積分形になる理由について考察せよ．
(ヒント：$G \to 1$ のときに $V_C \to V_{in}$，$G \to 0$ のときに $V_R \to V_{in}$ である)

実験 14　RLC 直列回路

目　　的

オシロスコープを用いて抵抗 R，コイル L，コンデンサ C による直列回路の電気的特性を測定し，R，L，C 各素子の動作を理解する．実験 [I] では周波数を変えながら回路に正弦波を加え，共振特性を測定する．実験 [II] では，過渡現象を調べるために回路に方形波を加えて減衰振動の特性を測定する．

実験 [I]　RLC 直列回路の共振特性

I.1　原　　理

I.1.1　インピーダンス

回路に交流を加えたときに，回路に発生した電圧と電流の振幅比を**インピーダンス**という．インピーダンスは，交流に対する広い意味での「抵抗」と考えることができる．そこで，回路素子である抵抗，コイル，コンデンサに**角周波数** $\omega = 2\pi f$（f は周波数），振幅 I_0 の正弦波電流を加えた場合の，電流と電圧の関係を考える．

(1)　抵　　抗

抵抗だけの回路があるとき，抵抗（電気抵抗 R）にかかる電圧 V_R は，電流 I を $I = I_0 \sin \omega t$（t は時間）とすると，

$$V_\mathrm{R} = RI = V_\mathrm{R0} \sin \omega t, \qquad V_\mathrm{R0} = RI_0 \tag{1}$$

で表される．抵抗では電圧と電流の位相は同相であり，電気抵抗 R の抵抗のインピーダンスも R である．抵抗の場合には，直流に対する電気抵抗と交流に対するインピーダンスとは等しい．

(2)　コ　イ　ル

コイルに電流 I を流すと，コイル周辺に磁束密度 B が生じる．コイルを貫く磁束を Φ とすると，ファラデーの電磁誘導の法則により，Φ の時間的変化に比例する逆起電力 V がコイルに生じる．加えた電圧を V_L とすると，$V_\mathrm{L} = -V$ となり，

$$V_\mathrm{L} = \frac{\mathrm{d}\Phi}{\mathrm{d}t} = L\frac{\mathrm{d}I}{\mathrm{d}t}$$

が成り立つ．ここで比例係数 L は**自己インダクタンス**とよばれる量で，単位は H（ヘンリー）である．この式において，$I = I_0 \sin \omega t$ とすると

$$V_\mathrm{L} = V_\mathrm{L0} \sin\left(\omega t + \frac{\pi}{2}\right), \qquad V_\mathrm{L0} = \omega L I_0 \tag{2}$$

となるので，コイルでは電圧の位相が電流より $\pi/2$ 進むことがわかる．また式(2)の第 2 式をオームの法則 $V=RI$ と対比させることにより，ωL が抵抗に似た性質をもつことがわかる．この ωL をコイルのインピーダンスという．

(3) コンデンサ

コンデンサの**静電容量** C は，電荷 q とコンデンサにかかる電圧 V_{C} の比 $C=q/V_{\mathrm{C}}$ で与えられ，V_{C} が時間的に変化するとき電荷 q も変化するので，電流 I は，

$$I=\frac{\mathrm{d}q}{\mathrm{d}t}$$

で表される．これより $q=\int I\,\mathrm{d}t$ となり，電圧 V_{C} は，

$$V_{\mathrm{C}}=\frac{1}{C}\int I\,\mathrm{d}t$$

となる．したがって，$I=I_0\sin\omega t$ とすると

$$V_{\mathrm{C}}=V_{\mathrm{C0}}\sin\left(\omega t-\frac{\pi}{2}\right),\qquad V_{\mathrm{C0}}=\frac{1}{\omega C}I_0 \tag{3}$$

となるので，コンデンサにおいては電圧の位相が電流よりも $\pi/2$ 遅れることがわかる．$\dfrac{1}{\omega C}$ をコンデンサのインピーダンスという．

抵抗，コイル，コンデンサの回路および電流と電圧の関係を図 1〜3 に示す．右端の図では横軸に電流ベクトルをとっていて，電圧ベクトルの大きさは電圧の振幅に等しく，横軸からの

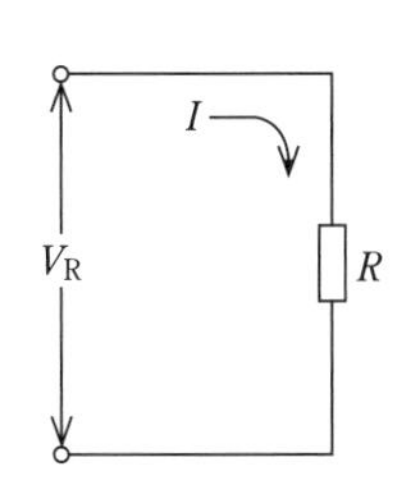

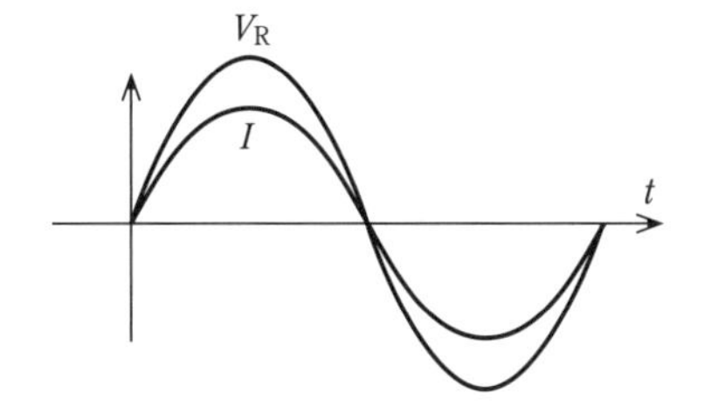

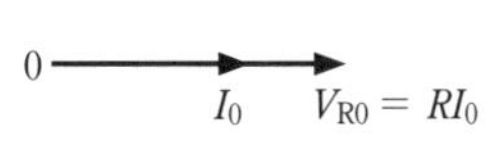

図 1　電流に対する電圧の関係（抵抗の場合）

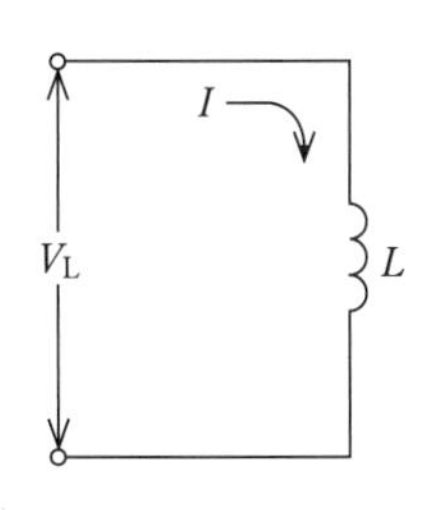

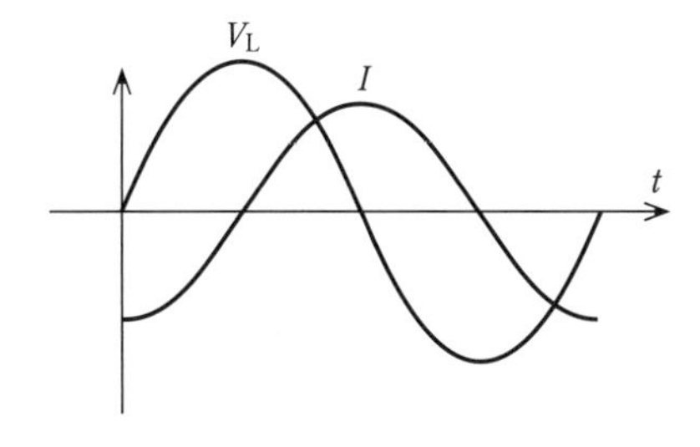

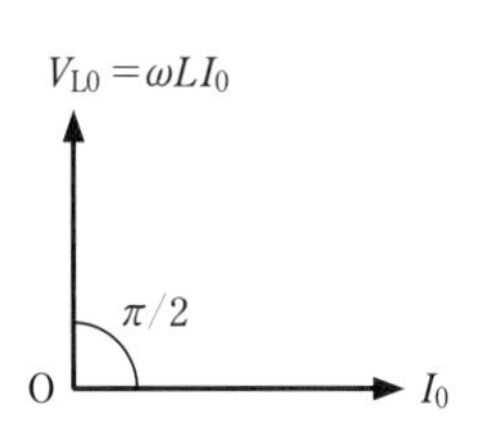

図 2　電流に対する電圧の関係（コイルの場合）

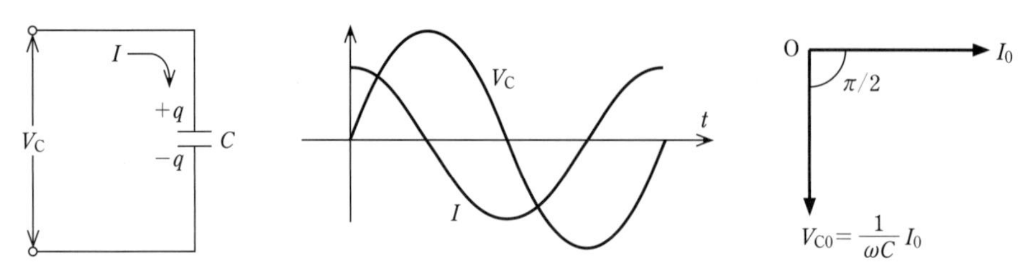

図 3　電流に対する電圧の関係（コンデンサの場合）

角度が電流に対する電圧の位相を表す．ここでは横軸から反時計まわりに回転する角を正としている．

(4)　RLC 直列回路

図 4 のような抵抗 R，コイル L，コンデンサ C を直列に接続した回路に交流電圧 V（振幅 V_0）を加えた場合，回路の電圧 V はキルヒホッフの法則から，

$$V = V_R + V_L + V_C \tag{4}$$

で表される．この回路に流れる電流を $I = I_0 \sin \omega t$ とすると式 (4) は式 (1)〜(3) から

$$V = V_0 \sin(\omega t + \phi) \tag{5}$$

$$V_0 = ZI_0$$

$$Z = \sqrt{R^2 + \left(\omega L - \frac{1}{\omega C}\right)^2}$$

$$\tan \phi = \left(\omega L - \frac{1}{\omega C}\right) \Big/ R$$

となる．ここで ϕ は電流に対する電圧の位相差で，Z はこの回路の**合成インピーダンス**である[注]．以上の関係から，図 4 に示すように，電圧ベクトルの間にはベクトルの合成法則が成り立っていることがわかる．

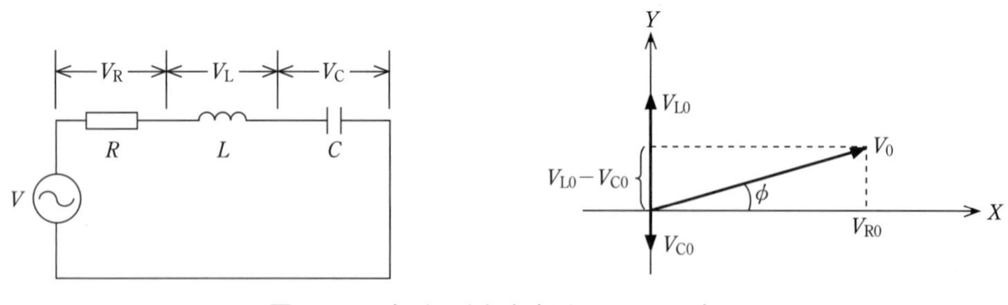

図 4　RLC 直列回路と合成則のベクトル表示

注　一般にインピーダンスは複素数表示 $\dot{Z} = X + iY$（X は電気抵抗，Y は**リアクタンス**，$i = \sqrt{-1}$）で記述されるが，ここではその絶対値 $Z = \sqrt{X^2 + Y^2}$ と位相 $\phi = \tan^{-1}(Y/X)$ だけを議論している．ベクトル表示した図は複素平面に対応している．ここで注意しなければいけないのは，インピーダンスは電気抵抗と同じ次元（単位）をもっているが，電気抵抗とは本質的に異なる

ということである．電磁的エネルギーは，抵抗においてはジュール熱を発生して消費されるが，コイルやコンデンサにおいては消費されない(《参考》を参照)．

I.1.2　RLC 直列回路の共振現象

式(5)において ϕ は，$\omega L > \dfrac{1}{\omega C}$ のときには回路に加えた正弦波電圧に対する電流の位相の遅れを表し，$\omega L < \dfrac{1}{\omega C}$ のときには位相の進みを表している．特に $\omega L = \dfrac{1}{\omega C}$ のときには $\phi = 0$ となって電圧と電流が同相となり，インピーダンス Z は最小値($Z = R$)を示す．このときの ω を ω_0 とすると $\omega_0 = 2\pi f_0$ より周波数 f_0 は

$$f_0 = \frac{1}{2\pi\sqrt{LC}} \qquad (\omega_0 = 2\pi f_0) \tag{6}$$

となる．この周波数 f_0 を**共振周波数**という．周波数 f とインピーダンス Z との関係を示すと図5のようになる．

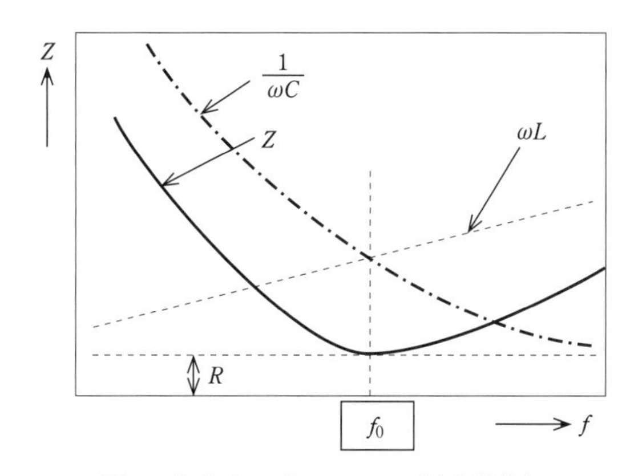

図5　合成インピーダンスの周波数特性

式(5)より，I_0, V_{R0}, および位相差 ϕ は，無次元の**回路定数** Q (quality factor)を導入した次式

$$Q = \frac{\omega_0 L}{R} = \frac{1}{R\omega_0 C} = \frac{\sqrt{L/C}}{R} \tag{7}$$

を用いると

$$I_0 = \frac{V_0}{\sqrt{R^2+(\omega L - 1/\omega C)^2}} = \sqrt{\frac{C}{L}}\frac{V_0 Q}{\sqrt{1+\left(\dfrac{\omega}{\omega_0}-\dfrac{\omega_0}{\omega}\right)^2 Q^2}}$$

$$V_{R0} = RI_0 = \frac{V_0}{\sqrt{1+\left(\dfrac{\omega}{\omega_0}-\dfrac{\omega_0}{\omega}\right)^2 Q^2}}, \qquad \tan\phi = \left(\frac{\omega_0}{\omega}-\frac{\omega}{\omega_0}\right)Q \tag{8}$$

で与えられる．したがって共振周波数 f_0 近傍ではインピーダンスが小さくなり，回路を流れる電流が大きくなる．電流 I_0 は周波数 f_0 で最大となるが，その最大電流は，式(8)で明らか

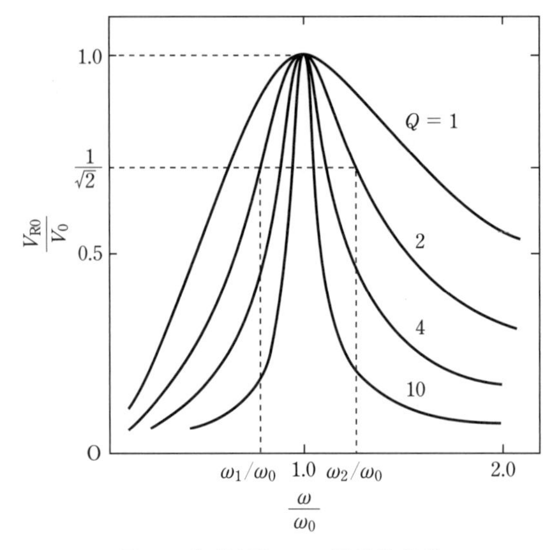

図 6　電圧振幅 V_{R0} の周波数特性

なように，Q に比例する．このため抵抗に発生する電圧振幅 V_{R0} を周波数 $f(=\omega/2\pi)$ の関数として測定すると，V_{R0} は f_0 で最大値 V_0 をとる．この様子をいくつかの回路定数 Q について示したものが図 6 である．ここでは横軸として $\omega/\omega_0(=f/f_0)$ を，縦軸として V_{R0}/V_0 をとっている．図を見ると Q が大きいほど鋭いピークを示していることがわかる．

共振の鋭さは，**共振の幅**で示すことができるので，ここで共振の幅と Q との関係を考える．V_{R0} が $V_0/\sqrt{2}$ の値をとるときの周波数を f_1 と f_2 として，共振の幅 Δf を $\Delta f = f_2 - f_1$ で表すと，周波数 f_1 と f_2 は

$$f_{1,2} = f_0\left\{\sqrt{1+\frac{1}{4Q^2}} \pm \frac{1}{2Q}\right\} \tag{9}$$

である．したがって共振の幅 Δf と回路定数 Q との関係は

$$\frac{f_0}{f_2 - f_1} = \frac{\omega_0}{\omega_2 - \omega_1} = Q \tag{10}$$

で与えられる．式(10)は電子回路における ***Q* 値**の定義である．Q 値は共振の鋭さを表す．

式(7)より，L と C を一定としたとき，R を小さくすると Q が大きくなって共振が鋭くなることがわかる．共振周波数付近における周波数と振幅の関係を**共振特性**という．

I.2　装　　置

ファンクション・ジェネレータ，回路ボックス，オシロスコープ，接続ケーブルを用いる．回路ボックス内には，この実験で使用する抵抗($R = 500\,\Omega$)，コイル($L = 10\,\mathrm{mH}$)，コンデンサ($C = 0.001\,\mu\mathrm{F}$)が直列に接続してある．R の許容差は ±5%(記号 J)，L の許容差は ±5%(記号 J)，C の許容差は ±10%(記号 K)である．J や K などの記号は許容差(19 ページ参照)を表すもので JIS によって定められている．

I.3 測定準備

ファンクション・ジェネレータの出力端子，回路ボックス，オシロスコープの入力端子の間を，接続ケーブルを用いて図7のように接続する.

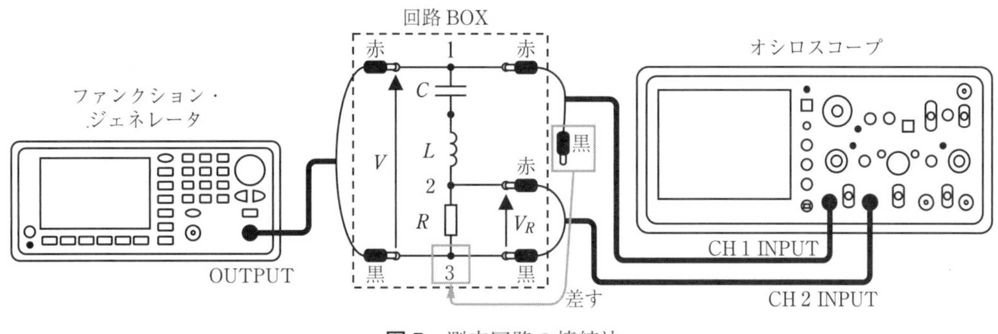

図7 測定回路の接続法

ファンクション・ジェネレータ(KEYSIGHT 33509B)前面左下の電源ボタンを押す. 画面が立ち上がってからボタンを操作する.

【ファンクション・ジェネレータ(KEYSIGHT 33509B)の基本的な使い方】

① 画面右のボタンから設定したい項目を選ぶ. 本実験では,「Waveforms」,「Parameters」,「Channel」を使う.

② 画面下側に設定項目の詳細が表示されるので，該当する項目の直下にある青い選択ボタンを押す.

- 「Waveforms」ボタン →「Sine」 … 正弦波に設定
  →「Square」 … 方形波に設定
- 「Parameters」ボタン →「Frequency」… 周波数設定モードに移行
  →「Amplitude」… 電圧設定モードに移行
- 「Channel」ボタン →「Output」 … 出力のON・OFF切替

③ 周波数や電圧などの各設定モードに移行すると，画面上で設定値がハイライトされる. 値を設定する方法は以下の2種類ある.

- 数字ボタンを押して，対応する単位の青いボタンを押す.
  周波数設定モード →「1」,「0」の数字ボタン →「kHz」の青いボタン → 10 kHz
- 回転つまみとその下の左右ボタンで値を増減させる.
  左右ボタンで増減させたい桁を選択 → 回転つまみ左回しで減少，右回しで増大

上記の方法を参考に,「Waveforms」ボタンから「Sine」を選択して正弦波に設定する. 続いて,「Parameters」ボタンから「Frequency」を選択して周波数を10 kHzに設定する.

実験2でもおこなったオシロスコープの最初の設定をおこなう. まず，Default Setupボタ

ン⑧を押しオシロスコープを初期設定に戻す．次に初期設定ではプローブ倍率が10倍（画面上だと10×）になっているため，1×に変更する．CH 1 Menu ボタン⑳を押す．画面上に表示されたメニュー「Probe Setup」を選択すると，Multipurpose つまみ①の横のランプが緑色に点灯する．Multipurpose つまみ①を回して「Attenuation」を選択し，つまみを押し込むことでプローブ倍率設定画面が表示される．Multipurpose つまみを左に回して，1×を選択し，つまみを押し込んでプローブ倍率を1倍に設定する．後にCH 2も使用するので，CH 2 Menu ボタン㉓を押し，同様の手順でProbe Setupを1×にする．その後，もう一度CH 2 Menu ボタン㉓を押し，画面左下のCH 2 100 mVの表示を消す．その後，CH 1，CH 2の Vertical Scale つまみ㉑,㉔を1.0 V/divに，Horizontal Scale つまみ㉙を10 μs/divに設定する．

I.4 測　定

(1) ファンクション・ジェネレータの「Parameters」ボタンから「Amplitude」を選択して，6 V_{pp} に設定する．「Channel」ボタンから「Output」を選択して，出力をONにする．オシロスコープの画面上でCH 1の波高値 $(2V_0)$ が6.0 Vになるよう「Amplitude」を微調整する．波形が制止しないときは，Trigger level（トリガ・レベル調整つまみ）㉛を調節する．

(2) ファンクション・ジェネレータで「Frequency」を選択して周波数を10 kHzから100 kHzまで変化させ，画面上の波高値を測定し表1に記入する．CH 1が入力電圧 V，CH 2が抵抗 R に発生した電圧 V_R を示している．10〜40 kHzと60〜100 kHzの間は10 kHz刻みで周波数を変える．このとき，上述の回転つまみを使った方法で周波数を変化させると操作がしやすい．波高値の測定法については実験2を参照し，0.1 divまで読み取る．

表1　RLC直列回路の共振特性データ

周波数 f [kHz]	$2V_0$ [V]	$2V_{R0}$ [V]	$\frac{V_{R0}}{V_{R0}(MAX)}$
10	6.0	0.2	0.04
20	6.0	0.4	0.08
⋮	⋮	⋮	⋮
48	5.6	4.8	0.98
49	5.6	4.9(MAX)	1.00
50	5.6	4.8	0.98
⋮	⋮	⋮	⋮
90	6.0	0.8	0.16
100	6.0	0.6	0.12

(3) 水平軸のAcquireボタン㉘を押し，メニューpage2/2のXY Displayを選択すると，X-Y動作モードに移行し，リサージュ図形が表示される．リサージュ図形を用いた位相差の測定方法については，実験2を参照せよ．

表2　共振周波数 f_0 と回路定数 Q

データの種類	共振周波数 f_0 [kHz]	回路定数 Q
V_{R0}(MAX)による測定結果		
共振特性のグラフによる読取値		
位相差 $\phi=0$ による測定結果		
計算値		
不確かさの範囲		

I.5　測定データの整理

(1)　V_{R0}/V_{R0}(MAX)を計算して表1に記入する．V_{R0}(MAX)とは V_{R0} の最大値のことである．図6においては V_{R0} の最大値は V_0 に等しかったが，実際の回路の場合には，コイルなどにも電気抵抗があるために，V_{R0}(MAX)と V_0 は等しくならない[注]．表1のデータから図8を参考にして共振特性のグラフをグラフ用紙に大きく作成する．グラフから周波数を読み取る必要があるので，グラフ用紙を横置きにして使うとよい．共振特性のグラフから共振周波数を求めて表2に記入する．

(2)　$V_{R0}/V_{R0}(\mathrm{MAX})=1/\sqrt{2}$ となるときの周波数幅 $\Delta f=f_2-f_1$ を共振特性のグラフから読み取り，回路定数 Q を式(10)から求めて表2に記入する．

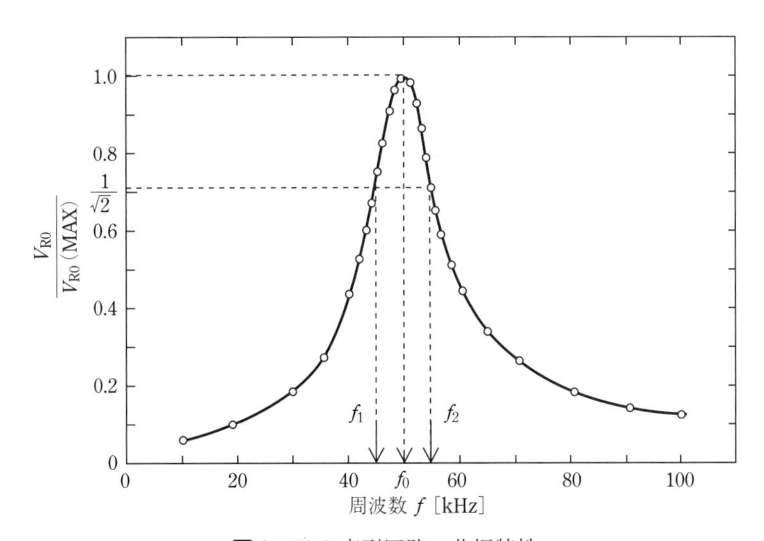

図8　RLC直列回路の共振特性

注　現実のコイルは理想的なコイルではなく，電気抵抗や静電容量をもっている．同様にすべて現実の回路素子は，多少の電気抵抗，インダクタンス，静電容量をもっている．

I.6 検　討

以下の課題について検討し，ノートにまとめる．

(1) 共振周波数 f_0 について，測定によって求めた値と，式(6)に $L = 10$ mH，$C = 0.001$ μF を代入して求めた計算値とを比較し，その違いについて考えよ．

(2) 測定によって求めた Q と，式(7)に R, L, C の値を代入して求めた計算値とを比較し，その違いについて考えよ．ただしこの実験においては，電気抵抗 $R = 500\,\Omega$ にコイルの抵抗成分約 $20\,\Omega$ とファンクションジェネレータの出力抵抗約 $50\,\Omega$ を加算して考える必要があるので，計算式から Q を見積もるときには $R = 570\,\Omega$ を代入する．

(3) 共振周波数を測定する場合，共振特性から求める方法よりもリサージュ図形から求めるほうが精度がよい．その理由を考えよ．
（ヒント：共振特性を測定するとき，共振周波数 f_0 付近で周波数 f を 0.1 kHz きざみで変化させたら，どのような結果がえられるだろうか．時間があったら実験して確かめてみるとよい．）

実験［II］　減 衰 振 動

II.1 原　理

回路にパルスやステップ状の信号を加えたときの，定常状態になるまでのふるまいを**過渡現象**という(156 ページの実験 13「原理」を参照)．ここでは，RLC 直列回路における過渡現象を調べるために，図 9(a)に示すような方形波(矩形波(くけいは))とよばれるステップ状の電圧を加える場合を考える．RLC 直列回路においては式(4)より

$$V = V_{\mathrm{L}} + V_{\mathrm{R}} + V_{\mathrm{C}} = L\frac{\mathrm{d}I}{\mathrm{d}t} + RI + \frac{1}{C}\int I\,\mathrm{d}t \tag{11}$$

が成立する．両辺を時間 t で微分して L で割ると

$$\frac{1}{L}\frac{\mathrm{d}V}{\mathrm{d}t} = \frac{\mathrm{d}^2 I}{\mathrm{d}t^2} + \frac{R}{L}\frac{\mathrm{d}I}{\mathrm{d}t} + \frac{I}{LC} \tag{12}$$

となる．$0 \leqq t$ では $\dfrac{\mathrm{d}V}{\mathrm{d}t} = 0$ であるから，これらの時間領域においては式(12)は 2 階常微分同次方程式である．この方程式は $\dfrac{1}{LC}$ と $\left(\dfrac{R}{2L}\right)^2$ との大小関係で異なる解をもつ．ここでは $\dfrac{1}{LC} > \left(\dfrac{R}{2L}\right)^2$（すなわち回路定数 $Q > 1/2$）の場合について考える．この条件のとき，式(12)から電流 I は

$$I = \begin{cases} 0 & (t \leqq 0) \\ I_0\,\mathrm{e}^{-\lambda t}\sin\left(\sqrt{\omega_0{}^2 - \lambda^2}\,t\right) & (0 \leqq t) \end{cases} \tag{13}$$

で与えられる．ここで $\omega_0{}^2 = \dfrac{1}{LC}$，$\lambda = \dfrac{R}{2L}$ である．また $I_0 = V_0/(L\sqrt{\omega_0{}^2 - \lambda^2})$ であるが，

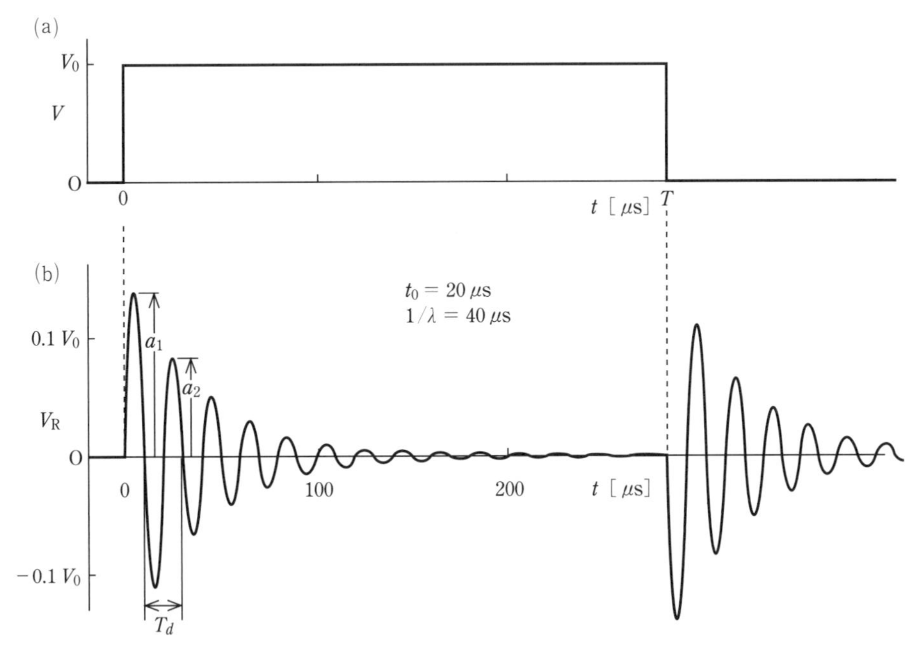

図9　RLC回路での過渡現象

これは初期条件($t=0$のとき電流$I=0$，電荷$q=0$)より決まる(183ページの《参考》の式(A.8)参照)．したがって，時間$0 \leqq t$での抵抗Rにかかる電圧V_Rは，

$$V_R = RI = \frac{2\lambda}{\sqrt{{\omega_0}^2-\lambda^2}} V_0 \, e^{-\lambda t} \sin(\sqrt{{\omega_0}^2-\lambda^2}\,t) \tag{14}$$

となり，図9(b)に示すように振動しながら衰退していく．この振動を**減衰振動**という．

式(14)の減衰の項$e^{-\lambda t}$を見ると，Lを一定としてRを大きくすると，減衰の時定数$\tau = \dfrac{1}{\lambda} = \dfrac{2L}{R}$は小さくなり，減衰が速くなる．また振動項$\sin(\sqrt{{\omega_0}^2-\lambda^2}\,t)$について見ると，振動の周期$T_d$は

$$T_d = \frac{2\pi}{\omega_0\sqrt{1-\left(\dfrac{\lambda}{\omega_0}\right)^2}} = \frac{1}{f_0\sqrt{1-\dfrac{1}{4Q^2}}} \tag{15}$$

で与えられる．Qは実験[I]で説明した共振特性の幅を決める回路定数，f_0は式(6)で与えられる共振周波数である．周期T_dは，角振動数比$\dfrac{\lambda}{\omega_0}\left(=\dfrac{1}{2Q}\right)$の値によって，周期$T_0 = \dfrac{1}{f_0}$とは異なる値をとる．しかし$Q \gg 1$の回路では$T_d$と$T_0$の差は小さい．

減衰振動の1周期ごとの振幅をa_n, a_{n+1}とすると，$\dfrac{a_n}{a_{n+1}} = e^{-\lambda T_d}$となる．ここで，$\lambda T_d$は**対数減衰率**とよばれる．対数減衰率$\lambda T_d$は

$$\lambda T_{\mathrm{d}} = \frac{\lambda}{f_0\sqrt{1-\dfrac{1}{4Q^2}}} = \frac{\pi}{Q\sqrt{1-\dfrac{1}{4Q^2}}} \tag{16}$$

で与えられる．

II.2 装　置

装置は実験 [I] の場合と同じである．

II.3 測定準備

オシロスコープの Horizontal Scale つまみ ㉙ を 40 μs/div に切り替え，CH 1，CH 2 の Vertical Scale つまみ ㉑，㉔ をそれぞれ 1.0 V/div，200 mV/div に設定する．また，Vertical Position つまみ ⑲，㉒ を回して，CH 1 の 0 レベルを中央から上に 2.0 div の位置に，CH 2 のゼロレベルを中央から下に 2.0 div の位置に設定する．この際，[The Ch (1 or 2) position is set to (2 or −2) div.] の表示を確認する．

ファンクション・ジェネレータの「Waveforms」ボタンから「Square」を選択して方形波に設定する．続いて，「Parameters」ボタンから「Frequency」を選択して周波数を 2 kHz に設定する．

II.4 測定と測定データの整理

(1) 図 9 を参考に，画面上段に入力した方形波，下段に V_{R} が表示されるように，ファンクション・ジェネレータの「Parameters」ボタンから「Amplitude」を選択して電圧を調整する．入力波形と V_{R} を観測し，スケッチする．

(2) オシロスコープの Horizontal Scale つまみ ㉙ を 10 μs/div に設定する．CH 1 Menu ボタン ⑳ を押して CH 1 の波形を画面から消す．Vertical Position CH 2 つまみ ㉒ を回して 0 レベルを中央に戻す．波形ができるだけ大きく表示されるようにファンクション・ジェネレータの「Amplitude」で電圧を調整する．波形をスケッチし，図 9 の V_{R} を参考にしながら減衰振動の周期 T_{d} と 1 周期ごとの振幅 a_1，a_2 を 0.1 div まで測定する．

(3) 減衰振動の 1 周期ごとの振幅 a_1，a_2 を次式

$$\lambda T_{\mathrm{d}} = \log_{\mathrm{e}}\frac{a_1}{a_2} \tag{17}$$

に代入し，対数減衰率 λT_{d} を求める（ここで用いる自然対数 $\log_{\mathrm{e}}$ は関数電卓では ln である）．また (2) で測定した T_{d} の値を用いて，この λT_{d} から減衰の時定数 $\tau = 1/\lambda$ を求める．

II.5 検　討

以下の課題について検討し，ノートにまとめる．

(1) 測定によって得られた減衰振動の周期 T_{d} と，式 (15) によって得られる計算値とを比較

し，その違いについて考えよ．

(2)　測定によって得られた減衰の時定数 τ と，式 $\tau = \dfrac{1}{\lambda} = \dfrac{2L}{R}$ によって計算された値とを比較し，その違いについて考えよ．

《**参考**》

この実験においては，RLC 直列回路の定常状態での交流特性および過渡的特性をそれぞれ独立に議論したが，実際には両者は互いに密接な関係にある．そこで参考のために両者の関係について述べる．また微分方程式の解についても補足する．さらに電気回路で見られる現象は，力学現象と非常によく類似しているので，「電気回路での振動」と「力学系での振動」との対応についても触れる．

RLC 直列回路の微分方程式

RLC 直列回路に印加した電圧 V は，式(11)よりコンデンサの電荷を q とすると

$$V = V_L + V_R + V_C = L\frac{dI}{dt} + RI + \frac{q}{C} \tag{A.1}$$

で与えられる．電荷 q の時間変化は，$I = \dfrac{dq}{dt}$ であるから

$$\frac{d^2q}{dt^2} + 2\lambda\frac{dq}{dt} + \omega_0{}^2 q = \frac{V}{L} \tag{A.2}$$

で与えられる．ここで $2\lambda = \dfrac{R}{L}$，$\omega_0{}^2 = \dfrac{1}{LC}$　(ω_0 は共振角周波数)である．式(A.2)は2階非同次線形微分方程式であり，この式で 右辺 = 0 の場合の式

$$\frac{d^2q}{dt^2} + 2\lambda\frac{dq}{dt} + \omega_0{}^2 q = 0 \tag{A.3}$$

が2階同次線形微分方程式である．非同次式(A.2)の一般解は，同次式(A.3)の一般解と非同次式の特殊解の和で与えられる．

同次方程式(A.3)の解は，ω_0 と λ との大小関係によって3種類に分けられる．(1) $\omega_0 > \lambda$ のときは減衰振動，(2) $\omega_2 = \lambda$ のときは**臨界減衰**，(3) $\omega_0 < \lambda$ のときは**過減衰**である．ここでは $\omega_0 > \lambda$ の減衰振動について考えることにする．

この $\omega_0 > \lambda$ の条件の場合，同次式(A.3)の一般解は

$$q = A\,e^{-\lambda t}\sin\left(\sqrt{\omega_0{}^2 - \lambda^2}\,t + \varepsilon\right) \tag{A.4}$$

で与えられる．

いま正弦波電圧 $V = V_0 \sin\omega t$ を印加する場合を考えると，

$$\frac{d^2q}{dt^2} + 2\lambda\frac{dq}{dt} + \omega_0{}^2 q = \frac{V_0}{L}\sin\omega t \tag{A.5}$$

である．非同次式(A.5)の特殊解を $q=B\cos(\omega t+\phi)$ と仮定し，B を決めることにより，式(A.5)の一般解は

$$q=A\,\mathrm{e}^{-\lambda t}\sin(\sqrt{{\omega_0}^2-\lambda^2}\,t+\varepsilon)-\frac{V_0}{L\sqrt{({\omega_0}^2-\omega^2)^2+4\lambda^2\omega^2}}\cos(\omega t+\phi)$$
$$\tan\phi=-\left(\omega L-\frac{1}{\omega C}\right)\Big/R \qquad \text{(A.6)}$$

となる．ここで定数 A および ε は初期条件($t=0$ で電荷 $q=0$，電流 $I=0$)により決まる．電荷 q を与える式での第1項は，振幅が時間とともに減衰する減衰振動である．回路に電圧を印加した後，十分時間が経過($t\gg 1/\lambda$)したとき，この第1項は減衰しゼロになるので，第2項だけが残る．したがって，そのような定常状態での電流 I は，$I=\dfrac{\mathrm{d}q}{\mathrm{d}t}$ より

$$I=\frac{V_0}{L\sqrt{({\omega_0}^2/\omega-\omega)^2+4\lambda^2}}\sin(\omega t+\phi)=I_0\sin(\omega t+\phi) \qquad \text{(A.7)}$$

で与えられる．式(A.7)の ω_0,λ に R,L,C を代入することにより，式(5)の $V_0=ZI_0$ の関係が得られる．ただし，ここでは印加電圧 $V=V_0\sin\omega t$ を基準にしており，式(A.6)の $\tan\phi$ は符号が式(5)と異なり「－」となっている．

次に，入力電圧として図9(a)に示すステップ電圧(時間 $0\leqq t\leqq T$ で振幅 V_0)を印加する場合について考える．$0\leqq t\leqq T$ では $V=V_0$ であるから，非同次式(A.2)の特殊解は $q=CV_0$ である．したがって初期条件($t=0$ で電荷 $q=0$，電流 $I=0$)から

$$q=CV_0\left[1-\frac{\omega_0}{\sqrt{{\omega_0}^2-\lambda^2}}\,\mathrm{e}^{-\lambda t}\sin(\sqrt{{\omega_0}^2-\lambda^2}\,t+\varepsilon)\right]$$
$$I=\frac{V_0}{L\sqrt{{\omega_0}^2-\lambda^2}}\,\mathrm{e}^{-\lambda t}\sin(\sqrt{{\omega_0}^2-\lambda^2}\,t) \qquad \text{(A.8)}$$

となる．ここで $\tan\varepsilon=\sqrt{(\omega_0/\lambda)^2-1}$ である．一方，$t\geqq T$ では $V=0$ であるから，この場合の電荷 q は同次方程式(A.3)の解(A.4)で与えられる．初期条件($t=T$ で $q=CV_0$，$I=0$)より

$$q=\frac{\omega_0 CV_0}{\sqrt{{\omega_0}^2-\lambda^2}}\,\mathrm{e}^{-\lambda t'}\sin(\sqrt{{\omega_0}^2-\lambda^2}\,t'+\varepsilon)$$
$$I=\frac{V_0}{L\sqrt{{\omega_0}^2-\lambda^2}}\,\mathrm{e}^{-\lambda t'}\sin(\sqrt{{\omega_0}^2-\lambda^2}\,t') \qquad \text{(A.9)}$$

である．ここで $t'=t-T$ であり，位相 ε は式(A.8)で与えられるものと同じである．

このRLC直列回路での同次方程式(A.3)は，回路での各物理量と力学系での物理量とを「電荷 $q\Longleftrightarrow$ 位置 x，電流 $I=\dfrac{\mathrm{d}q}{\mathrm{d}t}\Longleftrightarrow$ 速度 $\dfrac{\mathrm{d}x}{\mathrm{d}t}$，インダクタンス $L\Longleftrightarrow$ 質量 m，静電容量の逆数 $1/C\Longleftrightarrow$ 復元力係数 k，抵抗 $R\Longleftrightarrow$ 制動力 h」というように対応づけることにより，力学系での減衰振動を表す式

$$m\frac{\mathrm{d}^2x}{\mathrm{d}t^2}+h\frac{\mathrm{d}x}{\mathrm{d}t}+kx=0 \tag{A.10}$$

と一致することがわかる．さらに，印加電圧 $V(t)$ を強制力 $F(t)$ と対応づけることにより，非同次式(A.2)は強制振動の式

$$m\frac{\mathrm{d}^2x}{\mathrm{d}t^2}+h\frac{\mathrm{d}x}{\mathrm{d}t}+kx=F \tag{A.11}$$

と一致する．このような対応は，ここで触れたRLC回路と力学系との例に限らず，流体，音響，光学，あるいは熱伝導系など多くの現象にも共通する．なお電気回路は，R, L, C などの量を調節しやすいこと，ジェネレータやオシロスコープ，コンピュータを組み合わせて容易に測定できる等の理由で，いろいろな方面での複雑な現象をシミュレートするために利用されている．

実験15　真 空 技 術

1．目　　的

真空技術は近代科学の発達のなかで非常に大きな役割を果たしている．気体の性質を調べるのに，また物質の構造，原子・原子核の構造の研究などに真空が必ず使われる．その他，真空冶金，真空蒸着，真空乾燥など実際の工業面にも盛んに真空技術が応用されている．この実験の目的は，簡単な真空装置について初歩の真空技術（油回転ポンプによる排気）を習得し，真空装置の排気速度および気体分子の固体表面への吸着について理解することである．

2．原　　理

一般に大気圧よりも低い圧力の気体で満たされた空間内の状態を**真空**という．圧力の単位は，これまで mmHg あるいは Torr（1 mmHg ＝ 1 Torr）が用いられてきたが，現在用いられている SI 単位系では Pa（$1\ \mathrm{Pa} = 1\ \mathrm{N{\cdot}m^{-2}}$）である（圧力の単位 Torr と Pa の間には，1 Torr ＝ 133.3224 Pa の関係がある）．

真空の程度（真空度）によって，用いられる真空機器，真空技術は異なってくる．真空の程度は，10^5～10^2 Pa：低真空，10^2～10^{-1} Pa：中真空，10^{-1}～10^{-5} Pa：高真空，10^{-5}～10^{-9} Pa：超高真空，10^{-9} Pa 以下：極高真空というように区分される．これまでに真空装置で実現された最も低い圧力（到達圧力）は 10^{-11} Pa のオーダーである．

2.1　真空容器の排気

この実験では真空を得るための排気装置（**真空ポンプ**）として**油回転ポンプ**を用い，真空容器内に低真空～中真空をつくる．図1に示すように，真空容器と油回転ポンプは**導管**で連結される．

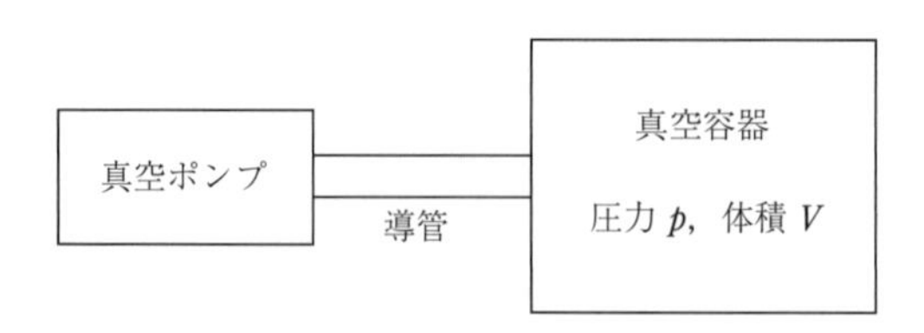

図1　真空装置の排気系

2.1.1 導管の中の気体の流れ

導管の入口と出口で圧力差があるとき，導管の中を気体が流れる．導管の中を流れる気体の流量Qは，導管の入口と出口での圧力をそれぞれp_1, p_2 ($p_1 > p_2$) とすると，

$$Q = C(p_1 - p_2) \tag{1}$$

で与えられる．比例係数Cは導管の**コンダクタンス** [$m^3 \cdot s^{-1}$] もしくは [$L \cdot min^{-1}$] である．気体の圧力が高いときと低いときとでは気体の流れが異なるので，コンダクタンスも異なる．コンダクタンスは導管の形状にも依存する．式(1)は，$Q \to$ 電流I，$p \to$ 電位V，$1/C \to$ 抵抗Rと置き替えると，電気回路におけるオームの法則に対応する．

ここでは直径D，長さLの円形導管($L \gg D$)について考える．気体の圧力が十分高く，気体どうしの衝突が気体分子と管壁との衝突に比べて十分多い条件のとき，気体は連続的に流動する流体として扱われ，その流れは**粘性流**とよばれる．気体分子が他の分子と衝突せずに進む平均的な距離(**平均自由行程**)λを用いると，粘性流の条件は$\lambda \ll D$である．室温の空気に対して，$\lambda = \dfrac{6.3 \times 10^{-3}}{p}$ [m] である．粘性流のときの導管のコンダクタンスは，**気体運動論**から，

$$C = \frac{\pi D^4 p_a}{128 \eta L} \ [L \cdot min^{-1}] \tag{2}$$

で与えられる．ここで$p_a = \dfrac{p_1 + p_2}{2}$であるが，$p_1$を真空容器の圧力$p$とすると，この実験では$p_2 = 0$とみなすことができ，$p_a = p/2$である．$\eta$は**粘性係数**で，分子の単位体積あたりの数を$n$，質量を$m$，平均速度を$v$とすると，$\eta = \dfrac{mnv\lambda}{3}$である(室温の空気に対して$\eta = 1.80 \times 10^{-5}$ Pa·s)．一方，圧力が十分低く$\lambda \gg D$の条件のとき，気体分子どうしの衝突は無視でき，気体は管壁と衝突しながら導管の中を流れる．この流れは**分子流**とよばれ，導管のコンダクタンスは

$$C = \frac{\pi D^3 v}{12L} \ [L \cdot min^{-1}] \tag{3}$$

で与えられる．

中間の圧力(遷移)領域($\lambda \sim D$)でのコンダクタンスは簡単には導けないが，室温の空気に対して，次の経験式

$$C = 41 \frac{D^4}{L} p + 7.3 \times 10^2 \frac{D^3(1 + Dp)}{L(1 + 1.2Dp)} \ [L \cdot min^{-1}] \tag{4}$$

が知られている．ただし，ここでは$p_a = p/2$とした．ここではpの単位はPa，DおよびLの単位はcmである．また，ここではCの単位を，油回転ポンプの排気速度の単位(2.2.1項(a)参照)に合わせ，$L \cdot min^{-1}$とした．式(4)は，圧力が高いとき式(2)，圧力が低いとき式(3)と一致し，すべての圧力領域に適用でき，たいへん便利な式である．

真空容器とポンプが複数(n個)の導管を直列につないで連結されているとき，総合的コン

ダクタンスは，個々の導管のコンダクタンスを $C_i\,(i=1,2,\cdots,n)$ とすると，電気回路での抵抗の接続（$1/C \rightarrow$ 抵抗 R）の場合と同様に，

$$\frac{1}{C} = \sum_{i=1}^{n}\frac{1}{C_i} \tag{5}$$

で与えられる．また，並列に連結されているときには

$$C = \sum_{i=1}^{n} C_i \tag{6}$$

で与えられる．導管の長さ L が短く，直径 D と同程度になると，式(2), (3), (4) はもはや正確ではなくなり，補正が必要である．

2.1.2　排 気 速 度

(a)　油回転ポンプの排気速度

油回転ポンプによる単位時間あたりの排気量 Q は，

$$Q = S_0 p \tag{7}$$

で与えられる（ポンプの動作原理は 2.2.1 項(a)参照）．ここで p は吸気口の圧力，比例係数 S_0 はポンプの**排気速度**である．ポンプの排気速度を与える式(7)は，コンダクタンスを与える式(1)で導管の出口の圧力 $p_2 = 0$ とおいたものになっており，排気速度とコンダクタンスが同じ物理量であることがわかる．

図 2 のカーブ S_0 は，この実験に用いる油回転ポンプ（ULVAC GLD-202BB）の排気速度 S_0 [L·min^{-1}] の吸気口での圧力 p 依存性を示す．図に見られるように，$p > 10^3$ Pa では S_0 は一定値（$S_0 = 240$ L·min^{-1}）をとるが，10^3 Pa では圧力の低下とともに S_0 も徐々に低下する．さ

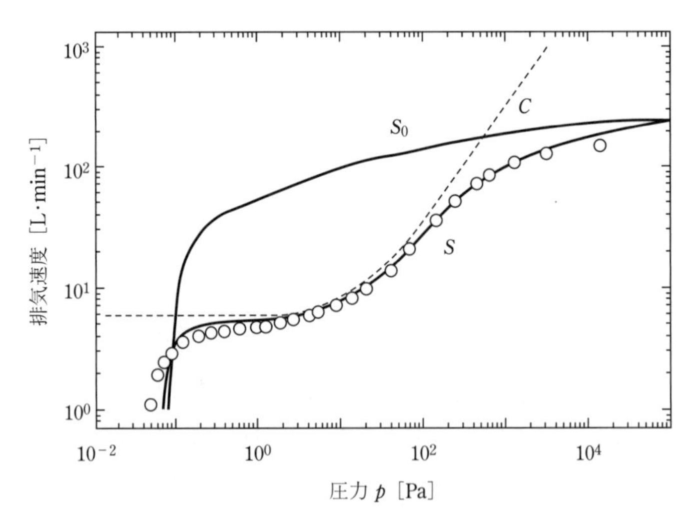

図 2　油回転ポンプの排気速度(S_0)，導管のコンダクタンス(C)，および真空装置の排気速度(S)の圧力依存性

らに，$p < 0.1$ Pa で S_0 は急激に低下し 0 となる．この $S_0 = 0$ となる圧力が**到達圧力**（長時間運転し，圧力の減少が確認できなくなったときの圧力）である．

(b) 真空装置の排気速度

真空容器を排気するときの排気速度 S を議論するためには，ポンプの排気速度 S_0 だけでなく，導管のコンダクタンス C も含めて考えなければならない．

真空容器を排気するときの総合的な排気速度 S は，ポンプの排気速度 S_0 と導管のコンダクタンス C から

$$\frac{1}{S} = \frac{1}{S_0} + \frac{1}{C} \tag{8}$$

により求められる．図2の点線 C および実線 S は，それぞれこの実験に用いる真空装置の導管のコンダクタンス C [$\mathrm{L \cdot min^{-1}}$] および排気速度 S の計算例である．また図2の白丸は，空気の主成分である窒素 (N_2) ガスを排気したときの排気速度 S の測定例である．図から明らかなように，装置の排気速度 S は高い圧力 ($p > 10^3$ Pa) では油回転ポンプの排気速度 S_0 に等しく，到達圧力近傍を除く低い圧力 ($10^{-1} < p < 10^2$ Pa) 領域ではほぼ導管のコンダクタンス C に等しいことがわかる．

真空容器の体積を V，時間を t とすると，単位時間あたりに真空容器から排気される気体の量（排気量）$-Q$ は，

$$V\frac{\mathrm{d}p}{\mathrm{d}t} = -Q = -Sp \tag{9}$$

で与えられる．したがって S が一定のときの圧力 p の時間依存性は，$t = 0$ のとき $p = p_0$ とすると，

$$p = p_0\,\mathrm{e}^{-\frac{S}{V}t} \tag{10}$$

となり，圧力 p は時間とともに指数関数的に減少する．式(10)は，$V \to$ 静電容量 C，$p \to$ 電圧 V，$1/S \to$ 抵抗 R と置き替えると，実験13の RC 回路での過渡現象に対する式(6)に対応している．

2.1.3 吸着および脱離

これまでの議論では，気体分子は固体表面に衝突し，ただちに表面から等方的に散乱されるものとしている．しかし，このような条件がすべての気体について成立するわけではない．真空容器の圧力が十分低くなったとき，気体分子と固体表面との相互作用の効果が顕著となる．

気体分子が固体表面に接触したとき，固体表面との相互作用によって気体分子が表面にとどまっていることを**吸着**といい，固体の内部にまで入り込んでしまう現象は**吸収**といわれる．実際には両者が同時に起こり，両者をはっきりと区別することはむずかしく，両者を合わせて**収着**（ソープション）という．また固体の表面および内部に収着している分子が気相に戻ることを**脱離**という．

吸着には，物理的な力（主にファン・デル・ワールス力）に起因する**物理吸着**と，化学結合を伴う**化学吸着**がある．図3(a)は，分子が表面に近づいたときの位置エネルギーUを表面からの距離zの関数として示す（分子と表面との間に働く力$F = -\dfrac{\mathrm{d}U}{\mathrm{d}z}$は，遠距離では物理的な力による引力，近距離では電子雲の重なりにより生じる斥力である）．物理吸着では，分子は遠方から表面に近づき，位置エネルギーが最小値をとる距離z_pに捕捉される．このときの結合エネルギー（**吸着熱**）は図に示す位置エネルギーの深さε_pである．図3(b)は，化学吸着が起こる場合の位置エネルギーの1つの例である．カーブ1は図3(a)と同じで，カーブ2は分子が励起状態（一般に分子が解離した状態）にある場合の位置エネルギーを示す．化学吸着では，分子は2つのカーブの交点Cの山（高さE_a）を乗り越えて距離z_cに捕捉される．このときの吸着熱はε_cである．図に示すように，吸着熱ε_cは，化学結合のため，吸着熱ε_pに比べて非常に大きい．

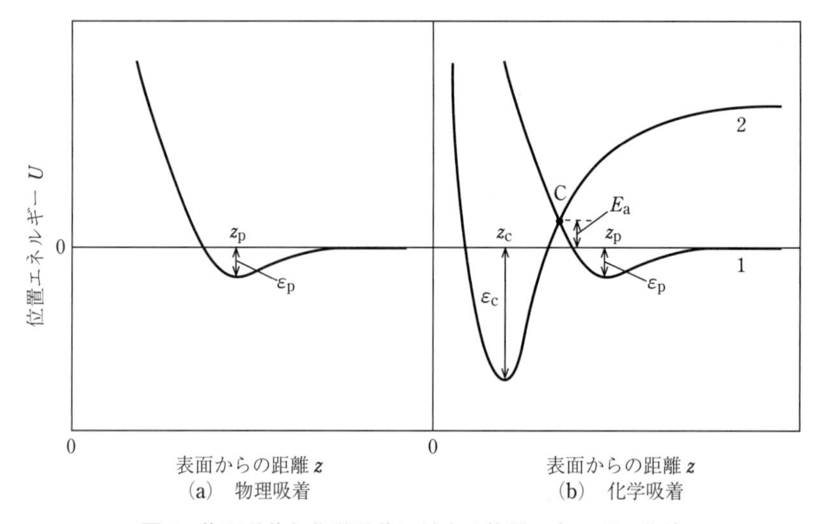

図3　物理吸着と化学吸着に対する位置エネルギー曲線

固体表面に吸着した分子が脱離の活性化エネルギーE_dよりも大きなエネルギーを受け取ると，分子は表面から脱離して気相に戻る．物理吸着の場合$E_\mathrm{d} = \varepsilon_\mathrm{p}$であり，図3(b)の化学吸着の例の場合には$E_\mathrm{d} = \varepsilon_\mathrm{c} + E_\mathrm{a}$である．分子の**平均吸着時間**$\tau$は，

$$\tau = \tau_0 \mathrm{e}^{\frac{E_\mathrm{d}}{kT}} \tag{11}$$

で与えられる（この式は，実験11でサーミスタの抵抗率を与える式(A.11)と本質的には同じものである）．ここでτ_0は定数で10^{-13} s程度の値，kはボルツマン定数，Tは温度である．したがって平均吸着時間τは，Tが一定でE_dが大きいとき，またE_dが一定でTが小さいとき大きくなる．

図4は，油回転ポンプでこの実験に用いる真空装置を排気したときの**排気曲線**の測定例を示

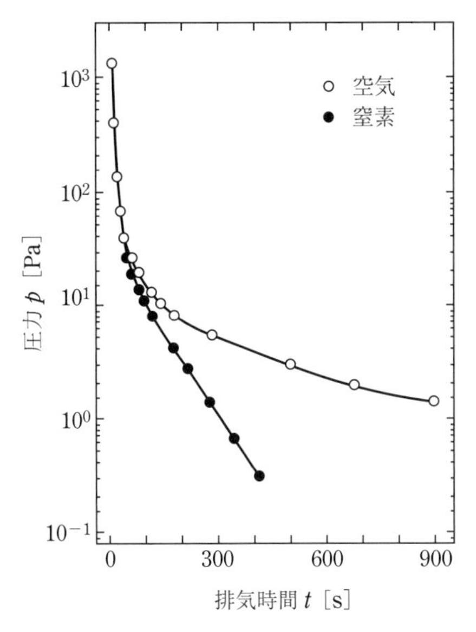

図4 空気と窒素ガスを排気したときの圧力 p と排気時間 t との関係

す．ここで，横軸は時間 t [s]，縦軸は圧力 p [Pa]であり，$p = 1.0 \times 10^5$ Pa のとき $t = 0$ である．排気した気体は1気圧の空気（白丸）と窒素（黒丸）である．この結果は，気体を導入（容器内に入れること）する前に，ソープション・ポンプ（2.2.1項(b)参照）で 10^{-3} Pa 程度に排気し，真空容器の表面をあらかじめクリーンにした後で測定したものである．

圧力が高く $p > 50$ Pa のとき，図4の2つの排気曲線は同じで，圧力 p は時間 t が大きくなるとともに急激に減少する（式(10)参照）．しかし圧力が低く $p < 50$ Pa になると，2つの気体に対する排気曲線はまったく異なる結果となっていることがわかる．この両者の違いは，空気には水蒸気が含まれることによる．水分子が固体表面に物理吸着するときの吸着熱 ε_p（＝脱離の活性化エネルギー E_d）が他の気体 N_2, O_2 に比べて大きい（約7倍）ため，表面に滞在する時間が極端に長い（常温で N_2 の約 10^7 倍．式(11)参照）．このように，吸着熱が大きく，表面での滞在時間の長い水蒸気が真空容器内に入ると，吸着 → 脱離 → 吸着を多数回繰り返すのでその排気に長い時間を要する．したがって，排気曲線から気体運動論的な排気速度を得るためには，水蒸気を含まない**乾燥空気**または空気の主成分である窒素ガスを用いて測定をしなければならない．

図2の白丸は，窒素ガスを排気したときの排気曲線から，式(9)を用いて，排気速度 S を求めたものである．なお図4の窒素ガスの場合，$p = 10$ Pa を境として，排気曲線の勾配が大きく変わっていることがわかる．これは，圧力が低くなっていくとき，この圧力 $p = 10$ Pa 近傍が，気体の流れが粘性流から分子流に移行する際の中間の圧力（遷移）領域になっていることによる．このことは，図2のコンダクタンス C および排気速度 S の勾配が $p = 10$ Pa 近傍で大きく変化していることに対応する．

この実験では，油回転ポンプと冷却トラップ(2.2.1 項参照)を用いて，空気と乾燥空気とを排気することにより，水蒸気の固体表面への吸着について学ぶ．また乾燥空気に対する排気曲線の測定結果から中真空領域での真空装置の排気速度を求める．

2.2 真空機器

2.2.1 真空ポンプ

真空ポンプ(真空を得るための排気装置)は，得ようとする真空の程度(真空度)によりそれぞれ異なったものが用いられる．この実験に用いる油回転ポンプは中真空まで排気でき，主に高真空および超高真空をつくるための油(水銀)拡散ポンプ，ターボ分子ポンプの始動真空を与える**補助ポンプ**として用いられる．さらに，これらのポンプを補助ポンプとして，イオン・ポンプおよびサブリメーション・ポンプにより超高真空，極高真空がつくられる．ここでは，油回転ポンプの原理，物理吸着を利用したソープション・ポンプおよび冷却トラップの原理について述べる．

(a) 油回転ポンプ

油回転ポンプは吸気側が真空装置の圧力 p で，排気側が大気圧の空気圧縮機の一種であり，回転翼(ゲーデ)型，カム(センコ)型，揺動ピストン(キニー)型の 3 種類の基本型がある．この実験に用いる回転翼型ポンプの構造と動作原理を図 5 に示す．ロータの回転に従って，吸気口から気体が流入し(図 5(a))，ある位置でベーンにより吸気口と連絡が断たれ，流入した気体は圧縮される．圧縮が進み，閉じ込められた気体の圧力が $p_0 = 1.2\times10^5$ Pa(1.2 気圧)程度になると，排気弁が開いて気体が排出される(図 5(b))．可動部分の潤滑・冷却，ロータとステータとの間の隙間(デッド・ボリューム)を小さくするため，図に示す機構はすべて油の中に浸されている．

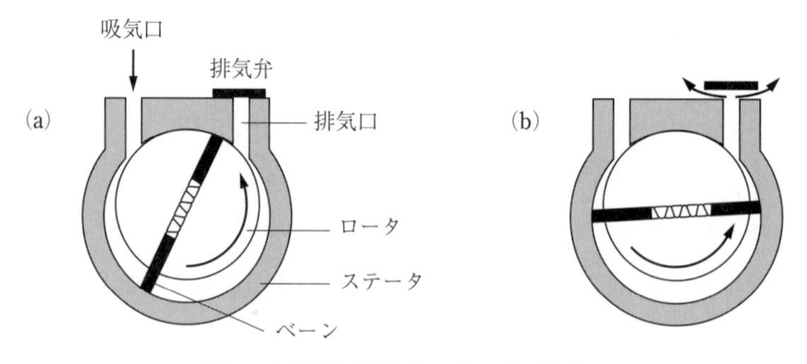

図 5　回転翼型油回転ポンプの構造

ロータとステータおよびベーンで囲まれた，気体が流入する最大の体積を V_0 [L]，ロータの回転数を f [min^{-1}] とすると，設計上の排気速度 S_0 [$\mathrm{L{\cdot}min}^{-1}$] は

$$S_0 = 2fV_0 \tag{12}$$

で与えられる(実際にはこの値よりも 10〜20 % 小さくなる)．このように油回転ポンプの排気速度がロータの回転数で与えられるため，実用上から $\mathrm{L{\cdot}min}^{-1}$ の単位が用いられる．この実

験に用いているポンプの場合，$V_0 = 0.070$ L，$f = 1710$ min^{-1} であり，設計排気速度 $S_0 =$ 240 L·min^{-1} である．

図2に示したように，排気速度 S_0 は圧力の低下とともに小さくなる．この現象は，ポンプ内の温度上昇（60～80 ℃）によって生じた油蒸気が吸気口への気体の流入を妨げること，ロータとステータとの間に隙間が存在することによる．また到達圧力は，主に低真空側で油の中に溶解した気体や蒸気が，高真空側で蒸発することにより決まっている．これらの影響は，油回転ポンプを直列に2台接続することにより改善される．油回転ポンプの到達圧力は1段のポンプでは1～10^{-1} Pa，2段のポンプでは 10^{-1}～10^{-2} Pa 程度である．

(b) ソープション・ポンプおよび冷却トラップ

ソープション・ポンプは，物理吸着作用を積極的に利用して真空容器内部の空間に存在する気体を固体表面や内部に捕捉することにより真空をつくる装置である．このポンプでは，液体窒素で冷却した多孔質のモレキュラー・シーブ（人工ゼオライト），活性炭，活性アルミナを吸着剤として用いる．最近吸着剤としてよく用いられるモレキュラー・シーブ5Aの錠剤は，細孔の径が0.5 nm で，非常に大きな実効表面積 600 m^2·g^{-1} をもつ．液体窒素で冷却した1 kg のモレキュラー・シーブ5Aは，1気圧で約160 L（0.2 kg）の窒素分子を吸着する能力を有する．ただし大気に含まれる気体のうち，水素，ヘリウム，ネオンに対しては吸着能力はほとんどない．したがって油蒸気のない清浄な 10^{-2} Pa 程度の真空をつくりたいときに有効である．油回転ポンプとソープション・ポンプを組み合わせると 10^{-4} Pa 以下の真空が得られる．このポンプの構造は，モレキュラー・シーブを充填し，気体を排気するために十分な直径（30 mmϕ 程度）の吸気管をもった円筒容器からなり，この容器をデュワーびんに入れた液体窒素で冷却するという簡単なものである．

冷却トラップは，液体窒素で冷却された金属（またはガラス）表面に水蒸気およびポンプから逆流してくる油蒸気を吸着させ，油蒸気のない清浄な真空をつくるものである．さらに吸着作用を高めるため，モレキュラー・シーブを併用する場合もある．

2.2.2 真 空 計

真空度（圧力）の測定に用いられる計器（**真空計**）は，測定する圧力領域によって異なる．この実験では低真空から中真空までの圧力を測定するためのピラニー真空計を用いる．またガイスラー管を用いて，圧力の低下とともに放電の変化する様子を観察する．

(a) ガイスラー管

放電は，一般に気体の圧力を大気圧よりも低くすると起こりやすくなり（**真空放電**という），放電の様子は圧力とともに変化する．**ガイスラー管**は，放電状態の変化を観察することにより 10^4～10^{-1} Pa の圧力のおおよその見当をつけるのに用いられる．厳密な意味での真空計ではないが，手軽に用いられる点では便利な真空計である．また，放電の色がガスの種類によって顕著に変わるので，ガスの種類をだいたい判別でき，真空容器の洩れ探しにも利用できる．

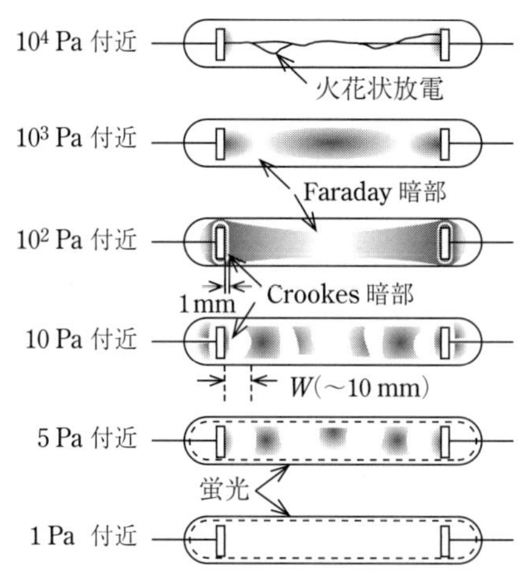

図 6　ガイスラー管の圧力と放電状況

ガイスラー管はガラス管の中にアルミニウムの電極を封入したものである．ガイスラー管内の圧力を低下させ，電極にインダクション・コイルで 10^3～10^4 V の交流の高電圧を印加すると，図 6 に示すように，圧力に依存する放電が観測される．

(1)　圧力 $p = 10^4$ Pa 程度のとき，赤くて細長いひも状の放電が見られる(放電開始圧力 ～1.4×10^4 Pa)．

(2)　圧力を 10^3 Pa 程度に下げるとひもが太くなって，管内全体に広がる．色は少し紫がかった桃色である．この状態でやや圧力を下げると，電極近傍からの発光が強くなる．

(3)　さらに圧力を下げると電極の周囲に**Crookes 暗部(クルックス暗部)**が見られるようになる．このときの圧力は 1.5×10^2 Pa 程度であり，Crookes 暗部(それぞれの電極の左右 1 mm 程度の位置に見られる黒い縞)の幅 W は 1 mm 程度である．この幅 W は，圧力 $15 \leqq p \leqq 1.5\times10^2$ Pa の範囲で圧力 p にほぼ反比例している．

(4)　圧力が 1 Pa になると Crookes 暗部は管全体に広がり，放電は弱く，ガラス壁から蛍光が出てくる．さらに圧力が下がると蛍光も弱まり，0.1 Pa では完全に消える．(注意：この低圧力 $p < 5$ Pa の放電においては X 線が発生するので放電を観察してはならない．)

(b)　真 空 計

気体中に置かれた高温の物体から気体の熱伝導により失われる熱量は，気体の圧力によって変化するという性質を利用したものが**ピラニー真空計**である．図 7 に示すように，真空容器の中に細い金属線(フィラメント)を張り，電流で加熱したとき，金属線からは(1)フィラメントの終端からの熱伝導，(2)真空容器の壁への熱輻射，(3)気体の熱伝導という 3 つの過程により熱が失われる．(1)と(2)による熱損失は気体の圧力とは無関係である．(3)の過程による熱損失が(1)，(2)の熱損失よりも大きいとき，気体の圧力が測定できる．

図 8 は，白金線フィラメントに一定の電流を流したとき，気体の圧力に対する白金線と管壁との間の温度差の変化の様子である．圧力が $1 < p < 10^2$ Pa のとき温度差は圧力に強く依存

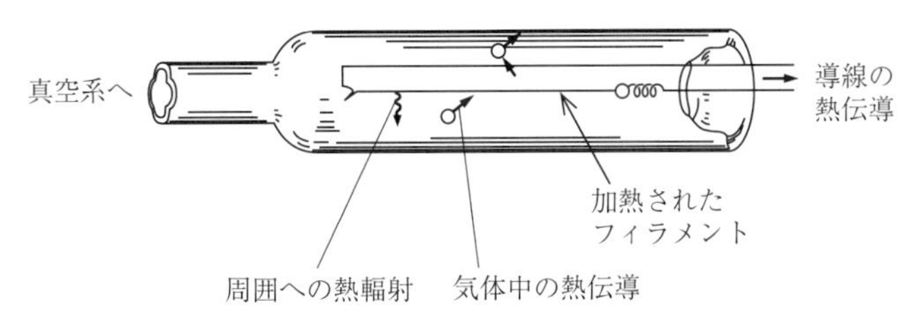

図7 Pirani 真空計の熱損失

するが，低い圧力 $p < 1$ Pa および高い圧力 $p > 10^2$ Pa では温度差はあまり圧力に依存しなくなる．したがって，この真空計は，フィラメントから失われる熱量が気体の圧力に強く依存する領域 $1 < p < 10^2$ Pa で用いることが望ましい．

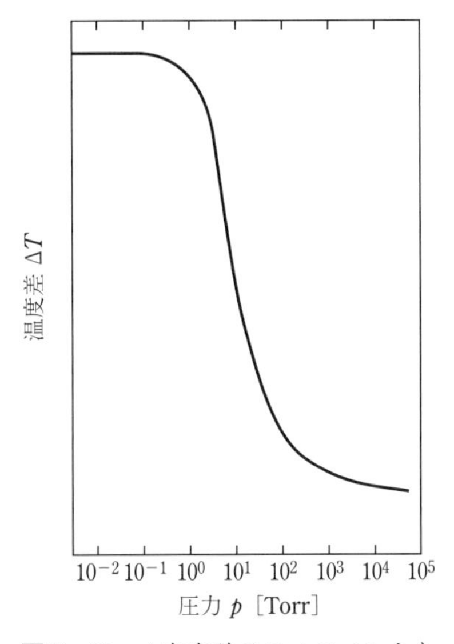

図8 Pirani 真空計のフィラメントと管壁の温度差の圧力変化の様子

金属線の抵抗 R [Ω] は温度 T [K] に依存し，狭い温度範囲では

$$R = R_0\left(1 + \frac{T}{T_0}\right) \ [\Omega] \tag{13}$$

と近似できる．ここで R_0 は温度 T_0 における抵抗である（実験11参照）．フィラメントに一定の電流を流し加熱したとき（定電流法），圧力によるフィラメントの温度変化は，圧力に伴うフィラメントの抵抗変化として反映される．ピラニー真空計では，フィラメントをブリッジ回路に組み込むことにより圧力を測定する．

1 Pa 以下の圧力では，気体分子を電離させ，生成したイオンの数から圧力を求める電離真空計を用いる．本測定で用いる複合型真空計は，1 Pa 以下でピラニー真空計から電子真空計に自動的に切り替わり，10^{-7} Pa までの圧力を測定可能である．

3．実験装置

この実験では真空容器（金属製，容積 $V_1 = 5.9$ L)，排気用導管（メイン・バルブ，リーク・バルブを含む)，油回転ポンプ（公称 $S_0 = 240$ L·min^{-1})，冷却トラップ（容積 $V_2 = 1.6$ L，補助バルブを含む)，真空計，ガイスラー管，インダクション・コイル，液体窒素用デュワーびん，およびディジタル式ストップウォッチを使用する．

装置全体の配置を図 9 に示す．真空容器と油回転ポンプは金属製の導管（内径 20 mmϕ）と金属製のフレキシブルチューブ（内径 10 mmϕ）とで直列に連結されている．油回転ポンプの性能（排気速度）を十分に活かすためには内径 20 mmϕ 程度の短い導管で連結する必要があるが，ここでは真空装置の排気速度に関する実験をするため，意図的に小さい直径（$D = 9$ mmϕ）の長い導管（$L = 1$ m）を用いている．

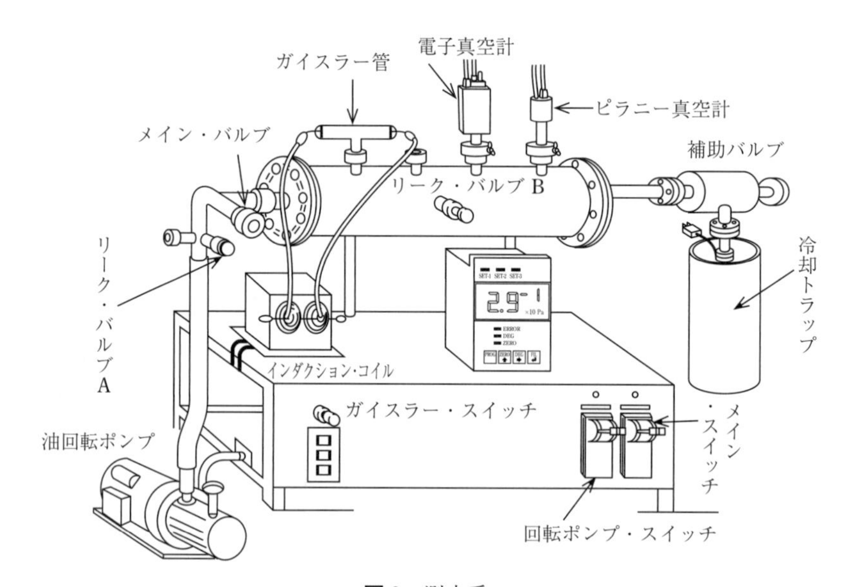

図 9　測定系

実験に用いるピラニー真空計は，圧力 $p < 10^4$ Pa の領域でほぼ正確な値を指示するように調整してある．そのため 1 気圧（10^5 Pa）が 8.5×10^4 Pa と表示される．また，十分低い圧力のとき，最小の圧力位置（1 R，2 R の印）を示すように調整されている．

注意事項

(1)　実験の役割分担をあらかじめ決めておき，2 人で協力して測定を行う．

(2)　ガイスラー管で放電させるときには高電圧（10^3〜10^4 V）に注意する．

(3)　ストップウォッチは表示が分秒になっていることに注意する．測定する前に操作の練習をしておく．

(4)　冷却トラップに液体窒素を入れるときには液体窒素が飛び散らないように十分注意して，ゆっくりと注ぐ．

(5) 真空装置の容器内を長時間大気にさらすと，この実験でこれから経験するように，水蒸気の吸着により排気に長い時間を要することになってしまう．実験終了時にはそれぞれのバルブの開閉をきちんと確認せよ．

4. 測　　定

4.1 準　　備

図9を参照しながら以下の準備をする．

(1) 真空装置には4つのバルブ(メイン・バルブ，補助バルブ，リーク・バルブA,B)がついている．メイン・バルブは真空容器内の気体の排気に，リーク・バルブBは容器内に空気を入れるために，リーク・バルブAは油回転ポンプを止めたとき導管内を大気圧にするために用いる．また補助バルブは，液体窒素で冷却したトラップを真空容器から切り離すときに用いる．

(2) メイン・バルブおよびリーク・バルブA,Bが閉じ，補助バルブが開いて(バルブは，右に回すと閉じ，左に回すと開く)いることを確認する．ゴム・パッキングを傷めるので，バルブは極端に強い力で無理に締め付けてはいけない．また冷却トラップに付属しているヒータの電源スイッチが「切」になっていることを確認する．

(3) メイン・スイッチを入れ，真空計で真空容器内の圧力を測定し，ノートに記録する．ただし，「FFF」という表示の場合は測定範囲外なので，その旨を記録する．真空計の圧力の上限値は，9.9×10^3 Pa になっている．

(4) 油回転ポンプのスイッチを入れる．このときポンプの起動音がわずかにするので，この音によりポンプの起動を確認する．

(5) この実験に用いる真空装置の排気速度 S は，圧力が高いとき，$S = 1.5\times10^2\ \mathrm{L\cdot min^{-1}} = 2.5\ \mathrm{L\cdot s^{-1}}$ (実測値)であり，排気する容器の体積 V は，$V = V_1 + V_2 = 7.5$ L である．真空放電は圧力 $p < 1.5\times10^4$ Pa で観測される．式(10)を変形した式

$$t = \frac{V}{S}\log_e\left(\frac{p_0}{p}\right) \tag{14}$$

を用いて，大気圧 $p_0 = 1.0\times10^5$ Pa から $p = 1.4\times10^4$ Pa に排気するまでに要する時間 t_0 [s] をあらかじめ計算し，ノートに記録する(自然対数 $\log_e$ は関数電卓では ln である)．

(6) リーク・バルブBを開いて空気を入れ，容器を大気圧にし，再び閉じる．(このときリーク・バルブBの締め付けが不十分にならないよう注意する．不十分のときにはここから空気が洩れ，十分低い圧力にならない．)

(7) この実験ではバルブの開閉が大切である．(1)に示したそれぞれのバルブの役割をよく理解し，この時点でバルブの開閉に十分なじんでおく．また次の一連の実験操作をあらかじめしっかり確認しておく．

以下の測定4.2および4.3では，それぞれの実験開始時点でのバルブの状態は，メイン・

バルブ：閉，リーク・バルブ A，B：閉，補助バルブ：開 である．

4.2 真空放電の観察

ここでのメイン・バルブの開閉はバルブのノブを半回転程度回すことにより行う（圧力が高いとき，バルブのコンダクタンスは十分大きいのであまり開ける必要はない）．

(8) ガイスラー・スイッチを押し，大気圧ではガイスラー管内で放電が観測されないことを確認する．

(9) メイン・バルブを開け，(5)で計算により求めた時間 t_0（5 秒，小数点以下切り捨て）だけ排気し，バルブを閉じる．このとき圧力は 1.4×10^4 Pa 程度となっている（ただし，ピラニー真空計の表示は若干異なる値を示す）．このときのガイスラー管内での放電の様子を観察する（p. 194 の 2.2.2 項(a)，図 6 参照）．

放電が観測されない場合は，0.5 秒間程度排気（メイン・バルブを開けて，すぐ閉じる）し，放電を観察する．

もしメイン・バルブを閉じるタイミングに失敗したときには，メイン・バルブを閉じた状態で，リーク・バルブ B を開け，空気を入れて容器を大気圧とし，バルブ B を閉じる．そして，(9)の最初から始める．

(10) メイン・バルブを開け，6 秒間ほど排気し，バルブを閉じる．このとき圧力は 10^3 Pa 程度である．放電を観察する（p. 194，図 6 参照）．

(11) メイン・バルブを開け，ピラニー真空計の表示が 1.5×10^2 Pa になったときバルブを閉じ，放電を観察する（p. 194，図 6 参照），このとき Crookes 暗部が電極から 1 mm 程度離れた位置に暗い縞として観測されることを確認する．暗部が見られない場合には，メイン・バルブを開け，ゆっくりと圧力を下げながら観察してみる．暗部が確認できたらバルブを閉じ，そのときの圧力 p と Crookes 暗部の幅 W を測定して記録する．さらに，メイン・バルブを開け，真空計の表示が 15 Pa になったときにバルブを閉じ，このときの圧力 p と Crookes 暗部の幅 W を測定し記録する．この付近の圧力では，Crookes 暗部の幅 W は圧力 p と反比例の関係があるので，圧力 $p = 1.5\times10^2$ Pa と 15 Pa のときで，圧力 p と幅 W の積 pW がほぼ一定値（1.5×10^2 Pa･mm 程度）となっていることを確かめよ．

【注意】 この圧力付近で放電電流は最大となるので，放電を連続的に行わせると電極が加熱されて溶けることがある．必ず短時間の放電を間欠的に行って観察すること．

(12) メイン・バルブを十分に（2 回転ほど）開け，圧力が 7 Pa 程度まで下がったところでバルブを閉じる．このときの放電を観察する（p. 194，図 6 参照）．（注意：$p < 5$ Pa の低圧力では放電は観察しないこと．）

(13) 以上の観察が終わったら，装置はそのままの状態で，次の実験の準備をする．

4.3 真空装置の排気特性

測定に入る前に測定値を記入するための表(表1参照)をあらかじめ用意する．また次の操作に入る前に，実験の手順をしっかり確認しておく．

表1 空気に対する排気特性の測定(例)

p [Pa]	排気特性 I		排気特性 II	
	t [min：s]	t [s]	t [min：s]	t [s]
150	0：00	0	0：00	0
80	0：12	12	0：11	11
50	0：25	25	0：23	23
30	0：45	45	0：41	41
20	1：08	68	0：59	59
15	1：28	88	1：14	74
10	2：10	130	1：45	105
8	2：42	162	2：07	127
6	3：46	226	2：38	158
5	4：45	285	3：02	182
4	6：35	395	3：33	213
3.5	8：07	487	—	—
3	11：18	678	4：19	259
2.5	—	—	—	—
2	—	—	4：56	296
1.5			5：16	316
1			5：52	352
0.75			6：32	392
0.5			7：20	440

$t_1 = 12\ \mathrm{min}\ 30\ \mathrm{s} = 750\ \mathrm{s}$，$p_1 = 2.9\ \mathrm{Pa}$
$t_2 = 12\ \mathrm{min}\ 53\ \mathrm{s} = 773\ \mathrm{s}$，$p_2 = 0.1\ \mathrm{Pa}$

4.3.1 油回転ポンプによる排気――排気特性 I

(14) 500 mL入りのデュワーびんに液体窒素を400 mL程度入れ，冷却トラップの近くに置く．

(15) リーク・バルブBを開け，真空容器を大気圧にする．続いて，空気の洩れのないようにバルブBを十分に締め付けて閉じる．

(16) メイン・バルブを全開(4回転)にし，排気する．ピラニー真空計の表示に注目し，圧力 $p = 1.5\times10^2$ Paとなったとき，ストップウォッチをスタートさせる．以後，表1に用意した圧力に到達した時刻を，スプリット機能を用いないで，手際よく秒単位まで読み取り，表に記録していく．時刻は分秒でそのまま読み取り，後で秒に換算する．$p\sim10^2$ Paで真空計のレンジが1R(上の目盛)から2R(下の目盛)に切り替わるので注意すること．

また，もし時刻の読み取りに失敗したときには，メイン・バルブを閉じ，(15)からやり直す．

(17)　時刻 t が 300 s (5 分 00 秒) になるかあるいは圧力 p が 1 Pa となったら，そのときの時刻 t_1 と圧力 p_1 をノートに記録し，冷却トラップに液体窒素を入れる．

液体窒素をトラップに注ぎ始めて 10〜20 秒後に圧力が急激に低下するので，真空計の圧力表示に注目する．圧力が真空計の最小表示値 $p_2 = 0.1$ Pa となったときの時刻 t_2 を素早く読み取り，t_2 と p_2 を記録する．

液体窒素をトラップに入れた後は，時刻 t_2 の読み取りに失敗しても絶対に真空容器を大気圧にしてはいけない．失敗した場合にもそのまま次の操作に移る．

(18)　メイン・バルブを閉じる．しばらく (2〜3 分間) 放置し，圧力表示に変化のないことを確認せよ．もし圧力上昇が観測される場合にはリーク・バルブ B を締め付け直し，それでも圧力上昇が止まらない場合は申し出る．

4.3.2　油回転ポンプと冷却トラップによる排気——排気特性 II

(19)　補助バルブを閉じる (この操作を絶対に忘れてはいけない)．次にリーク・バルブ B をごくわずか開け，$p = 10^3$ Pa 程度まで空気を入れ，バルブ B を十分に締め付け閉じる (10^3 Pa 以上の空気が入った場合には，メイン・バルブを半回転ほど開け，圧力を 10^3 Pa に合わせ，閉じる)．

(20)　補助バルブを開ける．5 分間程度そのままの状態にしておく．この間に次の操作をしっかり確認しておく．

(21)　メイン・バルブを全開 (4 回転) にし，圧力が $p = 1.5 \times 10^2$ Pa となったとき (バルブを開く途中でもよい) ストップウォッチをスタートさせる．以後，スプリット機能を用いないで，表 1 にあらかじめ用意した圧力に到達した時刻を秒単位まで素早く読み取り，表 1 に記録していく．

もし操作や読み取りなどのタイミングをのがした場合には，メイン・バルブを閉じ，操作 (19) からやり直す．

(22)　測定が終わったらメイン・バルブを閉じる．

4.3.3　冷却トラップからの気体の脱離の観察

(23)　冷却トラップに付属しているヒータの電源スイッチを入れ，ストップウォッチをスタートさせる．このとき可変変圧器 (スライダック) の指示が 30 V になっていることを確認せよ．

(24)　電源投入後，20〜30 分でピラニー真空計の圧力表示が上昇し始めるので，圧力が $p = 2$ Pa となったときの時刻 t_3 をノートに記録する．また圧力の上昇がほぼ止まったときの時刻 t_4 および p_4 を記録し，ヒータの電源を切る．

4.3.4　測定終了後の操作

(25)　リーク・バルブBを開け，真空容器内を大気圧にして，バルブBを閉じる．

(26)　メイン・バルブを開け，真空容器を圧力 $p = 4$ Pa 程度まで排気し，メイン・バルブを閉じる．

(27)　油回転ポンプのスイッチを切る．次に，リーク・バルブAを開き，真空容器とポンプを接続している導管を大気圧にし，バルブAを閉じる．導管内が真空のままだと，油回転ポンプ内の油が導管の中に吸い上げられてしまうので，この操作を忘れてはいけない．

(28)　実験終了時のバルブの状況は，メイン・バルブ：閉，補助バルブ：開，リーク・バルブA, B：閉 である．バルブの状態を確認し，またヒータ電源スイッチが「切」になっていることを確認して，ピラニー真空計のスイッチおよびメイン・スイッチを切る．

5.　測定結果の整理（排気特性のグラフ作成および排気速度の見積もり）

(1)　片対数グラフ用紙を用いて，測定した空気に対する排気特性IおよびIIの測定結果のグラフ（圧力 p [Pa]-時間 t [s]）を，図4を参考にして，作成する（ただし実験で用いたのは窒素ではない）．排気特性Iの測定で，液体窒素を入れたとき観測された圧力の急激な変化もグラフに記入する．

(2)　片対数グラフ用紙を用いて，油回転ポンプとトラップを用いた排気特性IIの測定結果を，図10を参考にして，グラフにする．作成したグラフの圧力 $1 \leqq p \leqq 10$ Pa での測定点に最もよく一致する直線を引く．直線の傾きからこの圧力領域での装置の排気速度を見積もる．図10で直線上の任意の2点を $A(t_a, p_a)$，$B(t_b, p_b)$ とする（ただし，$p_a > p_b$）と，式(9)から排気速度 S は

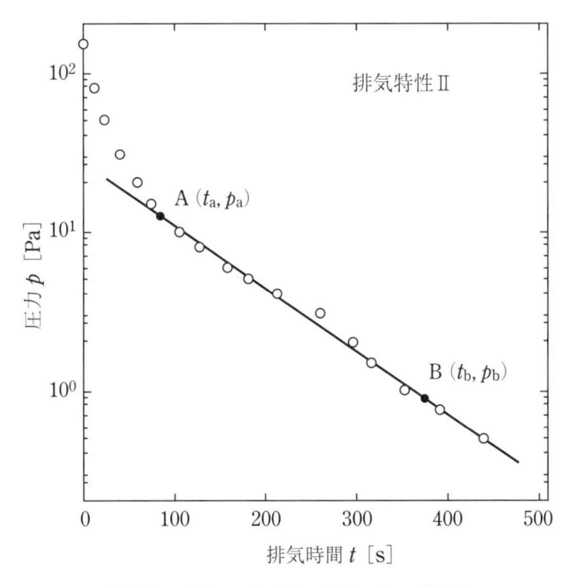

図10　圧力 p と排気時間 t との関係

$$S = -V\frac{\mathrm{d}\log_e p}{\mathrm{d}t} = 4.5\times10^2\frac{\log_e(p_a/p_b)}{t_b - t_a}\ [\mathrm{L\cdot min^{-1}}] \tag{15}$$

により与えられる($V = 7.5\,\mathrm{L}$).

(3)　$p = 5.0\,\mathrm{Pa}$ のとき，導管の直径 $D = 1.0\,\mathrm{cm}$，$L = 100\,\mathrm{cm}$ として式(4)を用いて導管のコンダクタンス $C\,[\mathrm{L\cdot min^{-1}}]$ を求めよ．この圧力のとき油回転ポンプの排気速度は $S_0 = 90\,\mathrm{L\cdot min^{-1}}$ である．式(8)を用いて，このときの装置の排気速度 $S\,[\mathrm{L\cdot min^{-1}}]$ を計算し，実験結果と比較せよ．また，このときの排気速度 S はほぼ導管のコンダクタンス C に等しいことを確認せよ．

(4)　油回転ポンプの排気速度を十分に活かすためには，内径 20 mmϕ 程度の短い導管でポンプと真空容器を連結する必要がある．上の(3)の条件で，導管の直径だけを $D = 2.0\,\mathrm{cm}$ と大きくしたとき，装置の排気速度 S を求め，容器の体積 $V = 7.5\,\mathrm{L}$ として，$p = 10\,\mathrm{Pa}$ から $p = 1\,\mathrm{Pa}$ に排気するのに要する時間 Δt を式(14)より見積もる(式(4)で得られる S が $\mathrm{L\cdot min^{-1}}$ の単位になっていることに注意せよ)．表1の排気特性IIから実際に要した時間 Δt を求めて比較してみよ．

ここでの測定および計算結果は，表2を参考にして整理せよ．

表2　排気速度および排気時間

導管の直径 D [cm]	計　算			実　験	
	コンダクタンス $C\,[\mathrm{L\cdot min^{-1}}]$	排気速度 $S\,[\mathrm{L\cdot min^{-1}}]$	排気時間 Δt [s]	排気速度 $S\,[\mathrm{L\cdot min^{-1}}]$	排気時間 Δt [s]
2.0	82	43	24	──	──
1.0	8.3	7.6	136	9.2	90

圧力 $p = 5.0\,\mathrm{Pa}$，導管の長さ $L = 100\,\mathrm{cm}$，ポンプの排気速度 $S_0 = 90\,\mathrm{L\cdot min^{-1}}$

6.　検討

以下の課題について検討し，ノートにまとめる．190ページの式(11)，193ページの「冷却トラップ」を参照せよ．

(1)　液体窒素を入れたときの急激な圧力変化の理由を考察せよ．

(2)　特性IとIIの測定結果が大きく異なる理由を考察せよ．

(3)　冷却トラップを加熱すると圧力の上昇が観測される理由を考察せよ．

参 考 文 献

熊谷寛夫，富永五郎編著：真空の物理と応用(裳華房)

T. A. Delchar 著，石川和雄訳：真空技術とその物理(丸善)

実験 16　放　射　線

1. 目　　的

^{90}Sr から放出される β 線が Al 板によって吸収される様子を GM 計数管（Geiger-Müller counter）を用いて測定し，β 線の吸収曲線を作成する．これによって物質を通過する過程で放射線の強度が減少していくことを理解する．また吸収曲線から β 線の最大エネルギーを求める．この実験を通して放射性物質の扱いや安全性についての知識を得る．

2. 原　　理

2.1　原子と放射線

原子はプラスの電荷をもった**原子核**とその周囲を取り巻く**軌道電子**からできていて，その質量の大部分は原子核に集中している．原子核はプラスの電荷をもった**陽子**と，質量は陽子とほぼ同じで電荷をもっていない**中性子**で構成される．陽子の数をその原子核の**原子番号**，陽子と中性子を合わせた数を**質量数**という．中性の原子，すなわちイオン化されていない原子は原子番号に等しい数の軌道電子をもっている．原子の化学的性質は軌道電子によって決まるので，原子番号ごとに**元素**として分類され，水素・酸素・鉄などの名前が付けられている．原子番号が同じで質量数の異なる原子を**同位体**（isotope）または**同位元素**といい，炭素を例にとると質量数が 12 のほかに 13 や 14 などの同位体が存在している．それらは ^{12}C，^{13}C，^{14}C というように表し，たとえば ^{14}C は「炭素 14」とよむ．天然に存在する炭素は 99 パーセントが ^{12}C，1 パーセントが ^{13}C で，ごく微量の ^{14}C などが含まれている．

さて ^{12}C と ^{13}C は安定であるが ^{14}C は不安定で，時間が経過すると図 1 に示したように電子を放出して ^{14}N に変わってしまう．あとで述べるが放出された電子は β 線という種類の**放射線**である．このように放射線を放出することによって質量数や原子番号が変わってしまうことを**放射性崩壊**といい，崩壊前の原子核は**親核**，崩壊後の原子核は**娘核**とよばれる．また放射線を放出する同位体を**放射性同位体**（radio isotope）あるいは英語の頭文字をとって RI（アールアイ）といい，放射性同位体を含んでいる物質を**放射性物質**という．

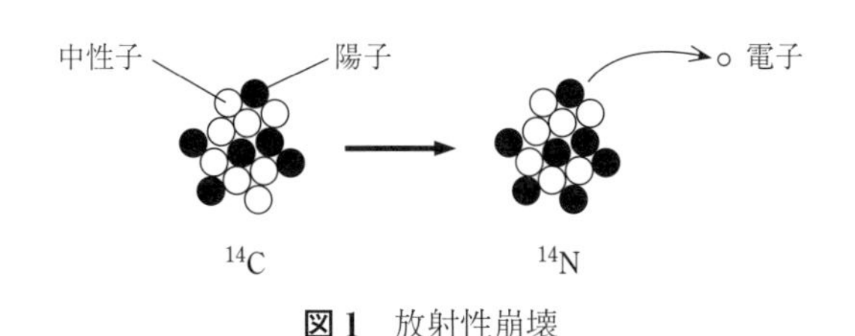

図 1　放射性崩壊

2.2　放射線の種類と発生源

原子核から放出される放射線は，レントゲンによってX線が発見された翌年の1896年にベクレルによって発見され，まもなくα線・β線・γ線という3種類に分類された．**α線**は陽子2個と中性子2個からなる^{4}Heの原子核で，ウラニウムなどの質量数の大きな原子核から放出される．原子核はα線を放出することによって，原子番号が2，質量数が4だけ小さくなる．これを**α崩壊**という．β線は**電子**または**陽電子**で，β線の放出によって原子番号は± 1だけ変化するが，質量数は変わらない．これを**β崩壊**という．**γ線**は波長が短い電磁波で，**励起状態**(高いエネルギーを持った状態)にある原子核が，より安定な状態に移るときに放出される．このとき原子番号や質量数は変わらない．

放射線には地球外から飛び込んでくる**宇宙線**(1次宇宙線とよばれる**陽子線・電子線・γ線**などと，1次宇宙線が大気中の原子と衝突してできた2次宇宙線とよばれる非常に多くの種類の粒子線など)や，**加速器**で作られるもの(**陽子線・電子線・重粒子線**)，医療用などに使われているX線，**核分裂**にともなって多量に放出される**中性子線**などがある．また原子炉や加速器から放出される中性子線を特定の元素に照射することによって，さまざまな**人工放射性物質**が作られている．工業・研究・医療機関などで使用されている放射性物質の大部分は，このようにして作られた人工放射性物質である．放射線を発生させる装置や物質を**放射線源**，あるいは**線源**という．

身の回りにはごく微量ではあるが放射性物質が存在している．それらが出す放射線や宇宙線のように，天然に存在する放射線を**自然放射線**という．

2.3　放射線と物質の相互作用

物質を構成する原子や分子の中を放射線が通り抜けたときに，放射線からエネルギーを与えられた軌道電子は，外側の軌道に移ったり軌道から飛び出したりすることがある．軌道電子が外側の軌道に移ったとき原子や分子は励起状態となり，やがて空いた内側の軌道に落ち込むが，このとき過剰なエネルギーを可視光線やX線などの電磁波として放出する．また軌道電子が飛び出した原子や分子は**イオン化**される．このようにしてイオン化されることを**電離**という．β線は軽くて電荷を持っているために，重い原子核の近くを通過すると電気力を受けて進路を曲げられ，そのとき**制動輻射**という形でX線を発生させて，エネルギーの一部をγ線に与えることがある．また大きなエネルギーを持ったγ線は，原子核や軌道電子の近くを通ったときに電子と陽電子のペアを発生させて自分自身は消滅する**電子・陽電子対生成**を生じさせることがある．ときとして放射線はこのように物質中で増殖される．

イオン化する能力の大きさは放射線の種類やエネルギーに関係があり，同じエネルギーで比較するとα線，β線，γ線の順になる．イオン化する能力が大きければ失うエネルギーも大きいので，物質中を透過する能力はγ線，β線，α線の順になる．放射線が物質中を通過していくと，放射線は次第にエネルギーを失っていき，エネルギーが十分に小さくなれば，もはや放射線ではなくなる．したがって物質が十分に厚ければ放射線を阻止することができる．

いままでは漠然と放射線ということばを使ってきたが，放射線とは広義には電磁波や粒子線のことである．しかし実際には電離能力を持っている**電離性放射線**のことを放射線といい，電波や可視光線のように電離能力のないものは放射線といわない場合が多い．本実験でも電離性放射線のことを放射線とよぶことにする．

2.4　放射線のエネルギーと線量

放射線のエネルギーは，eV（electron volt，電子ボルト）という単位で表す．1 eV は真空中において電位差 1 V で加速された電子が得る運動エネルギーで，およそ 1.602×10^{-19} J にあたる．実際にはその 10^6 倍の MeV（メブ）が使われることが多い．

放射性物質が 1 秒間に崩壊する数を**放射能**といい Bq（ベクレル）という単位で表す．たとえば 1 g の Ra（ラジウム）の放射能は 3.7×10^{10} Bq ほどになる．以前使われていた単位 Ci（キュリー）との関係は 1 Ci = 3.7×10^{10} Bq である．

放射線が物質に入ってくると，物質は放射線が持っていたエネルギーの一部を吸収する．放射線が入射して物質の単位質量あたりに与えるエネルギーを**吸収線量**といい，物質 1 kg に 1 J のエネルギーを与える吸収線量を Gy（グレイ）という単位で表す．以前使われていた単位 rad（ラド）との関係は 1 rad = 0.01 Gy である．

放射線が人体に与える影響を考慮して決められた，生体 1 kg に 1 J のエネルギーを与える吸収線量を**線量当量**といい，Sv（シーベルト）という単位で表す．人体が放射線を受けることを被曝というが，**被曝線量**の単位として Sv が使われる．以前使われていた単位 rem（レム）との関係は 1 rem = 0.01 Sv である．

2.5　放射線の危険性

イオン化された原子や分子は化学的性質が変わるために，放射線を浴びた物質が損傷を受けることがある．特に生体の場合は DNA のわずかな損傷によって，細胞が変質したり死滅する可能性がある．それでも放射線の量が少なければ，やがて死滅した細胞は排泄されて近くにある正常な細胞によって置き替えられ，生体組織は正常に回復する．ところが一度に多量の放射線を浴びたときには多くの細胞が損傷を受け，組織が壊れたり癌細胞ができたりして，ひどいときには個体が死亡することがある．

人間が一度に全身に放射線を浴びたとき，0.25 Sv 以下では特に症状は現れないが，0.5 Sv で白血球の減少など，1 Sv で吐き気など，3 Sv で脱毛など，5 Sv で皮膚の赤化など，そして 7 Sv では死亡率が 100% になるといわれている．1999 年 9 月には東海村の核燃料工場 JCO で六フッ化ウラン臨界事故が起き，作業中の 3 人が大量の放射線を浴びた．そのうちのひとりは 12 月に，もうひとりは翌年の 4 月に死亡している．

生物の場合は遺伝に対する影響も重要である．生殖細胞の中の遺伝子が損傷を受けた場合には，遺伝的影響が現れる危険率が非常に高いからである．

平均的な日本人が1年間に受ける放射線は，自然放射線が1.5 mSv，医療用放射線が3.8 mSvほどであり，1回に受ける医療用放射線については，集団検診胸部エックス線撮影で0.3 mSv，腹部CTで3.8 mSv，歯科口内法エックス線撮影で0.03 mSv程度である．

2.6　放射線の安全管理

人が体外の放射線源によって被曝することを**外部被曝**(体外被爆)，体内の放射線源によって被曝することを**内部被曝**(体内被爆)という．放射線を扱う人は**外部被曝防護の3原則**といわれている「放射線源との間に遮蔽(しゃへい)物を置く」，「放射線源に近づきすぎない」，「作業時間を短くする」などの注意が必要となる．内部被曝を避けるためには，放射性物質を呼吸，食事，皮膚から体内に取り込まないように気を付けなければいけない．

放射線の利用と安全については**国際放射線防護委員会**(ICRP)によって議論され，放射線の人体に対する影響に関する研究成果や放射線被曝による線量限度を明示する勧告などが出されている．日本においても「放射性同位元素等による放射線障害の防止に関する法律」が作られ，「放射線や放射性同位元素を取り扱う事業所においては，放射線レベルが法定基準を超える恐れのある場所を**管理区域**，管理区域に立ち入って放射線作業を行う者を**放射線業務従事者**として，被曝管理や健康管理，教育訓練を行う」ことなどが定められている．

2.7　放射性崩壊と計測

ひとつの放射性原子核に注目したとき，それがある時間内に崩壊するかしないかは偶然の法則に支配されている．ただしひとかたまりの同種の原子核が時刻 t に N 個存在したとき，t と $t+\mathrm{d}t$ 時間内に崩壊する原子核の数は N に比例することが実験的に確かめられている．そこで比例定数を λ と置いて

$$\frac{\mathrm{d}N}{\mathrm{d}t} = -\lambda N \tag{1}$$

が成り立つ．したがって $t=0$ での放射性原子核の数を N_0 とすると，時刻 t における原子核数 N は式(1)から

$$N = N_0\,\mathrm{e}^{-\lambda t} \tag{2}$$

で表すことができる．すなわち崩壊せずに残っている放射性原子核の数は指数関数的に減少していくことがわかる．式(2)から放射性原子核が半分の数になるまでの時間 T を求めると

$$T = \frac{\log_{\mathrm{e}} 2}{\lambda} \tag{3}$$

が得られる．λ は**崩壊定数**，T は**半減期**とよばれる．崩壊定数 λ が大きいほど原子核は不安定で，半減期は短くなる．

ところで放射性原子核の数を知ることは現実的ではなく，実際に可能なことは原子核が崩壊

するときに出す放射線を数えることである．そこで N 個の放射性原子核があって，そのうち観測時間 Δt 内に崩壊する数 n を求めてみると，式(2)から

$$n = N(1-\mathrm{e}^{-\lambda\,\Delta t}) \tag{4}$$

となるが，$\lambda\,\Delta t \ll 1$（この実験では $\lambda\,\Delta t \approx 10^{-5}$）であれば式(4)は

$$n = N\lambda\,\Delta t \tag{5}$$

で近似できる．しかし n は比較的小さな数（この実験では $10 \sim 10^4$）であるので，観測するたびに変動する．いま時間 Δt ごとの崩壊数を観測して $m_1, m_2, m_3, \cdots$ が得られたとき，それらの平均値を $\overline{m}$ として，Δt 内の崩壊数が m となる確率 $P(m)$ は，確率統計の理論から

$$P(m) = \frac{\overline{m}^{\,m}}{m!}\mathrm{e}^{-\overline{m}} \tag{6}$$

となる．式(6)は**ポアソン**(Poisson)**分布**とよばれていて，観測回数が非常に多ければ，式(6)の $\overline{m}$ と式(5)の n は等しくなる．図2に $\overline{m} = 5$ のときのポアソン分布を示す．破線は同じく $\overline{m} = 5$ のときの正規分布であるが，両者の違いは顕著ではなく，$\overline{m}$ が大きくなるとさらにはっきりしなくなる．ポアソン分布の標準偏差 σ は

$$\sigma^2 = \sum_{m=0}^{\infty}(m-\overline{m})^2 P(m) = \overline{m}$$

で表されるので，$\sigma = \sqrt{\overline{m}}$ となる．

ある時間内に計測した放射線の数を**計数**(count)といい，計数 n が得られたとき，$\overline{m}$ は n で近似できるので，測定値とその不確かさは

$$n \pm \sqrt{n} \tag{7}$$

で表される．たとえば $n = 100$ のときは 100 ± 10（相対不確かさ10パーセント），$n = 10000$ のときは 10000 ± 100（相対不確かさ1パーセント）となることからもわかるように，測定精度を上げるためには大きな計数を得る必要がある．

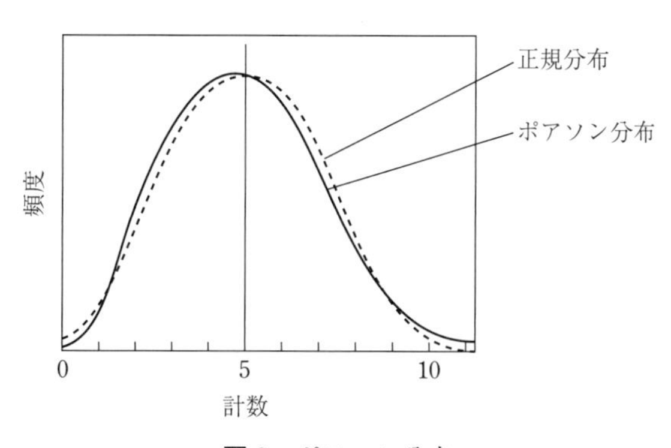

図2　ポアソン分布

2.8　GM 計数管

放射線はその電離作用を利用することによって，**写真乾板・霧箱・泡箱**のように飛跡を見るものや，放射線を数える**計数管**などで観測することができる．この実験では現在最も普及している **GM 計数管**を用いる．GM 計数管は，図 3 に示すように，基本的には円筒形の陰極と中心に置かれた細い線状の陽極，その間に入れてある気体によって構成される．計数管の一方の端には，透過力の弱い放射線を通すために，薄い雲母(うんも)の窓が設けてある．

GM 計数管の動作原理を簡単に説明する．放射線が計数管に入って来ると，その経路に沿ってたくさんの電子と陽イオンが発生し，電極間にかけてある電圧によって電子は陽極に向かって移動を始める．陽極付近には強い電場（2～3 kV/mm）があるために，電場によって加速されてエネルギーを得た電子もまた気体を電離・励起させるようになり，そして次々に生じた電子が陽極に集められ，電気信号として検出される．このように電子が増殖される現象を**電子なだれ**という．陽極の端部には，不要に強い電場ができるのを避けるために，ガラス玉が付けてある．

本実験で使う GM 計数管には，気体として 100 hPa ほどのアルゴンと，10 hPa ほどの無水アルコールが入れてある．アルコール分子は電子なだれが生じたときに分解され，電子なだれが永久に続いてしまうことを阻止する働きをするが，そのために計数管には寿命がある．本実験で使用する GM 計数管の寿命は 10^8 カウントほどである（本実験では 1 回の実験で 10^5 カウントほどを計数する）．

一定量の放射線が入る状態にして GM 計数管にかける電圧を上げていくと，**計数率**（一定時間における計数で単位は cpm．cpm は count per minute，すなわち 1 分あたりの計数）は図 4 のように変化する．電圧を変えても計数率があまり変わらない領域を**プラトー**（plateau：水平領域）といい，測定に使用するときはプラトー内の低目の電圧をかける．

図 5 に計数装置の概要を示した．GM 計数管で発生した電流変化は抵抗 R で電圧変化に変換され，コンデンサ C を通ったパルス成分だけが増幅器に入る．波高分析器は信号の中に含

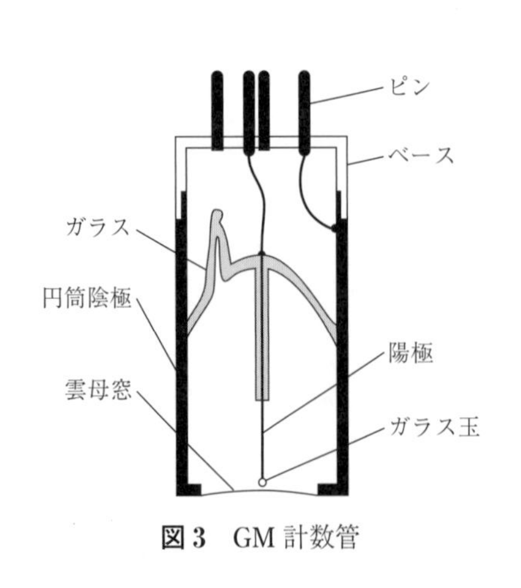

図 3　GM 計数管

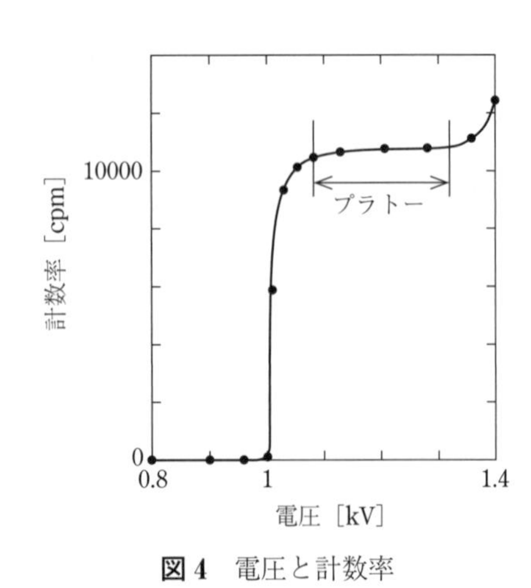

図 4　電圧と計数率

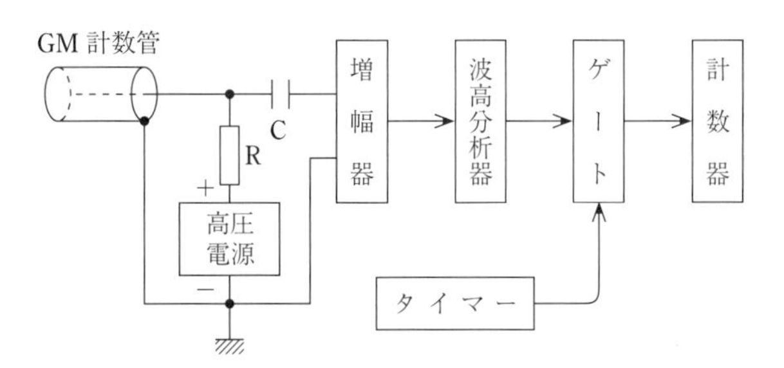

図5　計数装置の概要

まれているノイズを取り除く働きをする．ゲートはタイマーで設定された時間だけ信号を通過させ，計数器は信号の数をカウントして表示する．

2.9　^{90}Sr から放出される β 線

放射性崩壊をする場合，親核のエネルギーと娘核のエネルギーは決まっているので放出される放射線のエネルギーは一定値となるはずであるが，β 線のエネルギーは**連続スペクトル**となる．β 崩壊においては β 線と同時に**ニュートリノ**（**反電子ニュートリノ**）という粒子が放出され，β 線とニュートリノでエネルギーを分け合うからである．そこで β 線については最大エネルギーだけが決まる．なおニュートリノは地球でさえ通り抜けてしまうほどに透過力が強いために，歴史的に長い間検出されなかった．

本実験で放射線源として用いる ^{90}Sr（ストロンチウム 90）は，最大エネルギー 0.546 MeV の β 線を放出して ^{90}Y（イットリウム 90）となる．半減期は 28.8 年である．^{90}Y は不安定な原子核で，最大エネルギー 2.28 MeV の β 線を放出して安定な ^{90}Zr（ジルコニウム 90）になる．半減期は 64.1 時間である．このように 2 段階の崩壊があるが，前の崩壊の半減期が後の崩壊の半減期に比べてはるかに長いために，単位時間内に起こる，前の崩壊と後の崩壊の数は等しくなる．したがって放出される β 線は，最大 2.28 MeV のエネルギーをもった連続スペクトルとなっている．

2.10　β 線の物質による吸収

放射線は物質中を透過する過程で次第にエネルギーを失う．β 線の場合は，物質を透過してくる数が物質の厚さに対して指数関数的に減少し，厚さ x の物質に入射する前の β 線の数を N_0，透過してきた数を N とすると，

$$N = N_0 \mathrm{e}^{-\mu x} \tag{8}$$

が成り立つことが実験的に確かめられている．μ [cm^2/mg] を**質量吸収係数**という．放射線の吸収を扱うときは，厚さを単位面積あたりの質量 x [mg/cm^2] で表す．

物質の厚さ x [mg/cm^2] と物質を透過してきた放射線の計数率 n [cpm] を図6のように片対数グラフに表したものを**吸収曲線**という．物質がある厚さ R_0 になると β 線は透過できなく

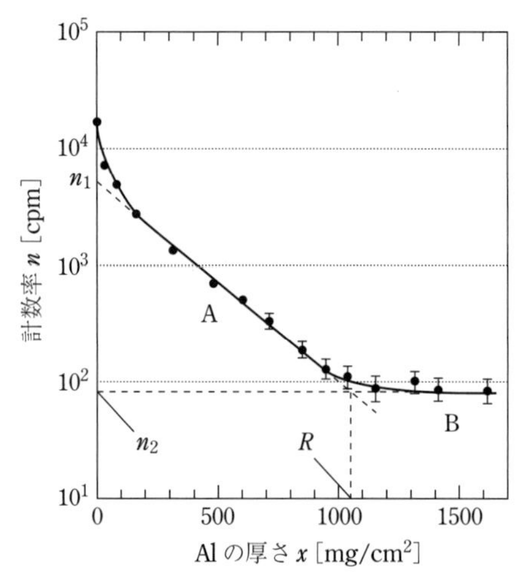

図 6　β 線の吸収曲線

なり，それ以上厚さを増しても計数率は減らずに一定となる．このときの R_0 を**最大飛程**という．計数率が 0 にならないのは自然放射線が存在するためである．吸収曲線の 2 つの直線部分 A と B を延長した交点の厚さ R を**外挿飛程**といい，β 線の最大エネルギー $E_{\max}$ [MeV] に対する R [mg/cm^2] や質量吸収係数 μ [cm^2/mg] が実験的に調べられている．吸収物質が Al（アルミニウム）の場合は式(9)と式(10)で表される．

$$\left.\begin{array}{ll} & E_{\max}\text{ の適用範囲} \\ R = 407(E_{\max})^{1.38} & 0.15\,\mathrm{MeV} < E_{\max} < 0.8\,\mathrm{MeV} \\ R = 542\,E_{\max} - 133 & 0.8\,\mathrm{MeV} < E_{\max} < 3\,\mathrm{MeV} \end{array}\right\} \tag{9}$$

$$\mu = \frac{22\times10^{-3}}{(E_{\max})^{1.33}} \qquad 0.1\,\mathrm{MeV} < E_{\max} < 3.0\,\mathrm{MeV} \tag{10}$$

3. 実 験 装 置

計数装置（アロカ製，TDC—105 型），GM プローブ（アロカ製，GP—101 型），測定台（アロカ製，PS—101 型），密封型放射線源 ^{90}Sr，アルミニウム吸収板セットおよび鉛板を用いる．放射線源は放射線保管庫に保管してある．

3.1 測定台

測定台を図 7 に示す．上部には GM 計数管が挿入されていて，下部には放射線源載せ台，および吸収板載せ台を挿入するためのスロットが 6 段ある．

注意：GM 計数管の雲母窓（1 段目の位置のすぐ上にある）は非常に薄くて弱いので，絶対に指を触れたりしてはいけない．また GM 計数管は振動にも弱いので，測定台から取り外してはいけない．

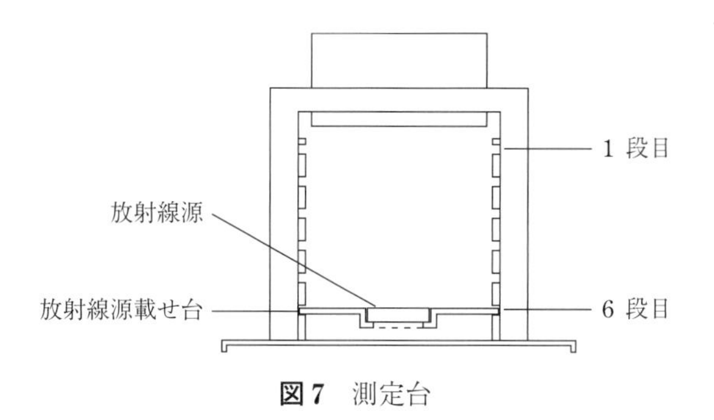

図7　測定台

3.2　計数装置

計数装置の操作面を図8に示す．スイッチ，つまみ，表示窓などの機能と役割は次のとおりで，図の番号と対応している．

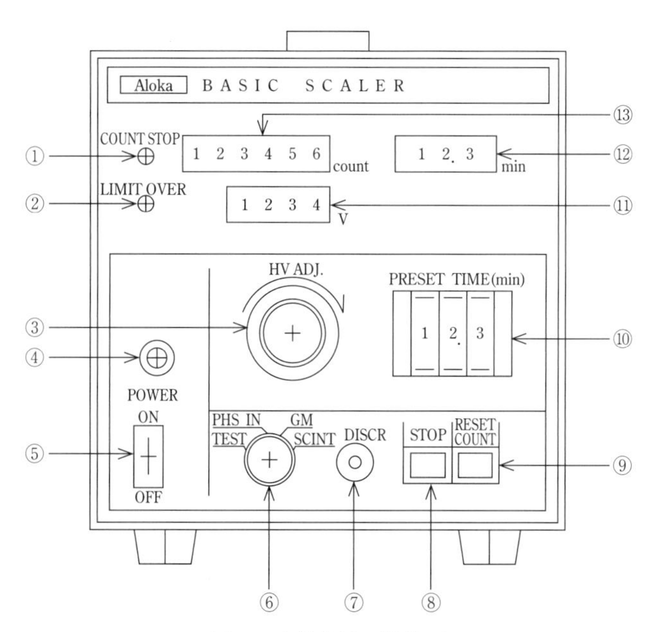

図8　計数装置の操作面

①　COUNT STOP ランプ：計数終了時に点灯する．

②　LIMIT OVER ランプ：制限電圧を越えた電圧を出力しようとしたときに点灯する．

③　HV ADJ. 調整器：出力電圧を調整する．つまみを矢印の方向に回すと電圧は上昇する．電圧はつまみ直上の表示窓⑪にデジタル表示される．電圧を細かく調節できるように，つまみは10回転式になっている．

④　POWER ランプ：電源が入っているときに点灯する．

⑤　POWER スイッチ：電源を ON/OFF する．

⑥　入力信号切替スイッチ：装置の調整や測定を行うための切替スイッチ．

TEST：計数器の試験を行うときに選択する．

PHS IN：前置増幅器を用いるときに選択する（本実験では使用しない）.

GM：GM 管を用いて計数するときに選択する.

SCIN：シンチレーション検出器を用いるときに選択する（本実験では使用しない）.

⑦　DISCR. 調整：検出器の検出限界を設定する（GM 管の最適値に調整してある）.

⑧　STOP ボタン：計数を強制的に終了させる.

⑨　RESET-COUNT ボタン：計数表示 ⑬ をリセットし，計数を開始する.

⑩　PRESET TIME：計数時間を設定する．⑨ を押して計数を開始後，設定した時間が経過すると計数は自動的に停止する．00.1～99.9 min（分）の設定ができる.

00.0min に設定したときは自動停止しない．計数を終了させるときは⑧を押す.

⑪　電圧出力表示器：出力電圧を，ディジタル 4 桁で表示する.

⑫　計時表示器：計数経過時間を 0.1 min 単位でディジタル表示する.

⑬　計数表示器：計数値をディジタル 6 桁で表示する.

3.3　^{90}Sr 放射線源と保管庫

^{90}Sr の放射線源は法令規制対象外**密封型線源**（日本アイソトープ協会製，SR 301）を用いる．線源は密封されている上に放射能が 1.0×10^4 Bq である．使用しないときには保管庫の中に入れてある．線源はしっかり管理する必要があるので，実験開始時に担当者が配布する.

注意：線源を覆っているアルミ箔を破ると危険である．アルミ箔の部分に指を触れたり傷を付けたりしないように慎重に扱うこと.

4.　測　　定

4.1　計数装置の動作確認

(1)　HV ADJ. つまみ ③ が左回り（反時計回り）いっぱいに回してあることを確認後，計数装置の入力信号切替スイッチ ⑥ を TEST に合わせ，POWER スイッチ ⑤ を ON にする．POWER ランプ ④ が点灯することを確認する.

(2)　PRESET TIME スイッチ ⑩ を 01.0 min にセットし，RESET-COUNT ボタン ⑨ を押す.

(3)　1 分後に計時表示器 ⑫ と計数表示器 ⑬ の表示が止まり，COUNT-STOP ランプ ① が点灯する．計数表示器が 1000 conut，計時表示器が 1.0 min であることを確認する．これ以外が表示されたときは，この操作を 2～3 回繰り返す．それでも状況が変わらなければ申し出よ.

注意：GM 計算管は，いきなり高電圧をかけたり切ったりすると破損する恐れがある．入力切替スイッチ ⑥ を GM の位置にするときと GM の位置から変えるとき，計数装置の電源を入れたり切ったりするときは，必ず HV ADJ. つまみ ③ を左いっぱい回して出力電圧 ⑪ が数 V 以下になっていることを確認すること.

4.2 GM 計数管の計数特性の測定

(4) 入力信号切替スイッチ⑥をGMに設定する．

(5) 放射線源をケースから取り出し，文字の刻印がない方を上にして，放射線源載せ台（くぼんだ円形の穴がある板）に入れる．測定台の前面にあるシャッタ板を上方にスライドさせて取り外し，放射線源載せ台を測定台の上から6段目（図7参照）に挿入してから，シャッタ板をはめ込む．

(6) HVつまみ③を右回り（時計回り）にゆっくり回し，出力電圧を約1200 Vに設定する．

(7) PRESET TIME⑩を00.0 minにセットし，RESET-COUNTボタン⑨を押して計数を開始する．計数表示器⑬の数値（計数）が急速に増加していくことを確認したらSTOPボタン⑧を押して計数を中止する．

(8) 出力電圧を900 Vまで下げ，ボタン⑨を押して計数を開始する．電圧をごくゆっくりと上げ，計数の増加が始まったらSTOPボタン⑧を押して計数を止める．このときの電圧V_Cをノートに記録し，電圧を少し下げて25 Vの倍数になるようにセットする（たとえばV_Cが1063 Vであれば1050 Vにする）．電圧は目標値 ±2 V程度の設定でよい．

(9) PRESET TIME⑩を00.1 minにセットし，設定した電圧から1250 Vまで25 Vおきに，0.1分間の計数をおこなって電圧と計数，計数率の関係を表にまとめる．計数は0.1分間おこなったので，計数率は計数/0.1 [cpm] である．電圧と計数率の関係をグラフに示し（図4を参考にする），プラトーを確認する．グラフから計数が急に上昇した電圧を求め，それよりも約100 V高い電圧を，GM管にかける電圧とする．

（**注意**：HVつまみ③を右に回しすぎると安全装置が働き，出力電圧が急に下がってLIMIT OVERランプ②が点灯する．そのようになったときは，HVつまみを左回りに十分回してから，計測装置の裏面にあるRESETスイッチを押す．今後は設定最高電圧1250 Vを越えないように，HVつまみをゆっくり回すこと．）

(10) HVつまみ③を回して(9)で定めた出力電圧にセットし，電圧をノートに記録する．これ以後はすべての測定が修了するまでHVつまみを回してはいけない．

4.3 自然計数の測定

(11) 放射線源をケースに戻し，測定台にシャッタ板をはめ込む（今後も計測時には必ずシャッタ板をはめ込むこと）．

(12) PRESET TIME⑩を05.0 minに設定する．

(13) RESET-COUNTボタン⑨を押して自然放射線による計数（**自然計数**）N_{01}を測定し，ノートに記録する．

4.4 アルミニウム板によるβ線の吸収の測定

厚さ0.1，0.2，0.3，0.5，1.0，2.0，3.0，5.0 mmのアルミニウム板が用意されている．

(14)　測定(5)を参考に，放射線源を測定台の上から6段目に挿入する.

(15)　放射線源の上にアルミニウム板等がのっていないことを確認してから，PRESET TIME ⑩を00.5 minにセットして吸収板の厚さが0のときの計数Nを測定する.

(16)　アルミニウム板の厚さが，順に0.1，0.3，0.7，1.0，1.2，1.5，1.8，2.2，2.7，3.3，4.0，4.8，5.8 mmとなるように放射線源の上にのせて計数し，板の厚さLと計数Nを表に記入する．PRESET TIME ⑩の値(計数時間T)は，アルミニウム板の厚さが0.1 mmまでは00.5 min，0.3〜0.7 mmでは01.0 min，1.0〜2.7 mmでは02.0 min，3.3 mm以上では05.0 minに設定する．測定結果の例を表1に示した.

(17)　すべてのアルミニウム板を放射線源の上から取り去り，代わりに厚さ1 mmの鉛板をのせて5.0分間の計数を行って計数率n_{Pb}を求める.

(18)　線源をケースに戻し，測定(12)〜(13)のときと同様にして自然計数N_{02}を測定する.

4.5　測定終了

(19)　出力電圧⑪を記録してからHV ADJ. つまみ③をゆっくりと左回りいっぱいまで回し，入力信号切替スイッチ⑥をTESTの位置にする.

(20)　POWERスイッチ⑤をOFFにする.

(21)　線源を保管庫に戻すように申し出る.

5.　測定結果の整理

5.1　自然計数率の計算

自然計数の計数率を**自然計数率**という．この実験では自然計数率n_0とその不確かさΔn_0を，2つの自然計数N_{01}とN_{02}から次の式によって求める.

$$n_0 = \frac{N_{01} + N_{02}}{5+5} \tag{11}$$

$$\Delta n_0 = \frac{\sqrt{N_{01} + N_{02}}}{5+5} \tag{12}$$

5.2　吸収曲線の作成

(1)　吸収の測定で得られた計数Nから計数率nとその統計不確かさ$\pm\Delta n$を次式で計算して表1に記入する．有効数字については特に考えなくてもよい.

$$n = \frac{N}{T} \tag{13}$$

$$\Delta n = \frac{\sqrt{N}}{T} \tag{14}$$

アルミニウムの厚さL [mm]とx [mg/cm^2]の関係は

$$x = 269L \tag{15}$$

表1　アルミニウム板によるβ線の吸収

厚さL [mm]	厚さx [mg/cm^2]	計数時間T [min]	計数N	計数率$n\pm\Delta n$ [cpm]
0	0	0.5	11362	22724 ±213
0.1	27	0.5	9645	19290 ±196
0.3	81	1.0	14044	14044 ±119
0.7	188	1.0	9687	9687 ± 98
1.0	269	2.0	13822	6911 ± 59
1.2	323	2.0	10289	5144 ± 51
1.5	404	2.0	6864	3432 ± 41
1.8	484	2.0	4087	2044 ± 32
2.2	592	2.0	1927	964 ± 22
2.7	726	2.0	688	344 ± 13
3.3	888	5.0	449	89.8± 4.2
4.0	1076	5.0	156	31.2± 2.5
4.8	1291	5.0	173	34.6± 2.6
5.8	1560	5.0	166	33.2± 2.6

で表される（付録C1参考）．

(2)　片対数グラフ用紙を用いて計数率nをアルミニウム板の厚さxの関数としてグラフを作成する．図6のように計数率nを黒丸で，統計不確かさΔnを縦棒で示す．

5.3　β線の最大エネルギーを求める

(3)　吸収曲線のグラフを見て，図6に示したように傾きが一定になっている部分に直線Aを引く．直線Aを延長して$x=0$のときの計数率n_1を読み取り，自然計数部の直線Bとの交点から外挿飛程Rと計数率n_2を求める．

(4)　吸収曲線のグラフは計数率を対数で表してあるので，直線部の傾きμは式(8)から

$$\mu=\frac{\log_e n_1-\log_e n_2}{R} \tag{16}$$

で与えられる．グラフから求めた計数率n_1とn_2，外挿飛程Rを式(16)に代入して，質量吸収係数μを求める．

(5)　求めたμを式(10)に代入してE_{max}を求める．

(6)　求めたE_{max}の適用範囲を考慮して，式(9)からE_{max}を求める．

6．検　　討

以下の課題について検討し，ノートにまとめる．

(1)　前にも述べたように^{90}Sr放射線源から放出されるβ線の場合，$E_{max}=2.28$ MeVである．測定によって求められたE_{max}と比較し，考察せよ．

(2)　自然計数を測定して式(11)と式(12)によって求めた自然計数率 $n_0 \pm \Delta n_0$ と，β 線の吸収の測定時のアルミニウム板が十分に厚いときの計数率を比較せよ．不確かさを考慮しても一致しないときには理由を考えよ．

(3)　同じ厚さのアルミニウム板と鉛板をのせたときの計数率を比較すると，鉛板の方がはるかに β 線を阻止する能力が高いことがわかる．アルミに比べて鉛の方が阻止能力が高い理由を考えよ．

(4)　放射線の危険性と，放射線を安全に取り扱うために必要なことをまとめよ．

(5)　^{90}Sr から放出される γ 線(《参考》を参照)がこの実験に与える影響(不確かさ)を，γ 線の割合 0.0115% を用いて計算し，考察せよ．

(6)　GM 計数管の数え落とし(《参考》を参照)が，この実験に与える影響(不確かさ)を計算し，考察せよ．使用した GM 計数管の不感時間 T_D はおよそ 10^{-4} s である．時間の単位に注意して計算すること．

《参　考》

^{14}C による年代測定

大気中に最も多く存在する ^{14}N が宇宙線に含まれる中性子線を受けて，

$$^{14}\mathrm{N} + {}^{1}\mathrm{n} \longrightarrow {}^{14}\mathrm{C} + {}^{1}\mathrm{p}$$

という核反応を起こすことによって，^{14}C は絶えず作られている．^{14}C は酸素と結合し，化学的に安定な炭酸ガスとなって大気中に拡散するが，一方で ^{14}C は半減期 5730 年で β 崩壊して ^{14}N に戻るので，炭酸ガス中に含まれる ^{14}C と ^{12}C の比は一定に保たれている．植物は生きている間は炭酸ガスを取り込んでいるので，植物に含まれる炭素同位元素の存在比は空気中の炭酸ガスの場合とほぼ同じである．ところが生命活動を停止した後は ^{14}C は崩壊によって減少していくので，たとえば遺跡から出土した木片などに含まれている ^{14}C の存在比を測定することによって，およその年代を知ることができる．

大気中に含まれる ^{14}C は ^{12}C の $1/10^{12}$ で，身の回りにある木製品や人体などを構成する炭素 1 g あたりの ^{14}C の崩壊は 13.6 cpm ほどである．

^{90}Sr から出る γ 線

「原理」で ^{90}Sr が 2 段階の β 崩壊をすることを述べたが，^{90}Y から ^{90}Zr の励起状態に崩壊してから 1.76 MeV の γ 線を放出して安定な ^{90}Zr になるものが 0.0115% 存在することがわかっている．γ 線は β 線よりも透過力がかなり強く，厚さが 1 cm 程度のアルミニウム板では阻止できない．

GM 計数管の数え落とし

一般に計数管は放射線に反応して電気信号を出した後，次の放射線を検出できるようになるまでの，ごく短い準備時間が必要である．この準備に必要な時間を**不感時間**という．その間に入って来た放射線は数え落とされてしまうが，不感時間を T_D とし，測定によって得られた計数率を n' とすると，数え落としを補正した計数率 n は

$$n = \frac{n'}{1 - n' T_\mathrm{D}} \tag{17}$$

によって求めることができる．

実験 17　サーミスターの電気抵抗の自動測定実習

1. 目　　的

コンピュータを用いて，電気抵抗のを自動測定と，測定結果の整理法について実習する．自動測定を行うため，ここでは，VEE（Visual Engineering Environment）言語を用いる．この言語の特徴は，プログラム作成を図式的に行えることにある．

自動測定プログラムを作成した後，サーミスター（thermistor）の電気抵抗の自動測定を行う．実験データをコンピュータ上で整理し，サーミスターの電気抵抗の温度変化を特徴づける特性温度を求める．

2. サーミスターの電気抵抗について

2.1 物質の電気抵抗率

物質を電気抵抗で整理すると，銅や銀のように電気を非常によく通す金属とガラスやゴムのようにほとんど電気を通さない絶縁体とに分けることができる．電気抵抗 R は物体の長さ L に比例し，断面積 S に反比例するから，物質による電気抵抗の違いを比較する場合には，物質固有の量である抵抗率 $\rho = RS/L$ を用いる．抵抗率の値は物質によって 20 桁以上もの広い範囲にわたっており，金属の場合には非常に小さく 10^{-8}～10^{-5} Ω·m ぐらいなのに対し，絶縁体では 10^{10}～10^{15} Ω·m もある．また，金属と絶縁体の中間の 10^{-5}～10^{9} Ω·m ぐらいの抵抗率をもつ物質も数多く知られており，半導体と呼ばれている．このように抵抗率の大きさによって物質をだいたい分類することはできるが，その境界はあまりはっきりせず，特に半導体と絶縁体とはそれほど厳密には区別できない．しかし，金属と半導体（絶縁体）は，その電気的性質の温度に対する特性から明確に区別できる．電気抵抗は，金属の場合，温度の上昇とともに増加するのに対して，半導体では減少する．

2.2 半導体の電気抵抗の温度変化

半導体の伝導の担い手は伝導体にある電子と，価電子帯にある正孔である．伝導体にある電子は，価電子帯やドナー準位から熱励起によって生じたものであり，一方，価電子帯の正孔は，価電子帯から伝導体およびアクセプター準位へ熱励起した電子が価電子帯へ残す正孔である．これらの電子や正孔の数は温度の上昇とともに急激に増加し，電気抵抗も著しく減少する．電気抵抗の温度依存性は，狭い温度範囲に限れば，次式で表すことができる．

$$R = R_c e^{B/T} \tag{1}$$

ここで R_c は定数，B は特性温度と呼ばれる定数で電気抵抗の温度変化を特徴づける物質固有の量である．特性温度とボルツマン定数 k_B の積 $k_B B$ を半導体の活性化エネルギーと呼ぶ．式(1) 両辺の自然対数を求めると，

$$\ln R = \ln R_c + B\frac{1}{T} \tag{2}$$

となり，$\ln R$ と絶対温度の逆数 $1/T$ とが直線関係になることがわかる．したがって，電気抵抗 R の温度変化を測定し，$\ln R$ と $1/T$ の関係をグラフに表せば，その傾きより特性温度 B を求めることができる．

2.3　サーミスターの電気抵抗

サーミスター (thermistor) は thermally-sensitive-resistor の略で Ni, Mn, Co などの遷移金属酸化物を成形・焼結させた酸化物半導体である．サーミスターの電気抵抗も，式(1)でその温度依存性を表すことができる．しかし，電気伝導の起源は半導体の場合とは同じではない．半導体の場合，熱励起によって生じた電子と正孔が電気を運ぶが，サーミスターでは熱励起によって生じた電子や正孔は遷移金属イオンが作る不純物準位に捕獲され，物質中を自由に動くことができない．しかしながら，この捕獲された電子や正孔はすぐ近くにある他の不純物準位へ飛び移る (hopping) ことは可能である．この飛び移りにより，電子や正孔は物質中を移動することができることになる．飛び移りの頻度が高ければ高いほど，電子や正孔は移動し易くなる．2 つの不純物準位間に存在するポテンシャルエネルギーの山の高さを ΔE とすると，これらの準位間を飛び移る頻度は $\exp(-\Delta E/k_B T)$ に比例する．したがって，伝導度も $\exp(-\Delta E/k_B T)$ に比例することがわかる．これが，サーミスターの電気抵抗が式(1)で与えられる所以である．

サーミスターの電気抵抗は温度に対して敏感に変化するので，室温から 700 K 程度の範囲で，高感度な温度センサーとして用いられている．

3.　実 験 装 置

3.1　測　定　系

図 1 に測定系を示す．コンピュータに加え，測定系はデジタルマルチメータ (Agilent 社製, 34401 A) 2 台，ホットスターラ (加熱撹拌器)，三角フラスコ，撹拌子および白金温度計と試料からなる．

三角フラスコ内部の液体は，引火点 315 ℃ をもつシリコン油 (KF 54) であり熱の媒体となる．フラスコの底にある撹拌子は，シリコン油を撹拌させるために使う．

ホットスターラによりシリコン油の温度を上昇させる．試料と温度計は，シリコン油に浸される．シリコン油の温度と試料抵抗を別々のデジタルマルチメータで測定する．

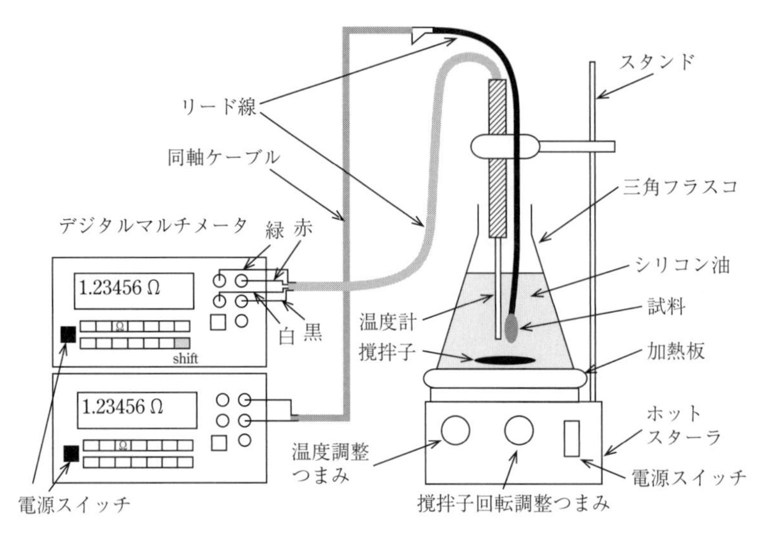

図 1　測定系概要図

3.2　温度計と試料

試料は黒い樹脂の中に埋め込まれており，2 本のリード線が試料に接続している．リード線は黒色の絶縁チューブで覆われ，2 極の端子板につながっている．試料部分は温度計の先端部にプラスチックチューブで固定される．試料につながったリード線も温度計の保持部にプラスチックのチューブで固定されている．

温度計の先端部（ステンレスの筒の先端部）には白金抵抗体素子がある．素子には 2 本の電流リード線と 2 本の電圧測定リード線が接続されている．これらのリード線は灰色の絶縁チューブ（外形 8 mm）の中を通る．灰色チューブの端では，赤と黒（電流端子，赤が正極）および緑と白（電圧端子，緑が正極）のリード線が差し込み型プラグにつながっている．

測定が始まるまで，試料と温度計はシリコン油から抜き上げてある．

4.　測 定 準 備

4.1　装置の配置と配線

測定台の左側にコンピュータを，図 1 に示すように中央にデジタルマルチメータを 2 台重ねて置き，右側にはホットスターラを配置する．

デジタルマルチメータの入力端子は表面パネルの右端にある（図 1 で ○ で示してある）．4 端子法で抵抗を測定する場合，5 つの端子の右側の上 2 つを電流供給端子として，また左側の 2 つを電圧測定端子として使う．どちらも上側が正極である．2 端子で抵抗を測定するときには，右側の上 2 つの端子を使う．

上側のデジタルマルチメータ（722 と記したラベルが貼ってある）は温度の測定に用いる．灰色の絶縁チューブから取り出された赤と黒および緑と白のリード線を，極性と端子を間違えないようデジタルマルチメータの端子口に挿入する（図 1 を参照）．

下側のデジタルマルチメータ(723)は試料抵抗の測定に用いる．デジタルマルチメータの入力端子には，同軸ケーブルが接続されている．ケーブル先についた鰐口クリップの赤側が正極である．2つの鰐口クリップで，試料につながったリード線の端子を挟む．

4.2 予備測定

配線に誤りがないことを確認したのち，2つのデジタルマルチメータの電源スイッチボタンを順に押し込む．次に入力信号の種類に合わせて，入力機能を選択する．

上側のデジタルマルチメータの場合，表面パネルにあるshiftボタン(図1で灰色のボタン)を押し，続けて抵抗測定ボタン(図1でΩと記したボタン)を押す．下側の場合，抵抗測定ボタン(図1でΩと記したボタン)を押せばよい．

上側のマルチメータ(温度測定用)の表示値がおよそ0.1 kΩ，下側のマルチメータの表示値が5 kΩから10 kΩの間であればよい．そうでなければ，再度配線を確認する．

この先，2台のマルチメータの電源ボタンは，押し込んだままでよい．

5. 測定用プログラムの作成・描画

5.1 自動測定の概要

電気抵抗の温度依存性を手動によって測定するための手順を順を追って確認しておく．

(1) 試料が浸かっているバスの温度を測定し，結果をノートに記録する．

(2) 電気抵抗を測定し，結果をノートに記録する．

(3) グラフ用紙上に測定結果をプロットする．

(4) バスのヒーターに電力が供給されていれば，温度は徐々に上昇するので，続いて温度と電気抵抗の測定を行う．同時に，グラフ用紙にデータを残していく．

(5) この手続きを繰り返して，所定の温度に達したら，測定を終える．

この一連の作業は，実験者が自身へ命ずる指令「測定を行え」,「結果を記録せよ」,「グラフにプロットせよ」，および判断「次の測定を行うか，または測定を終えるか」などに沿って進んでいる．これらの指令や判断を含めて，測定をコンピュータに行わせる一連の作業を**自動測定**と呼ぶ．

測定を自動化するには，命令や判断をコンピュータにプログラムとして書き込むことが必要である．プログラムを書き込む言語として，ここでは図式化言語VEEを用いる．この言語は，コンピュータの実行手順を図式化するもので，C言語など記述式言語を経験したことがない者にも，プログラム作成を可能とする．

5.2 VEEによるプログラム作成

実験台上のコンピュータとデジタルマルチメータ2台は，GPIBケーブルを介して接続され

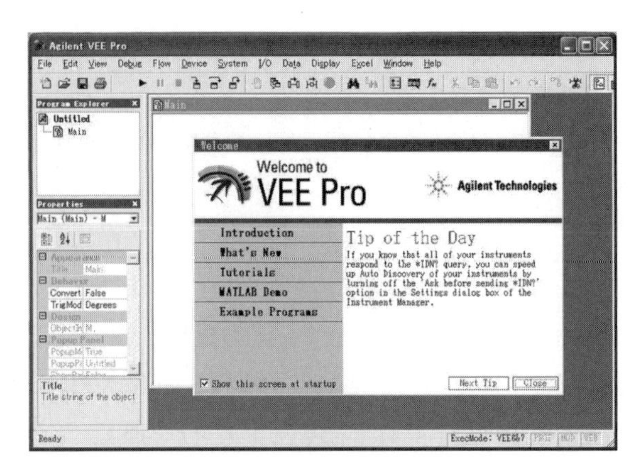

図 2　VEE 開始画面

ている．GPIB とは General Purpose Interface Bus の略称で，コンピュータが測定器へ命令を送信するときや，測定器からデータを受信するときなどに必要となる手順を定めた国際標準の 1 つである．GPIB の取り決めに従ってデータを授受するために，GPIB ケーブルが使われる．USB 端子に USB ケーブルをつなぐことと一緒である．

いよいよ，プログラムの作成を始める．

まずコンピュータを起動する．スイッチは，コンピュータ本体の前面パネル，ほぼ中央にある．Windows のウィンドウが表示されたら，マウスポインタをアイコン VEE Pro に重ね，マウスの左ボタンを 2 回クリックする．マウスのボタン操作については，左ボタンをクリックするときには**左クリック**，2 回クリックするときには**左 2 回クリック**などと簡略して記述する．

VEE が動きだし，Agilent VEE pro ウィンドウが現れる．このウィンドウは，通常，図 2 のように，Main ウィンドウと 3 つの小さいウィンドウから構成される．Main ウィンドウの前面にある Welcome ウィンドウは，役に立つ情報(チップ)を表示している．ちょっと目をやり，Close ボタンを押して閉じる．縦に並んだ 2 つのウィンドウ Program Explorer と Properties も，非表示ボタン☒を左クリックして閉じておく．場合によっては，これら 2 つのウィンドウは表示されてないこともある．続けて，Agilent VEE pro のタイトルバー左側にある□(最大化)ボタンを押し，このウィンドウを画面いっぱいに広げる．Main ウィンドウについても同様に拡大する．

プログラム：[1] マルチメータの認識　まず，マルチメータを VEE プログラムに認識させるための作業を行う．メニューバーにある I/O ボタンにポインタを重ね，左クリックにより I/O メニューを引き出す．図 3 はこの中身である．続いて，一番上にある Instrument Manager にポインタを移動し，左クリックする．

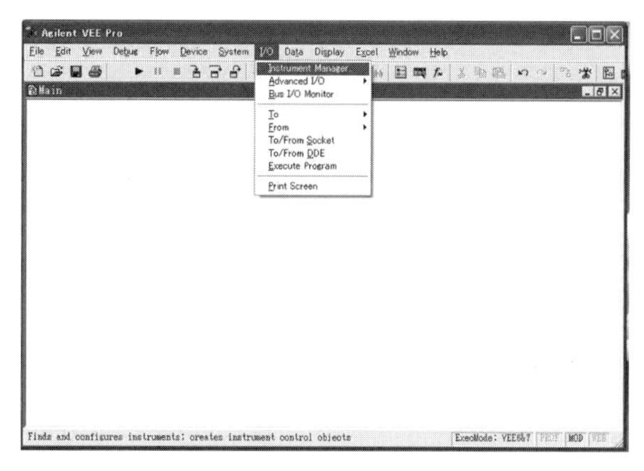

図 3　IO メニュー引き出し

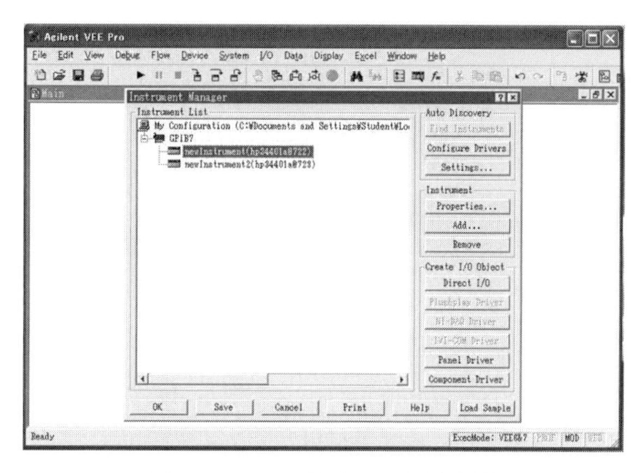

図 4　GPIB に接続された測定器

画面には Instrument Manager ウィンドウが現れる．図 4 にこのウィンドウを示す．フォルダー GPIB7 の下にある 2 つのアイコンは，それがマルチメータであることを表しており，アイコン右の表示 NewInstrument (hp34401a @ 722) と NewInstrument (hp34401a @ 723) のなかの@以降の数字で両者は区別される．これらの番号は，機器の GPIB 番号として予め登録したもので，マルチメータ左端のメモ上に記されている．

722 番のマルチメータアイコンを右クリックし，Create Panel Driver Object をクリックする．同時に Main ウィンドウ上にポインタにつながった四角い枠が表示される．この四角の枠を画面の上部に納めるようポインタを動かし，左クリックする．723 番のマルチメータについても，Instrument Manager を表示することから始めて，同様に，そのパネルを「Main」ウィンドウに表示する．図 5 に，2 つのパネルの配置例を示す．

パネルには，機能 (Function)，入力インピーダンス (Input R)，測定感度 (Range) などが表示される．どちらの機器も測定は DC 電圧，入力抵抗は 10 MΩ，測定レンジは自動 (入力電圧の大きさで測定範囲を自動的に替える) に設定されている．

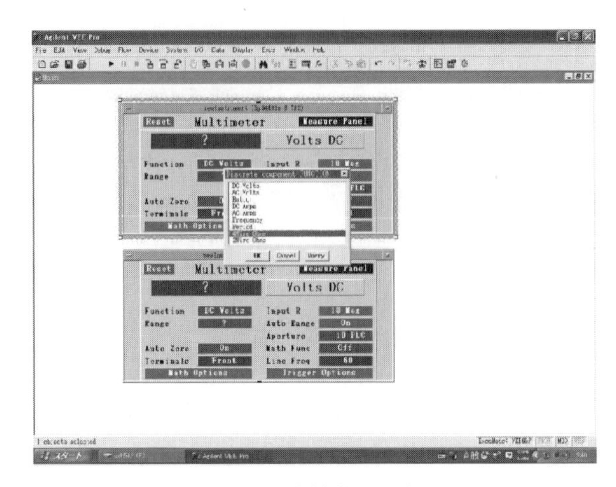

図 5　測定機能の選択

722 番のデジタルマルチメータは，白金温度素子の抵抗値の読み取りに用いるが，これには 4 端子法による抵抗測定機能を持たせる．白金温度素子の抵抗値は 100 Ω 程度と小さく，接触抵抗による不確かさを除くためである．

測定機能 (Function) の変更は，図 5 に示す 722 番のマルチメータパネルにある Function の内容を表す小さいウィンドウ (DC volts と表示されている) にポインタを移し，左クリックする．引き出されたメニューより 4Wire Ohms を選択し，OK を左クリックする．

723 番のマルチメータでは，測定機能を 2Wire Ohms に変更する．

上に示したマルチメータのパネルは，測定データを表示する機能しか持たない．そこで，測定データを取り出すために必要となる機能を付け加える．

まず，722 番のマルチメータパネルにあるタイトルバー左端の ☐ ボタン (図 6 で B と指示したボタン) を左クリックする．パネルに付加する項目が引き出されるので，ここの Add Ter-

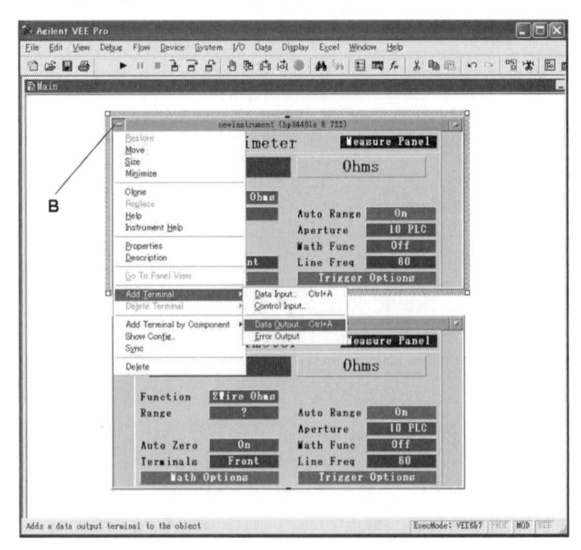

図 6　VEE 画面－6：出力端子の設定手順

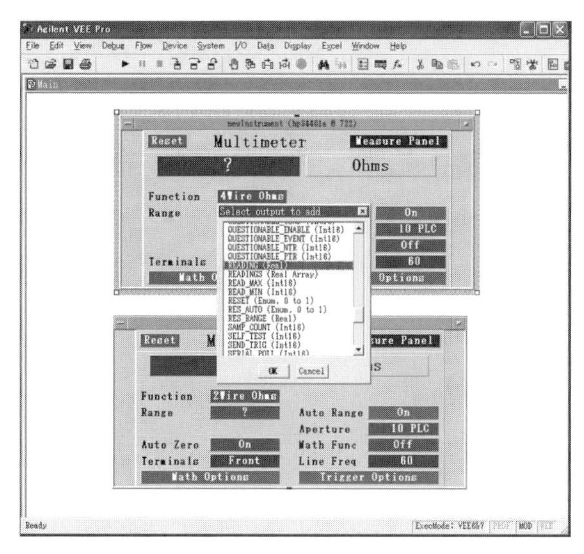

図 7　出力端子の選択

minal を左クリックし，さらに詳細項目を引き出す．Data Output を左クリックすると，Select Output to add をタイトルとするウィンドウが現れる．図 7 にこれを示す．ここで，READING (Real) を選択し，OK ボタンを左クリックする．これで，722 番のパネルに出力端子が付く．選択を間違えたときは，マルチメータのタイトルバーにある ⊟ ボタンの左クリックから始め，カーソルを Delete Terminal に続いて Output に移し，左クリックする．さらに，確認のためのウィンドウで OK と進み，間違えた端子を取り除く．この後，出力端子を再度取り付ける．

723 番のパネルについても，同様な操作を行い，READING (Real) 出力端子を取り付ける．この段階でのパネルは，図 8 に表示されるものとなる．

2 つのデジタルマルチメータパネルは，VEE の Main ウィンドウを広く占領している．これ

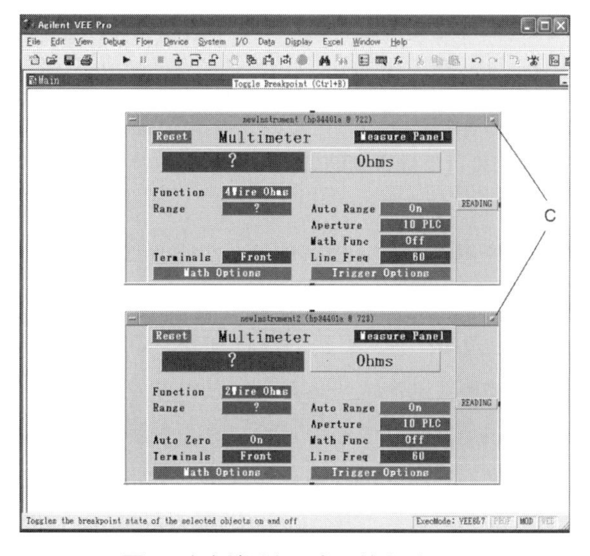

図 8　出力端子とパネル縮小ボタン

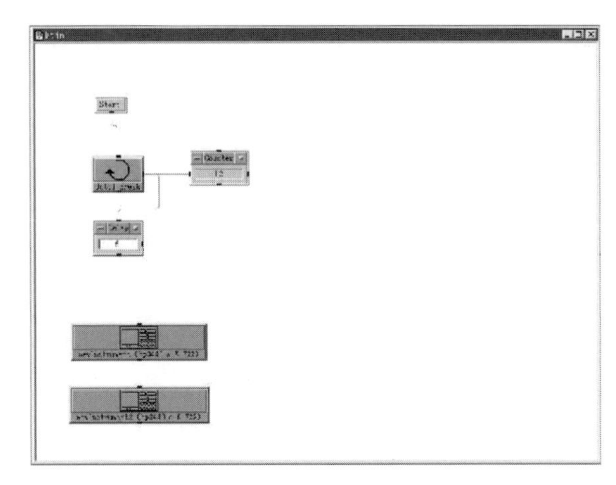

図 9　Object の配置と結線の例

らはプログラムを作る作業を妨げるので縮小する．図 8 で C で指示したボタン ⊡ を左クリックすればよい．パネルの位置は，縮小したパネルの内部で左クリックしたままマウスを移動させることで変えることができる．図 9 に示すように，2 つのパネル位置を Main ウィンドウの中心より左下にずらしておく．

プログラム：[2] プログラムの記述方法と小プログラム実行　プログラムを作るために，測定の手順をやや詳しくまとめておく．

(1)　温度と電気抵抗の測定を開始する．

(2)　5 秒ごとに試料の温度と電気抵抗の測定を行い，結果を表に書き込み，グラフ上にプロットする．

(3)　ヒーターの電源スイッチ入れる．

(4)　温度が 400 K を越えたら測定を停止する．

(5)　ヒーターの電源スイッチを切る．

(6)　データの整理を行い，その後，測定器やコンピュータの電源を切る．

手順 (3) と (5) は現在の実験装置では自動的に実行できないので，これを除いて手順をプログラム化する．

まずプログラムの始まりを示すボタンを Main ウィンドウに作る．手続きは Flow メニューボタンにポインタを重ね，Flow メニューを引き出す．一番上にある Start を左クリックしてポインタをデスクトップの左上辺に移動させる．連動して小さい枠がデスクトップに現れる．マウスを止めるとその位置で枠が固定され，Start ボタンができあがる．このボタンを VEE プログラム言語では **Start Object** と呼ぶ．ここでは Object を表すのに太字を用いることにする．**Start Object** がその例である．**Start Object** を作る手順を ［*Flow*］⇒［*Start*］⇒ *MainWindow* と表すことにする．他の Object の作成もこれに倣う．

次に，5 秒ごとに測定を行うため，デジタルマルチメータにトリガー（測定開始の指令）を

送る **Until Break Object** を作る（Until Break は，プログラムを中断（Break）するまでトリガーを送信し続けるとの意味を持つ）．手順は［*Flow*］⇒［*Repeat*］⇒［*UntilBreak*］⇒*MainWindow*，となる．位置は **Start Object** の下に置く．この直下に［*Flow*］⇒［*Delay*］→*MainWindow* により **Delay Object** を作る．**Delay Object** は数値を表示するウィンドウに“1”を表示しているが，これを5に替える（数値1をマウスでなぞって5を入力すればよい）．この **Delay Object** を実行すると，以後のプログラムの実行に5秒の遅れがでることを表す．

デジタルマルチメータに送るトリガーの回数を数えるため，［*Devise*］⇒［*Counter*］⇒*Main-Window* により，**Counter Object** を **Until Break Object** の右に置く．Main ウィンドウ内のボタンの配置例を図9に示す．

ここで，小さなプログラムを作製し，VEE がどのような言語であるのか体験しよう．

Start Object に注目する．枠の下に小さい黒四角ドットが見える．**Until Break Object** には枠の上下と左側に黒四角ドットがある．枠の上側および下側にあるドットを，それぞれ，制御入力端子および制御出力端子と呼び，枠の左および右側のドットを，それぞれ，データ入力端子およびデータ出力端子と呼んでいる．制御入出力端子は，プログラムの実行順序を定めるために使い，データ入出力端子は，その名の通り，**Object** へデータを入力するためと，**Object** からデータを取り出すために使用する．

Start Object の制御出力端子（下側ドット）にマウスポインタを重ね，左クリックしながらポインタを移動し，**Until Break Object** の制御入力端子（上側ドット）に重ね，最後に左クリックを放す．すると，**Start Object** と **Until Break Object** をつないだ線が固定される．結線場所を間違えた場合には，ポイントをその線に重ね（レンズのマークが線上に現れる）キーボードの Ctrl と Shift キーを同時に押しながら（レンズが ”はさみ” マークに変わる）左クリックする．この操作で間違えた線が消える．この後，線を書き直す．

続けて，**Until Break Object** のデータ出力端子（右側ドット）と **Delay Object** の制御入力端子（上側ドット）をつなぎ，さらに **Until Break Object** のデータ出力端子（右側ドット）と **Counter Object** のデータ入力端子（左側ドット）をつなぐ．ここまでの結線を図9に示す．

これで小プログラムは完成だ．早速プログラムを実行しよう．Agilent Vee Pro ツールバーにある緑三角形ボタンを左クリックすればよい．5秒ごとに **Counter Object** の数値が1ずつ増えることを見ておく．同時に，ツールバーにあった再生ボタン▶が灰色に変わっていることにも注意する．灰色は，プログラムが実行中であることを示す．

プログラムを終わらせるには，ツールバーにある停止ボタン■（緑三角マークより右へ2つめ）を左クリックすればよい．

プログラム：［3］測定実行用プログラム　本題に戻る．

Delay Object 制御出力端子と722番のデジタルマルチメータパネルの制御入力端子を結ぶ．同様に，**Delay Object** 制御出力端子と723番のパネルの制御入力端子とを結ぶ．この結線によって，デジタルマルチメータは，5秒ごとにトリガーが与えられ，その度に測定を行うことになる．

測定値を表示するため [*Display*] ⇒ [*AlphaNumeric*] ⇒ *MainWindow* と進み，722 番のデジタルマルチメータパネルの右に **AlphaNumeric Object** を置く．番号 723 のパネルに付いても同様に **AlphaNumeric Object** を設ける．各々のデジタルマルチメータのデータ出力端子と右に置いた **AlphaNumeric Object** のデータ入力端子をつなぐ．

ここでプログラムを実行してみる．5 秒ごとに，新しい測定結果が **AlphaNumeric Object** の小窓に表示されることが見てとれる．しばらく実行した後，プログラムを終了させる．この後，722 番のデジタルマルチメータパネルと **AlphaNumeric Object** を結ぶ線を切り，**AlphaNumeric Object** を右に 7〜8 cm ずらす．

これから後，プログラム作成はやや複雑で間違えやすくなる．ガイドとして，プログラムの完成図を図 10 に示しておくので参照する．

3.2 で述べたように，722 番のデジタルマルチメータは白金温度センサーの電気抵抗を読み取る．この値 R [Ω] を温度 T [K] に変換するため，次の校正式を使う．

$$T = 33.016 + 2.2979 * R + 10.351 \times 10^{-4} * R^2 \qquad (3)$$

この計算式をプログラムに書き込むため，[*Device*] ⇒ [*Formula*] ⇒ *MainWindow* と進み，722 番のパネルの右に置く．**Formula Object** 内の小窓にある「2*A+3」を消し，ここに，式(3)の右辺にある変数 R を A に置き替え，33.016+2.2979 * A+10.351E−4 * A^2 として書き込む（**Formula Object** は，A をローカル変数として使えるよう設定されている）．変数 A にデータを入力するため，722 番のデータ出力端子と **Formula Object** のデータ入力端子とを結ぶ．計算された温度を *MainWindow* に表示するため，**Formual Object** のデータ出力端子と **AlphaNumeric Object** のデータ入力端子を結線する．

以上の手続きで，コンピュータが試料温度と電気抵抗の測定を行い，結果を数値で表示してくれるプログラムができた．次に，測定結果をグラフに表すことと，測定結果を表に整理するプログラムを作成する．

プログラム：[4] 結果を表示するプログラム　[*Display*] ⇒ [*XvsYplot*] ⇒ *MainWindow* と進み，*MainWindow* の中心付近に**グラフ表示 Object** を置く．この **Object** は，2 つのデータ入力端子を持つ．上側が x 値（横軸），下側が y 値（縦軸）への入力端子である．温度を計算した **Formula Object** のデータ出力端子を**グラフ表示 Object** の上側入力端子に，723 番パネルのデータ出力端子（電気抵抗の測定値を出力する端子）を**グラフ表示 Object** の下側入力端子に結線する．

グラフ軸に物理量の名称を入れるため，**グラフ Object** にある Y name にマウスポインタを移し，左クリックする．画面に現れた Edit Y name ウィンドウにある Scale Name **欄**を R (ohm) と変更すればよい．さらに，Automatic Scaling **欄**の右小窓にある On にポインタを移し，左クリックして Off を表示させる．最後に OK をクリックする．同様に X name も T(K) に変え，Automatic Scaling を Off にしておく．

データ点を見やすくするため，データのマークを＋に設定する．このため YData 1 を左クリックし，画面に現れる Edit YData1 ウィンドウ内の Line Type と Point Type を，それぞれ，・と＋に変える．グラフのサイズは，グラフ枠の右下角にポインタを移し，左クリックしたままマウスを移すことで拡大，縮小ができる（測定範囲を決めるとよい）．

測定データは，エクセルの表に書き込むことにする．VEE に備わったエクセル専用ライブラリーを利用する．まず［*Excel*］⇒［*InitializeExcelLibrary*］⇒*MainWindow* と進み **Initial Excel Library Object** を *MainWindow* にある **Start Object** の右に置く．その下側に，次の 2 つの **Objects** を順に置く．［*Excel*］⇒［*Settings*］⇒*MainWindow* と進んで **Excell Setttings Object** を，続いて［*Excel*］⇒［*NewWorkbook*］⇒*MainWindow* より，**Call xlLib.NewWorkbook Object** と置く．

これらのエクセルライブラリーをプログラムに書き込む．手順を次に示す．

(1)　**Start Obeject** と **Until Break Object** をつないでいる線を切る．

(2)　**Start Ojbect** の制御出力端子と **Initial Excel Libray Object** の制御入力端子をつなぐ．

(3)　**Initial Excel Libray Object** の制御出力端子と **Initial Excel Settinngs Object** の制御入力端子とをつなぐ．

(4)　**Initial Excel Settinngs Object** の制御出力端子と **Call xlLib.NewWorkbook Object** の制御入力端子とをつなぐ．

(5)　**Call xlLib.NewWorkbook Object** の制御出力端子と **Until Break object** の制御入力端子とを結ぶ．最後に，これらの **Object** の位置をずらし，形を整える．

測定データをエクセルに取り込むために，［*Excel*］⇒［*SendData*］⇒［*DataToCells*］⇒*MainWindow* と進み，**DataToCells Object** をグラフ **Object** の右側に置く．この **Object** はデータ入力端子を 2 つ持つ．左上は数値の入力端子であり，左下がその数値を書き込むセルの番号である．セルの番号は，たとえば A 1, A 2, B 1, B 2 などとなるが，アルファベットは表の列を，数値は行を表す．ここでは，列 A に温度，列 B に抵抗値を記録する．

温度の測定値を列 A に書き込む手続きをプログラムする．まず，**DataToCells Object** の上に，**Formula Object** を作る．この **Object** のデータ入力端子に **Counter Object** のデータ出力端子を結線する．**Object** 内の小ウィンドウにある **2*A+3** を "A"＋A に変え，データ出力端子と，**DataToCells** の左下データ入力端子とを結線する．最後に，温度を計算した **Formula Object** のデータ出力端子を **DataToCells** の左上データ入力端子と結線する．

抵抗測定値を列 B に書き込む手続きは同様である．**DataToCells Object** と **Formula Object** を順に作り，後者の小ウィンドウ内を "B"＋A とする．**Formula Object** のデータ入力端子に **Counter Object** のデータ出力端子を結線し，**FormulaObject** のデータ出力端子を **DataToCells Object** の左下データ入力端子につなぐ．抵抗測定値のデータ出力端子と **DataToCells Object**

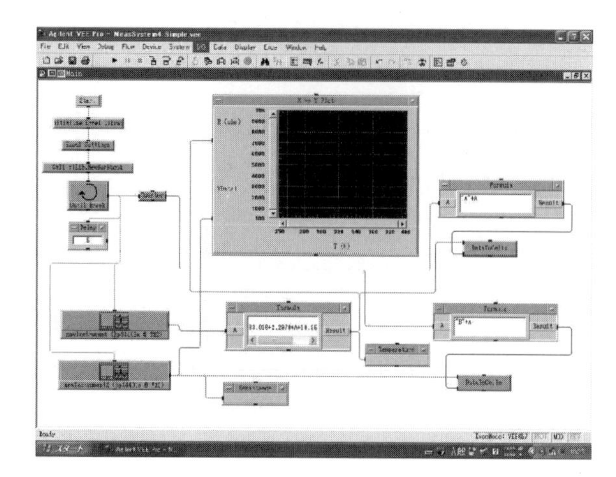

図 10　プログラム完成図

の左上データ入力端子につなぐ．

これでプログラムは完成する．図 10 に完成したプログラムがある．Object 間の結線に間違えがないか確認する．結線の位置は Object の配置により異なるので，結線のトポロジーにのみ注目する．

プログラム：[5] 試行とデバッグ　プログラムを試しに実行してみる．結線に間違えがなければ，測定は次々に行われ，データがグラフ上にプロットされる．そうでなければ，プログラムはメッセージを表示して止まる．この場合，実行停止ボタンを押してプログラムを修正する必要がある．

測定が思った通りに進んでいるのであれば，プログラムが書かれた画面を常時表示しておく必要はない．温度や抵抗値の測定データと，その変化を示すグラフが表示されていれば十分である．これは，Panel と呼ぶ画面を使って実現できる．

Panel Objects にデータやグラフを表示する方法を次に示す．

(1)　グラフを表示している X vs Y Plot Object にポインタを移し，左クリックをする．

(2)　[*Edit*] ⇒ [*AddtoPanel*] と進む．

(3)　画面は Panel に代わり，グラフが大きく表示される．Panel を拡大し，グラフも見やすい大きさにする．

(4)　Panel 画面とプログラムのある画面 (Detail と呼ぶ) の行き来は，Main Window のタイトルバーにあるボタンをクリックして行う．Main と表示された左側のボタンは To Detail と呼ばれ，プログラム画面に戻るときに使う．その左は To Panel ボタンで，Panel に行くときに使う．

(5)　Panel に温度と抵抗値を表示させる手続きは，グラフの場合と同様である．プログラム画面にある温度と抵抗値を表示するための AlphaNumeric Object を，左クリックし，[*Edit*] ⇒ [*AddtoPanel*] と進む．

最後にPanelに移り，温度の表示域（横軸）の下限と上限を，それぞれ270 Kおよび400 Kに設定する．電気抵抗（縦軸）も下限を100 Ω，上限を10 kΩと設定する．

6．測　定

試料と温度計を三角フラスコの中に下ろし，シリコン油に浸す．試料と温度計の先端位置はシリコン油の中間付近とする．

ホットスターラ（図1では右下にある）の温度調整つまみと回転子調整つまみの指示を0位置にもどし，電源スイッチを入れる．次に，回転子調整つまみを右方向（時計の針の方）に回し，回転子がシリコン油を穏やかに撹拌するところまで，つまみの指示を（2から2.5あたり）上げていく．

プログラム実行ボタンを押し，自動測定を始める．エクセル表が前面にきているときには，プログラムの書かれているウィンドウまたはPanelにポインタを移し，左クリックする．

シリコン油の温度を上げるため，温度調整つまみの指示を1まで上げる．温度の上昇と電気抵抗の変化を確認する．温度が上昇するようであれば，このまま5分程度放置する．5分経過したら，温度調整つまみ指示を2まで上げる．さらに5分経過ごとに1目盛分だけつまみを回す．ただし，温度に変化が現れない場合には，温度調整つまみを0まで戻し，配線を確認した後，指導者に連絡する．

温度が400 Kに達したら，プログラムを停止させる．その後，温度調整つまみを0まで戻す．試料と温度計はシリコン油に浸したまま，しばらく放置しておく．実験データの整理が終わった後で，シリコン油から引き上げればよい．その際，シリコン油が三角フラスコ内に滴下するよう，試料と温度計の位置に注意すること．撹拌子回転調整つまみの指示を0に戻し，ホットスターラの電源を切ることも忘れないこと．

エクセル表をWindows下辺のタスクバーから取り出し画面に表示させる．この表をマイドキュメントにあるデータ格納用のフォルダ**実験データフォルダ**に，学籍番号をファイル名として，すぐに保存しておく．データを紛失や破棄から守るため，同じフォルダに作成したプログラムも保存しておく．**完成したプログラムの印刷**も忘れないこと．

7．結果の整理

データはエクセルの表として保存されたので，ここではエクセルの機能を使ってデータの整理を行う．

まず，エクセルデータを表示する．表のA列に温度が，B列に抵抗値が表示されている．表のC列に，温度の逆数を計算して表示する．続いて，D列に抵抗の自然対数を計算して表示する．抵抗の対数値を温度の逆数に対してプロット（作図）する．次に，［グラフ］⇒［近似曲線の追加］と進み，「近似曲線の追加」ウィンドウで「種類」を「線形近似」，さらに「オプション」を開き，「□グラフに数式を表示する」および「□グラフにR-2乗値を表示する」にチェックマークを入れ，最後に「OK」をクリックする．

グラフの中に最小二乗法で計算した $\ln R$ と $1/T$ の関係が式で表示される．これは，式(2)で示した関係の実験式である．実験式より，定数 B を求める．

R-T のグラフとエクセルで計算した $\ln R$-$1/T$ の結果（近似曲線）をそれぞれ印刷する．

最後に，Vee や Excel を閉じてコンピュータの電源を切る．デジタルマルチメータの電源スイッチも切っておく．

8．検　　討

(1)　実験式より求めた特性温度 B は，妥当な大きさであったか検討せよ．
(2)　測定データのばらつきの原因と，それを減らす方法を考えよ．
(3)　VEE によるプログラムの長所と短所について考えよ．
(4)　自動測定の長所と短所について考えよ．
(5)　サーミスターと熱電対を温度計として使う場合，それぞれの長所と短所を考えよ．
(6)　サーミスターの電気伝導の機構について，詳しく調べよ．

付録 A

実験機器の使用法

A1　温度計，湿度計，気圧計

A1.1　温　度　計

（1）温度計の種類

温度計には，液体温度計，熱電対温度計，電気抵抗温度計，放射温度計などがある．これらの温度計はそれぞれに特徴があり，使用する温度領域や目的によって使い分ける．代表的な温度計について，測定原理や測定できる温度範囲などを表A1-1にまとめる．本実験においては，実験7のように室温や水温など0～100 ℃程度の範囲の測定には水銀温度計を使用し，実験8や12のように0 ℃以下の実験の場合にはクロメル-アルメル熱電対を用いる．熱電対に関しては実験8で詳しく原理と使用方法を説明しているので，ここでは水銀温度計について説明する．

表A1-1　温度計の種類とその特徴

測定方法	種　類	原　理	感温体	使用温度範囲［℃］
接触法	液体温度計	物質の熱膨張を利用	灯油など	−80～200
			水銀	−20～400
	熱電対温度計	物質の熱起電力を利用	白金-白金ロジウム	0～1400
			クロメル-アルメル	−200～1200
			銅-コンスタンタン	−200～300
			クロメル-金・鉄	−270～10
	電気抵抗温度計	物質の電気抵抗の温度依存性を利用	サーミスタ	−50～350
			白金	−260～1600
非接触法	放射温度計	被測定物から出る特定の波長帯域の放射輝度を測定する	シリコンなど	−30～3000

（2）水銀温度計

水銀温度計はガラスの毛細管中に水銀を真空封入し，毛細管の下部に水銀の液だめをつくってあるものである．水の氷点を0 ℃，沸点を100 ℃としてセ氏温度目盛がつけられ，使用範囲は−20～360 ℃程度である．目盛は1 ℃から0.1 ℃刻みのものがある．取り扱ううえで次の点に注意する．

① ガラスでできた測定器であるから破損しやすい．落としたり，ぶつけたりしない．

② 温度計の使用可能な温度範囲を越えて使用しない．

③ 目盛を読み取るときには視差(第Ⅰ章4.4参照)に注意する．特に，拡大鏡を使用するときには非常に視差が生じやすい．

④ 水銀温度計は，ガラスや水銀の熱容量のために，温度変化に対する応答の遅れが大きい．測定する物の温度を急激に変えないようにしなければ正しい測定にならない．また極端な温度変化を加えると温度計を破損することもある．

⑤ 水銀温度計には，水銀柱の先端までを測定物に入れた状態で正しい温度を示す全浸没温度計と，あらかじめ決められた浸線まで測定物に入れて目盛部分は室温に露出して測定する浸線付き温度計がある．全浸没温度計を使用するとき，水銀柱が測定物から露出してしまう場合には露出部補正をする必要があるので注意する．本実験では煩雑さを避けるため，露出部補正はおこなわない．

A1.2 湿　度　計

（1） 湿度の定義

大気中には窒素，酸素，二酸化炭素などとともに水蒸気が含まれていて，時間や場所に依存して変化している．ある温度における飽和蒸気の密度が M [kg·m^{-3}]，実際にその空気 1 m^3 に含まれる水蒸気の質量が m [kg] のとき，m [kg·m^{-3}] を絶対湿度，$\frac{m}{M}\times 100$ [%] を相対湿度と定義する．通常，相対湿度のことを湿度とよぶ．

(2) 乾湿球湿度計

湿度計には乾湿球湿度計，露点計，毛髪湿度計，赤外線吸収湿度計，電気抵抗式湿度計などがある．図 A1-1 のように，乾湿球湿度計は同じ形の 2 本の温度計が並んだ構造をしている．1 本は室温を測定する**乾球温度計**であり，もう 1 本は液だめの部分が濡れたガーゼで覆われた**湿球温度計**である．ガーゼの水は毛管現象によって水壷から補給され，液だめのまわりの水の蒸発によって湿球の温度は下がる．乾燥していれば多くの水が蒸発するから湿球の温度降下は大きくなるし，逆に空気中の水蒸気量が多ければ水の蒸発は少なく温度降下も小さい．このように空気中の水蒸気量によって湿球の温度降下の割合が変化するから，この関係を利用して湿度を測定することができる．乾湿球湿度計で湿度を測定するときには，乾球の示度と湿球の示度を読み，**湿度表**（付録C付表8）を用いて湿球温度と乾球と湿球の示度差から湿度を求める．実際に実験室に設置されている乾湿球湿度計には図 A1-2 に示すような移動板がついていて，移動板右側の印を湿球の示す温度に合わせ，乾球の示す温度から矢印をたどると，湿度を簡便に求めることができる．

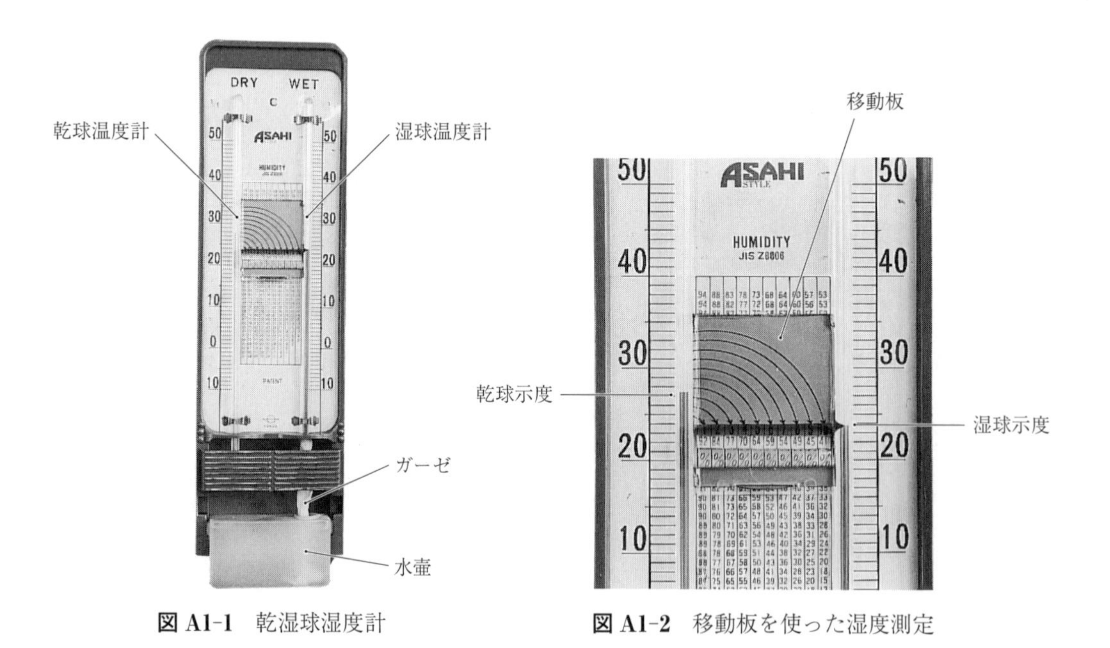

図 A1-1　乾湿球湿度計

図 A1-2　移動板を使った湿度測定

A1.3 気　圧　計

(1) 圧力の単位

圧力は単位面積あたりに作用する力として定義され，圧力の単位は種類が非常に多い．1気圧(1 atm)は海面における大気圧の平均値で，0℃で高さ 76.0 cm の水銀柱が底面に及ぼす圧力である．1 atm は 760 Torr に等しい．1 bar は 10^6 dyn·cm^{-2} である．SI 単位系では圧力の単位は N·m^{-2} であり，組立単位を用いて Pa と表される．圧力の単位は次のように換算される．

$$1\ \mathrm{atm} = 760\ \mathrm{mmHg} = 760\ \mathrm{Torr} = 1.01325\times10^5\ \mathrm{Pa} = 1013.25\ \mathrm{hPa}$$

$$1\ \mathrm{Pa} = 0.0075006\ \mathrm{Torr} = 9.8692\times10^{-6}\ \mathrm{atm}$$

気象関係で大気圧に使用されてきた mbar は，1992 年 12 月から SI 単位系である hPa に変更された．1 mbar = 1 hPa である．

(2) 気　圧　計

(a) アネロイド気圧計

簡便な気圧測定器として金属の弾性を利用したアネロイド気圧計がある(図 A1-3)．測定は針の指す目盛を読み取るだけで簡単であり，自動記録式のものもある．設置する向きに影響されず振動にも強いことから持ち運びが容易で，広く用いられているが，精密な気圧測定には向かない．

図 A1-3　アネロイド気圧計

(b) 水銀気圧計

水銀気圧計は大気の圧力を水銀柱の圧力に変換して測定する気圧計である．図 A1-4(a) に**フォルタン気圧計**の全体を示す．フォルタン気圧計は底部に**水銀槽**をもち，1 m ほどのガラス管中に水銀を満たして水銀槽の中に倒立させた構造をしている．水銀槽の液面からガラス管内の液面までの高さを精度よく測ることによって，大気圧を測定することができる．

測定は次の手順でおこなう．

① 水銀槽の下についているネジ S(図 A1-4(b)) を慎重に回して槽内の水銀液面を静かに上下させ，**水銀面**と**象牙針** N の先端を一致させる．象牙針と水銀面を鏡として映る像の先端が接触するように調整すればよい (図 A1-4(c), (d))．

② つまみ D を回して**副尺** V を上下に動かし，副尺の下端を水銀柱の頂上に一致させる (図 A1-4(e))．

③ 水銀柱の高さを主尺 M と副尺 V により 0.1 hPa まで読み取る (図 A1-4(f))．

④ 気圧計中央付近の水銀温度計で気温を測定する．

⑤ フォルタン気圧計は 0℃，標準重力加速度において正しい気圧を表示するようにつくられているので，読み取った気圧に対して温度と重力に関する補正をする必要があるが，本実験では補正は省略する．室温近辺では温度による補正値は 0.2～0.5% 程度であり，また重力加速度の違いによる補正は 0.1% 程度である．補正の詳細については，理科年表 (国立天文台編，丸善) などを参照する．

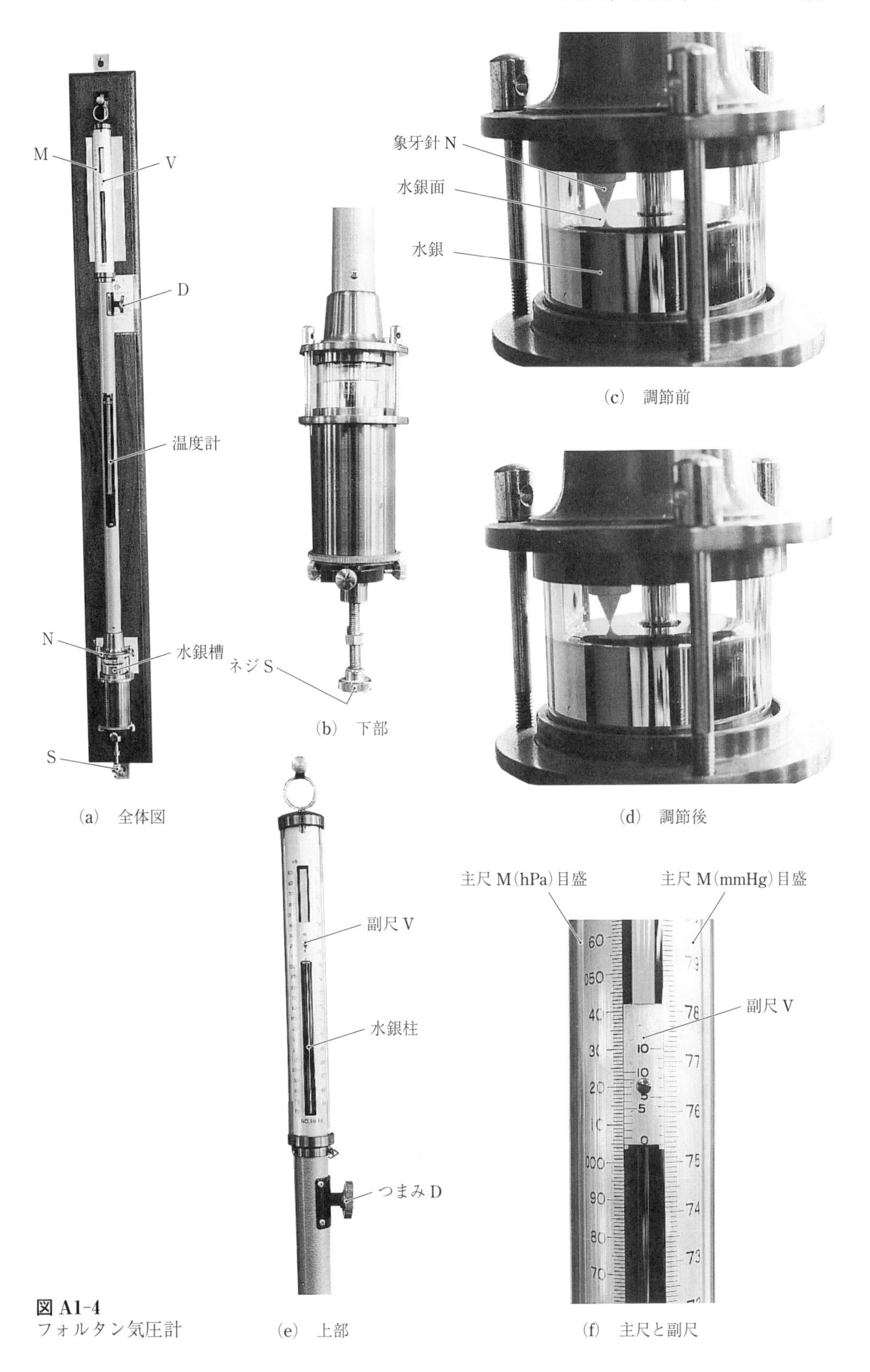

(a)　全体図

(b)　下部

(c)　調節前

(d)　調節後

(e)　上部

(f)　主尺と副尺

図 A1-4
フォルタン気圧計

A2　電圧計，電流計

A2.1　電気計器の種類と記号

よく使われる電気計器には，**電圧計**，**電流計**，それに**マルチメータ**や**テスタ**がある．マルチメータやテスタは，スイッチで切り替えることによって，電圧，電流，抵抗などを測定することができる．これらの計器にはアナログ式とデジタル式があるが，計器の形式や測定用途などは記号で表示されているので，主なものを表 A2-1 にまとめておく．

表 A2-1　電気計器に使用される記号

記　号		記号の意味
$\underline{\mathrm{V}}$ $\underset{\cdots}{\underline{\mathrm{V}}}$	DCV	直流電圧測定
$\underline{\mathrm{A}}$ $\underset{\cdots}{\underline{\mathrm{A}}}$	DCI　DCA	直流電流測定
$\underset{\sim}{\mathrm{V}}$	ACV	交流電圧測定
$\underset{\sim}{\mathrm{A}}$	ACI　ACA	交流電流測定
Ω	OHM	抵抗測定
⋂	アナログ式専用	可動コイル形
▶⊢	アナログ式専用	整流形
⊓	アナログ式専用	目盛盤を水平にして使用
⊥	アナログ式専用	目盛盤を鉛直にして使用
∠	アナログ式専用	目盛盤を傾斜させて使用
CLASS	アナログ式専用	階級（機器不確かさ）

A2.2　測定レンジの選択

多くの電気計器は，複数個の入力端子または切り替えスイッチを備えていて，**測定レンジ**（測定できる範囲）が選択できる．測定対象の電圧などがまったく未知のときは，最初はできるだけ大きいレンジを選択して，おおよその値を測定してから測定精度が最も良くなるようにレンジを選択する．たとえば，おおよその電圧が 2.5 V で，電圧計のレンジに 1 V，3 V，10 V，30 V がある場合には，3 V のレンジを選択する．

A2.3　測定値の読み取り

アナログ式の場合には右端の目盛を測定レンジの値として読み取る．たとえば電圧計の測定レンジが 3 V のときには，右端の目盛が 3 V であるとして読み取る．目盛盤に鏡があるときには，針と鏡に写った針が重なって見える位置から読み取る（12 ページの「視差と鏡尺」を参照）．

ディジタル式の場合には，表示された値をそのまま読み取る．ただし倍率表示があるときには，その倍率を掛ける．

交流電圧計や交流電流計が示す値は，実効値である（56 ページを参照）．

A2.4　電圧計や電流計の機器不確かさ

アナログ式の場合，目盛盤に「CLASS 0.5」あるいは「0.5」などの表示がしてあるが，これは測定レンジに対する許容差をパーセントで表したものである．たとえばCLASS 0.5の電圧計で測定レンジ3 Vを選択した場合には，$3\times0.005 = 0.015$ Vが許容差になる．本実験においては，これを機器不確かさとして扱う．

デジタル式の許容差はマニュアルに記載されている．本実験においては，表示された最下位に ±1 の機器不確かさがあるものとする．

A2.5　電圧計や電流計の内部抵抗

電圧計や電流計を接続するときには，電圧計などの**内部抵抗**を考慮する必要がある．回路に並列に接続する電圧計には電流が流れないことが理想であるので，内部抵抗はできるだけ大きいほうがよく，回路に直列に接続する電流計は，電圧降下が生じないことが理想であるので，内部抵抗はできるだけ小さいほうがよい．一般的には，回路の抵抗に比べて十分に大きい内部抵抗をもつ電圧計と，十分に小さい内部抵抗の電流計を使用すればよい．

電圧計や電流計を接続することによって，回路に影響を与えてしまう例を次に示す．

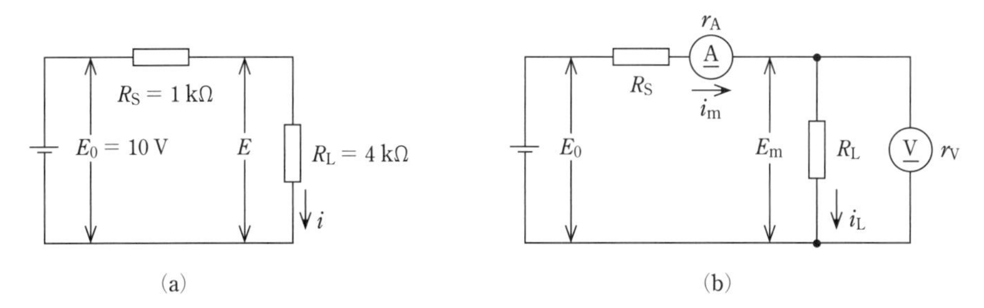

図 A2-1　電圧計と電流計の内部抵抗

図 A2-1 (a) の回路に，内部抵抗 $r_V = 50$ kΩ の電圧計と内部抵抗 $r_A = 0.02$ kΩ の電流計を図 A2-1 (b) のように接続した．電圧計などを接続していないときには R_L にかかる電圧 E と流れる電流 i はそれぞれ

$$E = \frac{E_0\times R_L}{R_L+R_S} = \frac{10\times4}{4+1} = 8\ \mathrm{V}, \qquad i = \frac{E_0}{R_L+R_S} = \frac{10}{4+1} = 2\ \mathrm{mA}$$

となるはずであるが，電圧計などを接続すると，電圧計が示す電圧 E_m と電流計が示す電流 i_m は，

$$R_L' = \frac{R_L \times r_V}{R_L + r_V} = \frac{4 \times 50}{4 + 50} = 3.70\ \mathrm{k\Omega}$$

$$E_m = \frac{E_0 \times R_L'}{R_L' + R_S + r_A} = \frac{10 \times 3.70}{3.70 + 1 + 0.02} = 7.84\ \mathrm{V}$$

$$i_m = \frac{E_0}{R_L' + R_S + r_A} = \frac{10}{3.70 + 1 + 0.02} = 2.12\ \mathrm{mA}$$

となってしまう．ここで R_L' は，R_L と r_V を並列に接続したときの抵抗である．

図 A2-1 (b) で，電圧計は抵抗 R_L にかかる電圧 E_m を示しているが，電流計は抵抗 R_L に流れる電流 i_L を示していない．i_L を計算すると，

$$i_L = \frac{E_m}{R_L} = \frac{7.84}{4} = 1.97\ \mathrm{mA}$$

となり，i_m とは 0.15 mA も異なる．一般的に R_L にかかる電圧が重要であるときには図 A2-2 の接続を，R_L に流れる電流が重要であるときには図 A2-3 の接続をする．

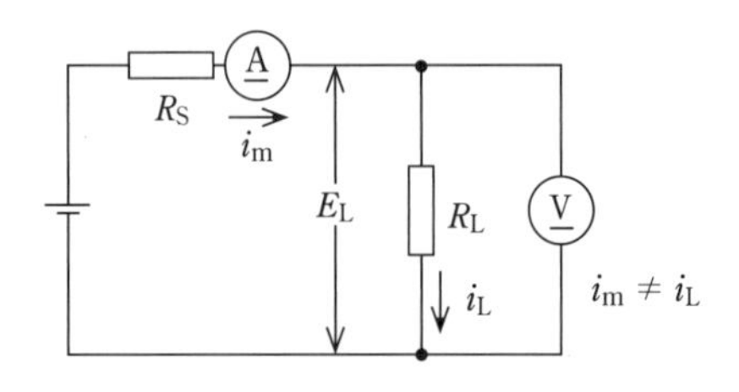

図 A2-2　電圧重視の接続

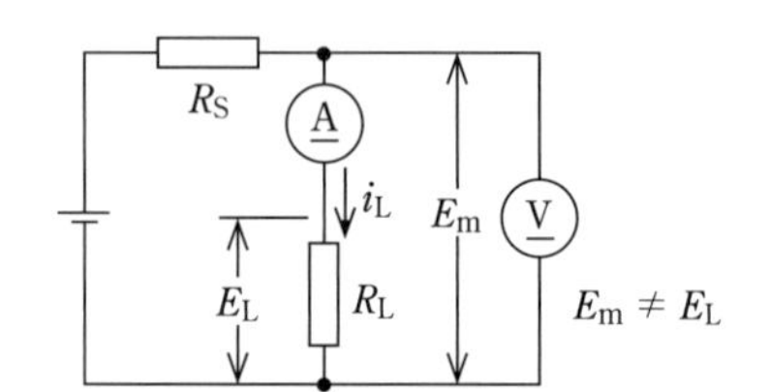

図 A2-3　電流重視の接続

電圧計や電流計の内部抵抗は，アナログ式の場合には目盛盤に書かれている．電圧計の内部抵抗が単位 [kΩ/V] で書かれているときには，それに測定レンジの電圧を掛けた値が内部抵抗になる．たとえば 1.2 kΩ/V と書かれていて，30 V のレンジを選択したときの内部抵抗は，$1.2 \times 30 = 36\ \mathrm{k\Omega}$ である．デジタル式の場合，内部抵抗は説明書に書いてある．一般に，デジタル式電圧計の内部抵抗は数 MΩ 以上もあるので通常は無視できる．ただしデジタル式電流計の内部抵抗はアナログ式と同程度であり，無視できるとは限らない．

A2.5　電気計器を使用するときの注意

測定レンジを越える電圧や電流を加えてはいけない．

電流計は内部抵抗が小さいので，電圧計と間違えて使用すると過大な電流が流れ，電流計や回路を破損するおそれがある．

アナログ式の場合には計器の目盛盤をどのような姿勢で使用するか表 A2-1 のように表示されている．それ以外の姿勢で使用すると，針が正常に振れないことがある．

多くのアナログ式計器には強力な磁石が使用してあるので，磁気の測定を行うときには装置や試料に近づけてはいけない．

付録 B

測定値の解析方法

B1　等間隔測定法

2つの物理量 x と y の間に $y = ax+b$ の関係が成り立つことがわかっている場合に係数 a を求めるとき，パラメータ x を等間隔 Δx ずつ変化させながら y を測定して $y_1, y_2, \cdots, y_n$ というデータを得る測定法がある．たとえば次ページに示すように振り子の振動周期を求めるために，振り子の振動の0回から90回まで10回ごとに時刻を測定する場合がこれにあたる．

このように測定したデータの処理法を考えてみる．とりあえず Δx に対する y の変化量 Δy を，次のように隣り合う y の差を平均することによって求めてみる．

$$\Delta y = \frac{(y_2-y_1)+(y_3-y_2)+\cdots+(y_n-y_{n-1})}{n-1} \tag{B 1.1}$$

一見よさそうにみえるが，式を整理すると，

$$\Delta y = \frac{y_n-y_1}{n-1} \tag{B 1.2}$$

となるので，最初と最後以外の途中の測定データをすべて無視してしまったことがわかる．

そこで次のようなデータ処理方法を用いることで，測定データすべてを有効に活用することができる．図B1-1に y_1 から y_6 まで6つの測定データがある例を示す．測定データは1〜3番目（y_1-y_3）と4〜6番目（y_4-y_6）のグループに分けて記録し，1番目と4番目の差（y_4-y_1），2番目と5番目の差（y_5-y_2）というように $3\,\Delta x$ に対する y の変化 $3\,\Delta y$ を3個求める．これらを平均して $\overline{3\,\Delta y}$ を求め，係数 $a = \overline{3\,\Delta y}/3\,\Delta x$ を得る．

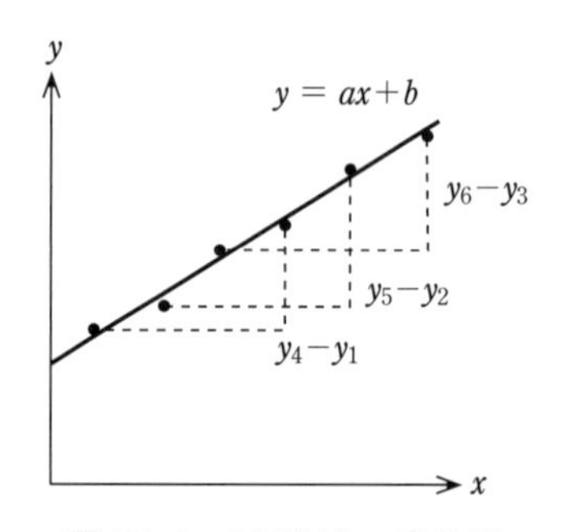

図B1-1　3間隔分の変化量

一般的に，x を等間隔 Δx ずつ変化させて測定し，$2n$ 個のデータが得られた場合（次ページの例では $\Delta x = 10$，$n = 5$）を考える．$n\,\Delta x$ あたりの y の変化量 $n\,\Delta y_i$ は $y_{n+i}-y_i\,(i = 1\sim n)$ となるので，$n\,\Delta y_i$ の平均値 $\overline{n\,\Delta y}$ は，

$$\overline{n\,\Delta y} = \sum_{i=1}^{n} \frac{y_{n+i}-y_i}{n} \tag{B 1.3}$$

となり，係数 a は

$$a = \frac{\overline{n\,\Delta y}}{n\,\Delta x} \tag{B 1.4}$$

で求められる．

このようなデータ処理法は，振り子の振動周期など，パラメータを等間隔ずつ変化させて測定できる実験に適している．このような測定および解析方法を本実験では**等間隔測定法**とよぶ．この用語は一般には使われていない．

例 振り子の振動周期 T を求めるために，振動の 0 回から 90 回まで 10 回ごとにスプリットタイムを測定した．

表 B1-1 振り子の周期測定

データの組	振動回数	スプリットタイム	振動回数	スプリットタイム	$50T$ [s]
1	0	0′24″56	50	6′45″49	380.93
2	10	1′40″82	60	8′01″93	381.11
3	20	2′57″02	70	9′18″06	381.04
4	30	4′13″07	80	10′34″23	381.16
5	40	5′29″40	90	11′50″28	380.88
合　計					1905.12
平　均					381.024

$$T = \frac{50\,T}{50} = \frac{381.024}{50} = 7.62048\ \mathrm{s}$$

等間隔測定法は，パラメータを等間隔で変化させることが条件になっている．たとえば上の例において振動回数の数えまちがいがあると，正しく解析できない．また等間隔測定法は，パラメータを等間隔で変化させることが容易な測定に限って用いる簡便法である．一般的には最小二乗法（「付録 B3」参照）を用いて解析する．

B2　実験式の求め方

実験から，ある物理量 x と y の間の関数関係を明らかにする場合には，いろいろな x の値に対して y を測定し，その結果から関係式を求める．このように実験的に得られる関係式を実験式と呼ぶ．ここでは，いくつかの関数について実験式の求め方をまとめる．

B2.1　測定データが直線関係になる場合

測定データをグラフに作図したとき，図 B2-1 に示すようにほぼ直線になる場合には，物理量 x と y の間の関係は直線の式 $y = a + bx$ と表すことができる．測定データ全体をよく表すように直線を引き，直線上の任意の 2 点 (x_1, y_1), (x_2, y_2) を読み取って，

$$a = \frac{x_2 y_1 - x_1 y_2}{x_2 - x_1}, \qquad b = \frac{y_2 - y_1}{x_2 - x_1}$$

によって係数 a, b を求めれば，容易に x と y の関係が式で表される．直線を引くときに大切なことは，全部の測定点を公平に評価するように気をつけることで，たとえば，両端の 2 点をつなぐような操作をしてしまっては，他の多くのデータ点を測定した意味がなくなってしまう．引いた線の上下に均等に測定点が分布するように，直線を引く．任意の 2 点は，図 B 2-1 に示すように測定範囲内でできるだけ離れた位置にとり，座標をグラフ上で 0.1 mm まで読み取る．直線上の 2 点を読み取るとは，グラフから読み取ることであり，データ点を 2 つ選ぶことではない．係数 a と b の値をより正確に求めたい場合には，最小二乗法（「付録 B3」参照）を用いて解析する．

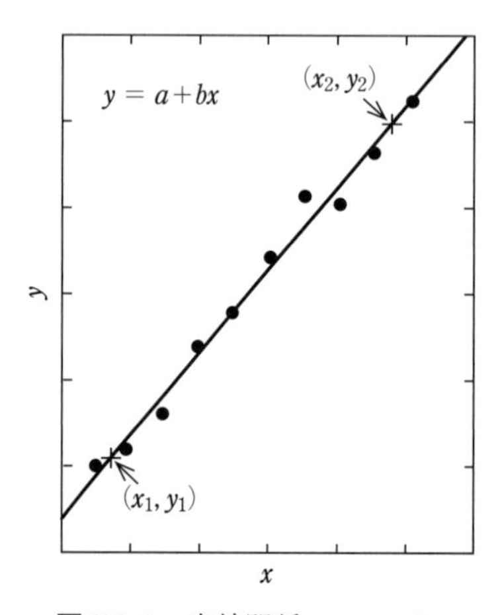

図 B2-1　直線関係 $y = a + bx$

B2.2　測定データが直線関係にならない場合

x と y の関係が直線にならない場合には，まずどのような関数になりそうかを見きわめる必要がある．そのためには，いろいろな関数がどのようなグラフになるのか，知識を蓄えておくとよい．関数の形を見きわめることができたら，測定データが直線上に並ぶように，変数 x, y を変換して解析すればよい．

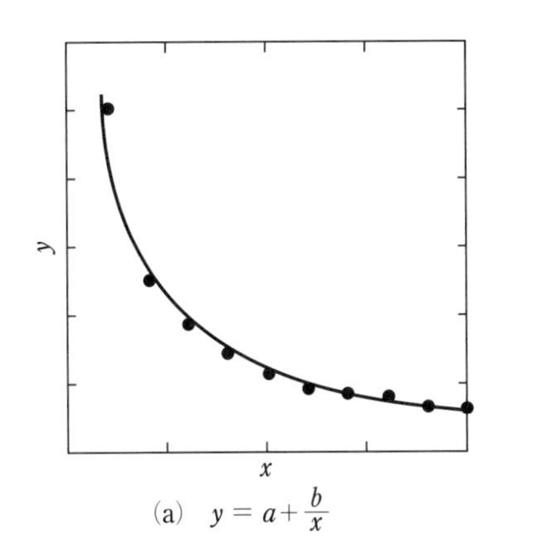

(a)　$y = a + \frac{b}{x}$

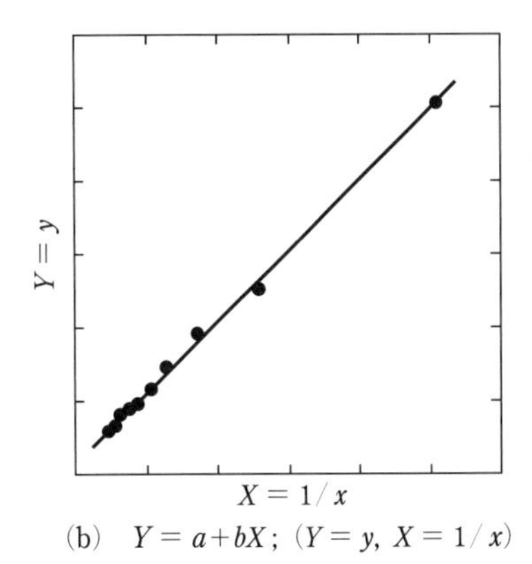

(b)　$Y = a + bX$;（$Y = y$, $X = 1/x$）

図 B2-2　曲線 $y = a + \frac{b}{x}$

たとえば図 B2-2(a) に示す $y = a + \frac{b}{x}$ のような比較的簡単な関数の場合でも，このままのグラフで係数 a, b を求めることは到底できない．しかし，図 B2-2(b) に示すように，$Y = y$, $X = \frac{1}{x}$ と変数を変換して，$Y = a + bX$ の直線関係におきなおせば，容易に実験式を求めることができる．また図を見てわかるように，このように変数を変換して解析する場合には，あらかじめ測定間隔にも注意しておく必要がある．この例の場合には x が小さい領域をもっと細かく測定するとよい．

両対数グラフや片対数グラフの活用によって，測定データの関係をうまく見つけられる場合もある．両対数グラフは縦横軸とも対数目盛で，片対数グラフは片方の軸だけが対数目盛で刻まれているグラフ用紙である．両対数グラフ用紙を活用できる例として，図 B2-3〜B2-4(a) に定指数関数 $y = x^b$ のグラフを示す．普通の方眼紙に測定データをプロットすると，$b > 0$ の場合は放物線に似た曲線となり，$b < 0$ の場合には双曲線のようなグラフとなって，とても解析できない．ところが測定データを両対数グラフ用紙にプロットすると，図 B2-3〜B2-4(b) に示すように直線の関係が得られ，その勾配から指数 b を求めることができる．図 B2-5(a) は変指数関数 $y = \mathrm{e}^{bx}$ の例で，図 B2-5(b) のように y を対数軸にとって片対数グラフ用紙にプロットすれば，測定データは直線となって現れる．$Y = \log y$ を計算し，x に対しての勾配から b を求めることができる．（図 B2-3〜B2-5 は次ページ）

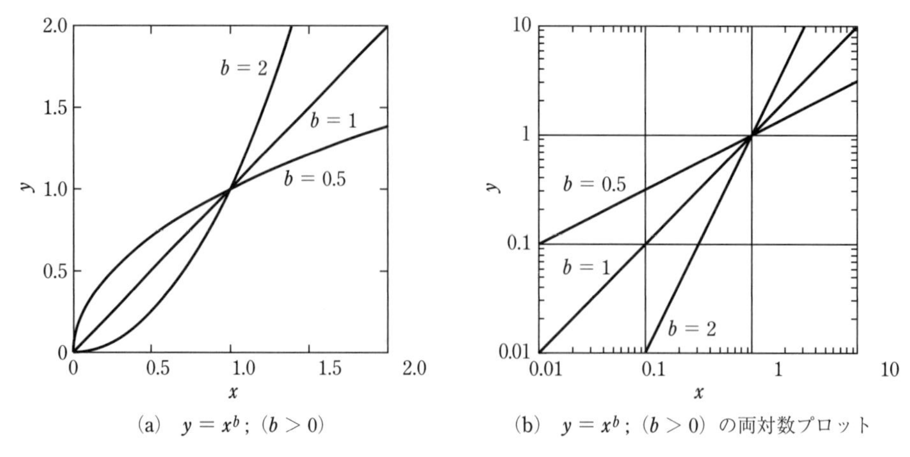

(a) $y = x^b$;($b > 0$)　(b) $y = x^b$;($b > 0$)の両対数プロット

図 B2-3　定指数式 $y = ax^b$ ($a = 1$, $b > 0$)

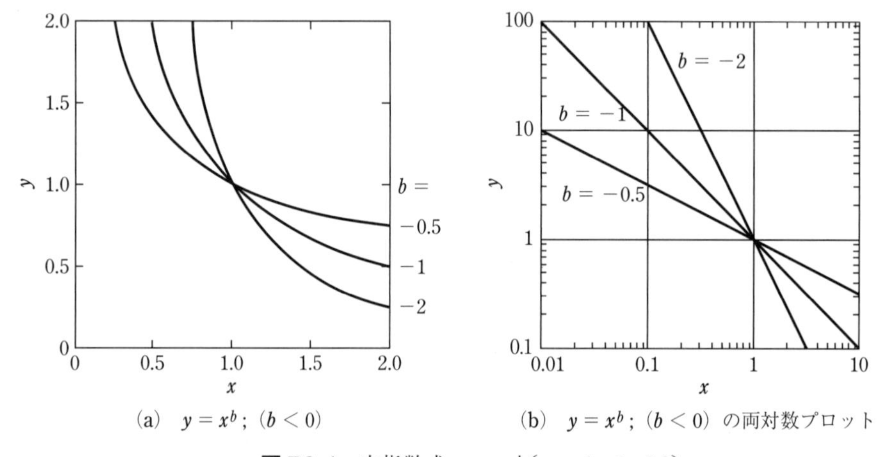

(a) $y = x^b$;($b < 0$)　(b) $y = x^b$;($b < 0$)の両対数プロット

図 B2-4　定指数式 $y = ax^b$ ($a = 1$, $b < 0$)

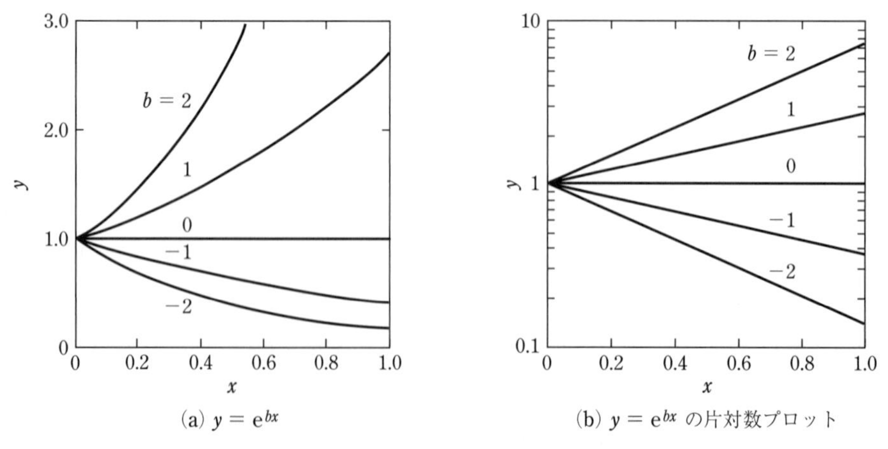

(a) $y = e^{bx}$　(b) $y = e^{bx}$ の片対数プロット

図 B2-5　変指数式 $y = ae^{bx}$ ($a = 1$)

表 B2-1 に代表的な関数について，変数 x, y をどのように変換すれば直線に直すことができるかをまとめておく．表に示すような変換によって，測定データを直線で表し，グラフから，あるいは最小二乗法を用いて直線の式を決定し，実験式を求めることができる．表の関数をグラフにしたときにどのような形になるかは見慣れておく必要がある．実際に，いろいろな係数に対して作図してみるとよい．関数が比較的簡単な場合には，直線に直さずに，直接その関数に対して最小二乗法を適用して実験式を求めることもできる（付録 B3 参照）．

表 B2-1　代表的な関数の直線への変換方法

関　数	変　数　変　換			備　　考
	Y 軸	X 軸	変換後の式	
$y = ax^b$	$Y = \log y$	$X = \log x$	$Y = \log a + bX$	両辺の対数をとる，または，両対数グラフ用紙にプロット
$y = ae^{bx}$	$Y = \log y$	$X = x$	$Y = \log a + bx$	y の対数をとる，または，片対数グラフ用紙にプロット
$y = \dfrac{1}{a+bx}$	$Y = \dfrac{1}{y}$	$X = x$	$Y = a + bx$	両辺の逆数をとる
$y = \dfrac{x}{a+bx}$	$Y = \dfrac{1}{y}$	$X = \dfrac{1}{x}$	$Y = aX + b$	
$y = \dfrac{x}{a+bx} + c$	$Y = \dfrac{x-x_1}{y-y_1}$	$X = x$	$Y = A + Bx$ $A = (a+bx_1)$ $B = \dfrac{b(a+bx_1)}{a}$	曲線上の任意の点 (x_1, y_1) を用いる
$y = a + bx + cx^2$	$Y = \dfrac{y-a}{x}$	$X = x$	$Y = b + cx$	切片 a が求められる場合
	$Y = \dfrac{y-y_1}{x-x_1}$	$X = x$	$Y = (b+cx_1) + cx$	曲線上の任意の点 (x_1, y_1) を用いる
$y = \dfrac{x}{a+bx+cx^2}$	$Y = \dfrac{x}{y}$	$X = x$	$Y = a + bx + cx^2$	線形 2 次式 $a+bx+cx^2$ に変形できる

B3　最小二乗法

B3.1　最小二乗法の原理

物理量 x と y の関係を調べるために x の値を次々に変えて y を測定したとする．x と y の関係が理論的に，あるいは測定値をグラフにして調べた結果，関数 $y = F(x\,;a, b, c, \cdots, m)$ によって表されることがわかったとしよう．ここでパラメータ $a, b, c, \cdots, m$ はこの関数に含まれる数値係数や定数である．この関数が測定値を最もよく表すようにパラメータ $a, b, c, \cdots, m$ を決定する方法が最小二乗法である．

いま n 回の測定による測定値 $(x_1, y_1), (x_2, y_2), \cdots, (x_n, y_n)$ を考え，n 個の測定値における y_i の不確かさを $\varDelta_1, \varDelta_2, \cdots, \varDelta_n$ とすると，

$$\left.\begin{aligned} \varDelta_1 &= y_1 - F(x_1\,;a, b, c, \cdots, m) \\ \varDelta_2 &= y_2 - F(x_2\,;a, b, c, \cdots, m) \\ &\cdots\cdots\cdots\cdots\cdots\cdots\cdots\cdots\cdots \\ \varDelta_n &= y_n - F(x_n\,;a, b, c, \cdots, m) \end{aligned}\right\} \tag{B 3.1}$$

のように表され，この不確かさは16ページの式(5.3)「ガウス分布」に従って分布していると考えられる．関数 $F(x\,;a, b, c, \cdots, m)$ の最確値はそのガウス分布が最大となる点であるから，式(B3.2)に示す不確かさの2乗の和 S が最小になるようにパラメータ $a, b, c, \cdots, m$ を決めればよい．

$$S = \sum \varDelta_i{}^2 = \sum \{y_i - F(x_i\,;a, b, c, \cdots, m)\}^2 \tag{B 3.2}$$

S を最小にするにはパラメータ $a, b, c, \cdots, m$ で偏微分して得られるすべての微係数が0になるようにすればよい．そこで次に示すような正規方程式と呼ばれる m 個の式が成立する．ただし，$m < n$ である．

$$\frac{\partial S}{\partial a} = 0, \quad \frac{\partial S}{\partial b} = 0, \quad \frac{\partial S}{\partial c} = 0, \quad \cdots, \quad \frac{\partial S}{\partial m} = 0 \tag{B 3.3}$$

正規方程式(B3.3)を解けば関数 $F(x\,;a, b, c, \cdots, m)$ を最適化するようなパラメータ $a, b, c, \cdots, m$ を求めることができる．これが最小二乗法による解析の原理である．

B3.2　最小二乗法による直線の解析

最小二乗法では式(B3.3)のようにパラメータと同数の方程式を解くことになるので，もとの関数が複雑なときには解くことが困難である．ここでは x と y の関係が直線の場合について取り扱うことにする．複雑な関数でもいろいろと工夫して直線に直す(「付録B2」参照)ことで以下の取り扱いで解析できる．

n 組の測定値 $(x_1, y_1), (x_2, y_2), \cdots, (x_n, y_n)$ を測定し，図B3-1に示すように，物理量 x と y との間に直線の関係が得られたとする．この直線を

$$y = a + bx \tag{B 3.4}$$

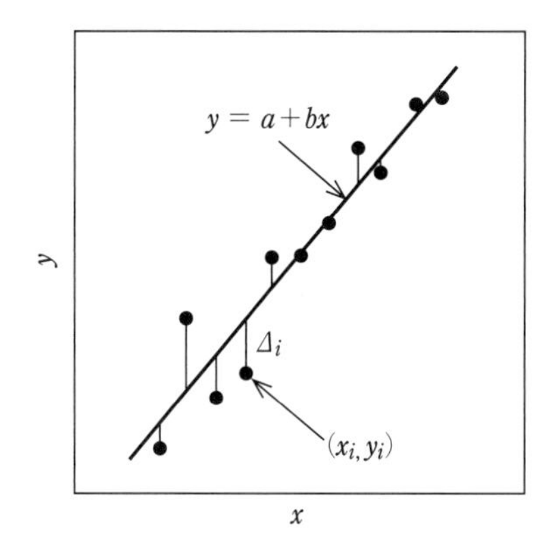

図 B3-1　最小二乗法の説明図

と表し，パラメータ a と b を求めることを考えよう．

各測定点の不確かさ Δ の 2 乗の和 S は次式で与えられる．

$$S = \sum_{i=1}^{n} \Delta_i^2 = \sum_{i=1}^{n} \{y_i - (a + bx_i)\}^2 \tag{B 3.5}$$

式(B3.5)の S を最小にするために，a と b によって偏微分した式を求めて 0 とすると正規方程式，

$$\left.\begin{aligned} \frac{\partial S}{\partial a} &= -2\sum_{i=1}^{n} \{y_i - (a + bx_i)\} = 0 \\ \frac{\partial S}{\partial b} &= -2\sum_{i=1}^{n} [x_i \{y_i - (a + bx_i)\}] = 0 \end{aligned}\right\} \tag{B 3.6}$$

が得られる．式(B3.6)より，

$$\sum y_i = na + b \sum x_i, \qquad \sum x_i y_i = a \sum x_i + b \sum x_i^2 \tag{B 3.7}$$

となるので，これを解いてパラメータ a, b は次式で表される．

$$a = \frac{\sum x_i^2 \sum y_i - \sum x_i \sum x_i y_i}{n \sum x_i^2 - (\sum x_i)^2}, \qquad b = \frac{n \sum x_i y_i - \sum x_i \sum y_i}{n \sum x_i^2 - (\sum x_i)^2} \tag{B 3.8}$$

測定値 x_i, y_i を用いて $\sum x_i$，$\sum y_i$，$\sum x_i^2$，$\sum x_i y_i$ を求めて式(B3.8)に代入すれば a と b を計算できる．

また係数 a, b の標準偏差 $s(a), s(b)$ は次式で与えられることが知られている．

$$\left.\begin{aligned} s(a) &= \sqrt{\frac{\sum x_i^2}{n \sum x_i^2 - (\sum x_i)^2} \frac{\sum \{y_i - (a + bx_i)\}^2}{n-2}} \\ s(b) &= \sqrt{\frac{n}{n \sum x_i^2 - (\sum x_i)^2} \frac{\sum \{y_i - (a + bx_i)\}^2}{n-2}} \end{aligned}\right\} \tag{B 3.9}$$

得られた a, b を用いて $\sum \{y_i - (a + bx_i)\}^2$ を求めれば式(B3.9)から標準偏差が求められる．

最小二乗法を用いるときには計算の途中で近い値どうしの引き算がおこなわれるために，計算による不確かさが生じやすい(23 ページの「加減算」参照)．計算途中で引き算がおこなわれるところまでは四捨五入しないことが望ましい．次ページに最小二乗法を用いた解析例を示

す．

最小二乗法による解析例

約 20〜70 ℃ の範囲で銅線の電気抵抗の温度依存性を測定した．この温度領域では金属の電気抵抗 R は温度 t に比例し $R=a+bt$ と表される．最小二乗法により a と b の最確値を求める．引き算がおこなわれるところまでは四捨五入をしないようにする．

表 B3-1　最小二乗法による金属抵抗の温度変化の解析

番号	温度 t [℃]	抵抗値 R [Ω]	t^2 [℃^{2}]	tR [℃・Ω]
1	18.3	32.50	334.89	594.750
2	20.5	32.81	420.25	672.605
3	25.9	33.39	670.81	864.801
4	31.0	33.99	961.00	1053.690
5	35.4	34.55	1253.16	1223.070
6	40.5	35.19	1640.25	1425.195
7	45.4	35.78	2061.16	1624.412
8	50.2	36.36	2520.04	1825.272
9	55.3	37.10	3058.09	2051.630
10	60.4	37.69	3648.16	2276.476
11	65.4	38.47	4277.16	2515.938
12	70.3	38.99	4942.09	2740.997
合計	518.6	426.82	25787.06	18868.836

表 B3-1 の合計値を用いて a と b の最確値を計算すると，

$$a=\frac{\sum t^2\sum R-\sum t\sum tR}{n\sum t^2-(\sum t)^2}=\frac{25787.06\times426.82-518.6\times18868.836}{12\times25787.06-(518.6)^2}$$

$$=\frac{(1.100643-0.978538)\times10^7}{(3.094447-2.689460)\times10^5}=\frac{0.122105}{0.404987}\times10^2=30.150\ \Omega$$

$$b=\frac{n\sum tR-\sum t\sum R}{n\sum t^2-(\sum t)^2}=\frac{12\times18868.836-518.6\times426.82}{12\times25787.06-(518.6)^2}$$

$$=\frac{(2.264261-2.213489)\times10^5}{0.404987\times10^5}=\frac{0.050772}{0.404987}=0.1253\ \Omega\cdot{}^\circ\mathrm{C}^{-1}$$

となる．したがって抵抗の温度依存性は

$$R=30.15+0.125t$$

と表される．

a, b の最確値の標準偏差 $s(a)$ と $s(b)$ を求める．a, b を用いて各測定温度における電気抵抗の最確値 $\bar{R} = a + bt$ を求め，実測値 R と最確値 $\bar{R}$ の残差 Δ と Δ の 2 乗を計算する．不確かさの計算であっても，引き算がおこなわれるところまでは四捨五入しないようにする．

表 B3-2　残差の計算

番号	実測値 R [Ω]	最確値 $\bar{R}$ [Ω]	$\Delta = R - \bar{R}$ [Ω]	Δ^2 [Ω^2]
1	32.50	32.44	0.06	3.6×10^{-3}
2	32.81	32.72	0.09	8.1
3	33.39	33.40	−0.01	0.1
4	33.99	34.03	−0.04	1.6
5	34.55	34.59	−0.04	1.6
6	35.19	35.22	−0.03	0.9
7	35.78	35.84	−0.06	3.6
8	36.36	36.44	−0.08	6.4
9	37.10	37.08	0.02	0.4
10	37.69	37.72	−0.03	0.9
11	38.47	38.34	0.13	16.9
12	38.99	38.96	0.03	0.9
合計				4.5×10^{-2}

表 B3-1，B3-2 の合計値から a, b の標準偏差を求めると，

$$s(a) = \sqrt{\frac{\sum t^2}{n\sum t^2 - (\sum t)^2}\frac{\sum \Delta^2}{n-2}} = \sqrt{\frac{25787}{12\times25787.06 - (518.6)^2}\frac{4.5\times10^{-2}}{12-2}}$$

$$= \sqrt{\frac{1160}{40.5\times10^5}} = 0.054\,\Omega$$

$$s(b) = \sqrt{\frac{n}{n\sum t^2 - (\sum t)^2}\frac{\sum \Delta^2}{n-2}} = \sqrt{\frac{12}{12\times25787.06 - (518.6)^2}\frac{4.5\times10^{-2}}{12-2}}$$

$$= \sqrt{\frac{0.54}{4.05\times10^5}} = 1.2\times10^{-3}\,\Omega\cdot{}^\circ\mathrm{C}^{-1}$$

となる．したがって抵抗の温度変化は

$$R = (30.15\pm0.05) + (0.125\pm0.001)t$$

と表される．

付録 C

付表

1. 金 属 密 度(常温)(単位は 10^3 kg·m^{-3})

物 質	密 度	物 質	密 度	物 質	密 度
亜 鉛	7.12	コバルト	8.8	鉛	11.34
アルミニウム	2.69	スズ(白色)	7.28	ニッケル	8.85
アンチモン	6.69	ビスマス	9.8	白 金	21.37
イリジウム	22.5	鉄	7.86	マグネシウム	1.74
金	19.3	銅	8.93	マンガン	7.42
銀	10.50	ナトリウム	0.97	ロジウム	12.44

2. 合金の組成と密度(常温)(単位は 10^3 kg·m^{-3})

物 質	組 成 [%]	密 度
インバール	Fe64, Ni36, Co15〜20	7.9
コンスタンタン	Cu 55, Ni 45	8.9
洋 銀	Cu 63, Zn 22, Ni 15	8.5
ジュラルミン	Al 94, Cu 5, Mg 1	2.8
半 田	Pb 67, Sn 33	9.5
マンガニン	Cu 84, Mn 12, Ni 4	8.15
ニクロム	Ni 66, Cr 22, Fe 10, Mn 2	8.0
しんちゅう	Cu 80, Zn 20	8.56
〃	Cu 70, Zn 30	8.44
〃	Cu 50, Zn 50	8.20
鋳 鉄	C 2.2〜5	7.1〜7.7
鋼 鉄	C 0.3〜2.2	7.6〜7.8
鍛 鉄	C 0.03〜0.3	7.8〜7.9
電 解 鉄	C 0.03 以下	7.9

3. 種々の物質の密度（常温）（単位は kg·m^{-3}）

固　体	密　度
	×10^3
アスファルト	1.04～1.40
エボナイト	1.1～1.4
花こう岩	2.6～2.7
紙　（洋紙）	0.7～1.1
ガラス（クラウンソーダ）	2.4～2.6
〃（フリント）	2.8～6.3
〃（パイレックス石英）	2.32
ゴム（弾性）	0.91～0.96
氷　（0℃）	0.917
コルク	0.22～0.26
コンクリート	2.4
金剛石	3.51
砂糖	1.59
磁器	2.0～2.6
食塩	2.17
水晶	2.65
スレート	2.7～2.9
石炭	1.2～1.5
石炭（無煙炭）	1.4～1.7
石綿	2.0～3.0
セメント	3.0～3.15

固　体	密　度
	×10^3
セルロイド	1.35～1.60
繊維　麻	1.50～1.52
繊維　絹	1.30～1.37
繊維　人絹	1.51～1.52
繊維　羊毛	1.28～1.33
繊維　綿	1.50～1.55
ぞうげ	1.8～1.9
大理石	1.52～2.86
パラフィン	0.87～0.94
ファイバー	1.2～1.5
ベークライト（純）	1.20～1.29
ベークライト（紙層）	1.32～1.40
方解石	2.71
れんが	1.2～2.2
キリ	0.31
クリ	0.60
ケヤキ	0.70
スギ	0.40
竹	0.31～0.40
ヒノキ	0.49
松	0.52

液　体	密　度
	×10^3
エタノール	0.789
メタノール	0.793
海水	1.01～1.05
ガソリン	0.66～0.75
牛乳	1.03～1.04
グリセリン	1.264
二硫化炭素	1.263
硫酸	1.834
気体 0℃, 1 気圧	**密　度**
塩素	3.220
空気	1.293
酸素	1.429
水素	0.08987
窒素	1.250
炭酸ガス	1.977
アンモニア	0.7717

4. 水の密度（単位は 10^3 kg·m^{-3}）

温度［℃］	0	1	2	3	4	5	6	7	8	9
0	0.99984	0.99990	0.99994	0.99996	0.99997	0.99996	0.99994	0.99990	0.99985	0.99978
10	0.99970	0.99961	0.99949	0.99938	0.99924	0.99910	0.99894	0.99877	0.99860	0.99841
20	0.99820	0.99799	0.99777	0.99754	0.99730	0.99704	0.99678	0.99651	0.99623	0.99594
30	0.99565	0.99534	0.99503	0.99470	0.99437	0.99403	0.99368	0.99333	0.99297	0.99259
40	0.99222	0.99183	0.99144	0.99104	0.99063	0.99021	0.98979	0.98936	0.98893	0.98849
50	0.98804	0.98758	0.98712	0.98665	0.98618	0.98570	0.98521	0.98471	0.98422	0.98371
60	0.98320	0.98268	0.98216	0.98163	0.98110	0.98055	0.98001	0.97946	0.97890	0.97834
70	0.97777	0.97720	0.97662	0.97603	0.97544	0.97485	0.97425	0.97364	0.97303	0.97242
80	0.97180	0.97117	0.97054	0.96991	0.96927	0.96862	0.96797	0.96731	0.96665	0.96600
90	0.96532	0.96465	0.96397	0.96328	0.96259	0.96190	0.96120	0.96050	0.95979	0.95906

5. 水 銀 の 密 度(単位は 10^3 kg·m^{-3})

温度 [℃]	0	1	2	3	4	5	6	7	8	9
0	13.5951	5926	5902	5877	5852	5828	5803	5778	5754	5729
10	5705	5680	5655	5631	5606	5582	5557	5533	5508	5483
20	5459	5434	5410	5385	5361	5336	5312	5287	5263	5238
30	5214	5189	5165	5141	5116	5092	5067	5043	5018	4994
40	4970	4945	4921	4896	4872	4848	4823	4799	4774	4750
50	4726	4701	4677	4653	4628	4604	4580	4555	4531	4507
60	4483	4458	4434	4410	4385	4361	4337	4313	4288	4264
70	4240	4216	4191	4167	4143	4119	4095	4070	4046	4022
80	3998	3974	3949	3925	3901	3877	3853	3829	3804	3780
90	3756	3732	3708	3684	3660	3635	3611	3587	3563	3539

6. 乾燥空気の密度(単位は kg·m^{-3})

温度[℃] \ 圧力 [hPa]	960	980	1000	1020	1040
−10	1.272	1.298	1.325	1.351	1.378
0	1.225	1.251	1.276	1.301	1.327
10	1.182	1.206	1.231	1.256	1.280
20	1.141	1.165	1.189	1.213	1.236
30	1.104	1.127	1.150	1.173	1.196
40	1.068	1.090	1.113	1.135	1.157

7. 水の蒸気圧(単位は hPa)

温度 [℃]	0	1	2	3	4	5	6	7	8	9
0	6.1	6.6	7.1	7.6	8.1	8.7	9.3	10.0	10.7	11.5
10	12.2	13.1	14.0	15.0	16.0	17.0	18.2	19.4	20.6	22.0
20	23.4	24.9	26.4	28.1	29.8	31.7	33.6	35.7	37.8	40.1
30	42.4	44.9	47.6	50.3	53.2	56.3	59.4	62.8	66.3	70.0
40	73.8	77.8	82.1	86.5	91.1	95.9	100.9	106.2	117.1	117.4
50	123.4	129.7	136.2	143.0	150.1	157.5	165.2	173.2	181.6	190.3
60	199.3	208.8	218.5	228.7	239.3	250.2	261.6	273.5	285.8	298.6
70	311.8	325.5	339.8	354.5	369.8	385.7	402.1	419.1	436.7	454.9
80	473.8	493.3	513.5	534.3	555.9	578.2	601.2	625.0	649.6	675.0
90	701.2	728.3	756.2	785.0	814.7	845.3	876.9	909.5	943.0	977.6
100	1013.3	1050	1088	1127	1166	1208	1250	1294	1340	1385

8. 湿　度　表（乾湿球湿度計）［%］

湿球温度［°C］	乾球と湿球との温度差［°C］																	
	0	1	2	3	4	5	6	7	8	9	10	11	12	13	14	15	16	17
−3	100	75	54	38	22	10												
−2	100	76	55	38	24	13												
−1	100	77	57	40	27	15												
−0	100	77	58	42	29	18												
0	100	80	63	49	37	28	20	13	8	4	1							
1	100	81	65	51	40	30	22	16	11	7	4	1						
2	100	82	66	53	42	33	25	19	14	10	6	4	2	1				
3	100	82	67	55	44	35	27	21	16	12	9	6	4	3	2	2	1	
4	100	83	69	56	46	37	30	24	19	14	11	9	7	5	4	3	3	
5	100	84	70	58	48	39	32	26	21	17	13	11	9	7	6	5	5	
6	100	84	71	59	49	41	34	28	23	17	15	13	11	9	8	7	6	
7	100	85	72	61	51	43	36	30	25	21	17	15	12	11	9	8	8	
8	100	85	73	62	52	44	37	32	27	23	19	16	14	12	11	10	9	
9	100	86	74	63	54	46	39	33	28	24	21	18	16	14	12	11	10	9
10	100	86	74	64	55	47	41	35	30	26	23	20	17	15	14	12	11	11
11	100	87	75	65	56	49	42	36	32	28	24	21	19	17	15	13	12	12
12	100	87	76	66	57	50	43	38	33	29	26	22	20	18	16	15	13	12
13	100	87	76	67	58	51	45	39	34	30	27	24	21	19	17	16	14	13
14	100	88	77	68	59	52	46	40	36	32	28	25	22	20	18	17	15	14
15	100	88	78	68	60	53	47	42	37	33	29	26	23	21	19	18	16	15
16	100	88	78	69	61	54	48	43	38	34	30	27	25	22	20	19	17	16
17	100	89	79	70	62	55	49	44	39	35	31	28	26	23	21	20	18	17
18	100	89	79	70	63	56	50	45	40	36	32	29	27	24	22	20	19	17
19	100	89	80	71	63	57	51	46	41	37	33	30	28	25	23	21	20	18
20	100	89	80	72	64	58	52	47	42	38	34	31	28	26	24	22	20	19
21	100	90	80	72	65	58	53	47	43	39	35	32	29	27	25	23	21	19
22	100	90	81	73	66	59	53	48	44	40	36	33	30	28	25	23	22	20
23	100	90	81	73	66	60	54	49	45	40	37	34	31	28	26	24	22	21
24	100	90	82	74	67	60	55	50	45	41	38	34	31	29	27			
25	100	90	82	74	67	61	56	50	46	42	38	35	32	30	27			
26	100	91	82	75	68	62	56	51	47	43	39	39	33	30	28			
27	100	91	83	75	68	62	57	52	47	43	40	39	33	31	28			
28	100	91	83	75	69	63	57	52	48	44	40	40	34	31	29			
29	100	91	83	76	69	63	58	53	48	44	41	40	35	32	30			
30	100	91	83	76	70	64	58	53	49	45	41	41						
31	100	91	83	76	70	64	59	54	50	46	42							
32	100	91	84	77	70	65	59	54	50	46	43							
33	100	92	84	77	71	65	60	55	51	47	43							
34	100	92	84	77	71	65	60	55	51	47	43							
35	100	92	84	78	71	66	61	55	51	47	44							

9. 各地の重力加速度 g（単位は $\mathrm{m \cdot s^{-2}}$）

地名	北緯 [° ′]	海抜[m]	g	地名	北緯 [° ′]	海抜[m]	g
稚内	45 25	90	9.8062273	岐阜	35 24	12	9.7974584
札幌	43 4	15	9.8047757	名古屋	35 9	45	9.7973254
青森	40 49	5	9.8031473	静岡	34 58	10	9.7974144
盛岡	39 42	154	9.8018971	京都	35 2	60	9.7970775
仙台	38 15	140	9.8006583	和歌山	34 14	14	9.7968921
山形	38 15	168	9.8001491	鳥取	35 29	8	9.7979045
いわき	36 57	4	9.8000851	岡山	34 39	−1	9.7971154
前橋	36 24	111	9.7982970	広島	34 22	1	9.7965866
銚子	35 44	27	9.7986464	高松	34 19	9	9.7969877
東京	35 39	28	9.7976319	高知	33 33	−1	9.7962572
大島	34 46	192	9.7980857	福岡	33 36	31	9.7962859
輪島	37 24	3	9.7998226	鹿児島	31 34	5	9.7947215
金沢	36 34	34	9.7985790	那覇	26 13.5	35	9.7909942

10. 弾性に関する定数

物質	ヤング率 E [Pa]	剛性率 G [Pa]	ポアッソン比 σ	体積弾性率 k [Pa]	圧縮率 χ [$\mathrm{Pa^{-1}}$]
	$\times 10^{10}$	$\times 10^{10}$		$\times 10^{10}$	$\times 10^{-11}$
亜鉛	10.84	4.34	0.249	7.20	1.4
アルミニウム	7.03	2.61	0.345	7.55	1.33
インバール[1]	14.40	5.72	0.259	9.94	1.0
カドミウム	4.99	1.92	0.300	4.16	2.4
ガラス（クラウン）	7.13	2.92	0.22	4.12	2.4
ガラス（フリント）	8.01	3.15	0.27	5.76	1.7
金	7.80	7.70	0.44	21.70	0.461
銀	8.27	3.03	0.367	10.36	0.97
コンスタンタン	16.24	6.12	0.327	15.64	0.64
黄銅（しんちゅう）[2]	10.06	3.73	0.350	11.18	0.89
スズ	4.99	1.84	0.357	5.82	1.72
青銅（鋳）[3]	8.08	3.43	0.358	9.52	1.05
石英（溶融）	7.31	3.12	0.170	3.69	2.7
ジュラルミン	7.15	2.67	0.335	—	—
タングステンカーバイド	53.44	21.90	0.22	31.90	0.31
チタン	11.57	4.38	0.321	10.77	0.93
鉄（軟）	21.14	8.16	0.293	16.98	0.59
鉄（鋳）	15.23	6.00	0.27	10.95	0.91
鉄（鋼）	20.1〜21.6	7.8〜8.4	0.28〜0.30	16.5〜17.0	0.61〜0.59
銅	12.98	4.83	0.343	13.78	0.72
ナイロン-6.6	0.12〜0.29	—	—	—	—
鉛	1.61	0.559	0.44	4.58	2.2
ニッケル（軟）	19.95	7.60	0.321	17.73	0.564
ニッケル（硬）	21.92	8.39	0.306	17.6	0.57
白金	16.80	6.10	0.377	22.80	0.44
パラジウム（鋳）	11.3	5.11	0.393	17.6	0.57
ビスマス	3.19	1.20	0.330	3.13	3.2
ポリエチレン	0.076	0.026	0.458	—	—
ポリスチレン	0.383	0.143	0.340	0.400	25.0
マンガニン[4]	12.4	4.65	0.329	12.1	0.83
木材（チーク）	1.3	—	—	—	—
洋銀[5]	13.25	4.97	0.333	13.20	0.76
リン青銅[6]	12.0	4.36	0.38	—	—
ゴム（弾性ゴム）	0.00015〜0.00050	0.00005〜0.00015	0.46〜0.49	—	—

1) 36 Ni, 63.8 Fe, 0.2 C　2) 70 Cu, 30 Zn　3) 85.7 Cu, 7.2 Zn, 6.4 Sn
4) 84 Cu, 12 Mn, 4 Ni　5) 55 Cu, 18 Ni, 27 Zn　6) 92.5 Cu, 7 Sn, 0.5 P,
主に Kaye & Lady, 1986 による.

11. 固体の線膨張係数 α(単位は 10^{-6} K^{-1})

物　質	温度[°C]	α	物　質	温度[°C]	α
アルミニウム	20	23.1	しんちゅう (Cu 70, Zn 30)	20	17.5
鉄	20	11.8	スズ	20	22.0
〃 {Fe 64, Ni 36}	20	0.13	ガラス (クラウン・ソーダ)	0〜100	8〜10
〃 (鋼)	20	10.7	〃 (フリント)	20	8〜9
銅	20	16.5	石英ガラス	20	0.4〜0.55
白金	20	8.8	タングステン	20	4.5

12. 液体の体膨張係数 β(単位は 10^{-3} K^{-1})

物　質	温度[°C]	β	物　質	温度[°C]	β
アルコール(エチル)	20	1.08	パラフィン油	18	0.90
〃 (メチル)	20	1.19	ベンゼン	20	1.22
ジエチルエーテル	20	1.63	水	5〜10	0.053
オリーブ油	20	0.72	〃	10〜20	0.150
グリセリン	20	0.47	〃	20〜40	0.302
酢酸	20	1.07	〃	40〜60	0.458
水銀	20	0.1819	〃	60〜80	0.587
〃	0〜100	0.1826	硫酸 (100%)	20	0.56
〃	−20〜0	0.1815	〃(11% 水溶液)	20	0.39

13. 水の表面張力 T(単位は 10^{-2} N·m^{-1})

t[°C]	T	t[°C]	T	t[°C]	T	t[°C]	T	t[°C]	T
−5	7.640	16	7.334	21	7.260	30	7.115	80	6.260
0	7.562	17	7.320	22	7.244	40	6.955	90	6.074
5	7.490	18	7.305	23	7.228	50	6.790	100	5.884
10	7.420	19	7.289	24	7.212	60	6.617	110	5.689*
15	7.348	20	7.275	25	7.196	70	6.441	120	5.489*

＊印をつけたのは水蒸気に対する値，その他は空気に対する値.

14．クロメル-アルメル熱電対の熱起電力（単位は mV）

t [℃]	0	10	20	30	40	50	60	70	80	90
−200	−5.891	−6.035	−6.158	−6.262	−6.344	−6.404	−6.441	−6.458		
−100	−3.553	−3.852	−4.138	−4.410	−4.669	−4.912	−5.141	−5.354	−5.550	−5.730
(−)0	0.00	−0.392	−0.777	−1.156	−1.527	−1.889	−2.243	−2.586	−2.920	−3.242
(+)0	0.00	0.397	0.798	1.203	1.611	2.022	2.436	2.850	3.266	3.681
100	4.095	4.508	4.919	5.327	5.733	6.137	6.539	6.939	7.338	7.737
200	8.137	8.537	8.938	9.341	9.745	10.151	10.560	10.969	11.381	11.793
300	12.207	12.623	13.039	13.456	13.874	14.292	14.712	15.132	15.552	15.974
400	16.395	16.819	17.241	17.664	18.088	18.513	18.938	19.363	19.788	20.214
500	20.640	21.066	21.493	21.919	22.346	22.772	23.198	23.624	24.050	24.476
600	24.902	25.327	25.751	26.176	26.559	27.022	27.445	27.867	28.288	28.709
700	29.128	29.547	29.965	30.383	30.799	31.214	31.629	32.042	32.455	32.866
800	33.277	33.686	34.095	34.502	34.909	35.314	35.718	36.121	36.524	36.925
900	37.325	37.724	38.122	38.519	38.915	39.310	39.703	40.096	40.488	40.879
1000	41.269	41.657	42.045	42.432	42.817	43.202	43.585	43.968	44.349	44.729
1100	45.108	45.486	45.863	46.238	46.612	46.985	47.356	47.726	48.095	48.462
1200	48.828	49.192	49.555	49.916	50.276	50.633	50.990	51.344	51.697	52.049
1300	52.398	52.747	53.098	53.439	53.782	54.125	54.466	54.807		

15．物質の屈折率（D 線，波長 589.3 nm に対する値）

物質	屈折率	物質	屈折率	物質	屈折率
固体*(18 ℃)		液体*(18 ℃)		気体**(0 ℃，1 気圧)	
ガラス 軽クラウン	1.51	アニリン	1.586	亜硫酸ガス	1.000676
ガラス 重クラウン	1.61	アルコール(エチル)	1.362	アルゴン	284
ガラス 軽フリント	1.61	エーテル(エチル)	1.354	一酸化炭素	334
ガラス 重フリント	1.75	オリーブ油	1.46	空気	292
カナダ・バルサム	1.53	グリセリン	1.473	酸素	272
岩塩	1.544	四塩化炭素	1.461	水蒸気(計算値)	252
氷 (−3 ℃)	1.31	セダ油	1.52	水素	138
金剛石	2.417	テレビン	1.47	炭酸ガス	450
蛍石	1.434	二硫化炭素	1.630	窒素	297
		パラフィン油	1.48	ネオン	067
		ベンゼン	1.501	ヘリウム	035
		水	1.333		

* 固体，液体は空気に対する値，** 気体は真空に対する値．

16. 元素の融点および沸点（1気圧）

元　素	融点［℃］	沸点［℃］	元　素	融点［℃］	沸点［℃］
亜鉛	419.58	903	炭素	＞3500	4918
アルミニウム	660.4	2486	チタン	1675	3262
硫黄（斜方）	112.8	444.6	窒素	−209.86	−195.8
硫黄（単斜 I）	119	444.6	鉄	1535	2754
イリジウム	2457	4527	銅	1084.5	2580
ウラニウム	1133	3887	ナトリウム	97.81	881
カドミウム	321.1	764.3	鉛	327.5	1750
カリウム	63.5	765.5	ニッケル	1455	2731
カルシウム	848	1487	白金	1772	3827
金	1064.43	2710	バリウム	725	1639
銀	961.93	2184	ビスマス	271.4	1560
クロム	1890	2212	フッ素	−219.62	−188.14
ケイ素	1414	2642	ヘリウム(25.3気圧)	−272.2	−268.9
ゲルマニウム	958.5	2691	ホウ素	2300	2527
コバルト	1494	2747	マグネシウム	651	1097
酸素	−218.4	−182.97	マンガン	1244	2152
水銀	−38.86	356.72	モリブデン	2610	4804
水素	−259.14	−252.8	ラジウム	700	1137
スズ	231.9681	2270	リチウム	179	1327
ストロンチウム	769	1383	リン（黄）	44.1	279.8
セレン（灰色）	220.2	684.9			

17. 金属の抵抗率 ρ［$\Omega\cdot$m］と抵抗率の温度係数 α［K^{-1}］*

金　属	温度［℃］	ρ	α	金　属	温度［℃］	ρ	α
		$\times 10^{-8}$	$\times 10^{-3}$			$\times 10^{-8}$	$\times 10^{-3}$
亜鉛	20	5.9	4.2	セシウム	20	21	4.8
アルミニウム	20	2.75	4.2	ビスマス	20	120	4.5
アルメル	20	29.4	1.2	タングステン	20	5.5	5.3
アンチモン	20	43	4.7	ジュラルミン	20	3.4	
イリジウム	20	5.1	3.9	鉄（純）	20	9.8	6.6
インバール	0	75	2	〃（鋼）	20	10〜20	1.5〜5
カドミウム	20	7.4	4.2	〃（鋳）	20	57〜114	
カリウム	20	6.9	4.8	銅	20	1.69	4.4
カルシウム	20	4.6	3.3	トリウム	20	18	2.4
金	20	2.22	4.0	ナトリウム	20	4.6	5.5
銀	20	1.62	4.1	鉛	20	21	4.2
クロム	20	13.4		ニクロム	20	110	0.03〜.4
クロメル	20	70.6	.11〜.54	ニッケル	20	7.24	6.7
コンスタンタン	0	49	−0.04〜+0.01	白金	20	10.6	3.9
しんちゅう(黄銅)	20	5〜7	1.4〜2	マンガニン	0	41.5	−0.03〜+0.02
水銀	0	94.1	0.99	モリブデン	20	5.6	4.4
スズ	20	12.4	4.5	洋銀	20	17〜41	.04〜.38
ストロンチウム	0	20	3.8	リン青銅	20	2〜6	
青銅	20	13〜18	0.5				

* $\alpha = \dfrac{\rho_{100} - \rho_0}{100\rho_0}$；$\rho_0$，$\rho_{100}$ はそれぞれ 0 ℃，100 ℃ における抵抗率．

18.　水の粘性係数 η（単位は 10^{-3} Pa･s）

温度[℃]	η	温度[℃]	η	温度[℃]	η	温度[℃]	η
−10	2.60	20	1.002	50	0.548	80	0.355
0	1.792	30	0.797	60	0.467	90	0.315
10	1.307	40	0.653	70	0.404	100	0.282

19.　水銀の粘性係数 η（単位は 10^{-3} Pa･s）

温度[℃]	−20	0	20	50	100	150	200	250	300	350
η	1.85	1.71	1.56	1.41	1.25	1.09	1.01	0.96	0.92	0.90

20.　物質の粘性係数 η（単位は 10^{-3} Pa･s）

物質	温度[℃]	η	物質	温度[℃]	η
液体［1気圧］			気体［圧力に無関係］		
アルコール(エチル)	0	1.77	アルゴン	23	0.0221
〃（〃）	20	1.20	塩素	12.7	0.0129
〃（メチル）	0	0.808	空気	0	0.0171
〃（〃）	20	0.593	〃	20	0.0181
エーテル（エチル）	0	0.284	酸素	23	0.0204
〃（〃）	20	0.233	水蒸気	100	0.0127
四塩化炭素	0.6	1.33	水素	23	0.0088
〃	21.2	0.952	炭酸ガス	23	0.0147
テレビン	0	2.25	窒素	23	0.0176
〃	20	1.49	ネオン	0	0.0297
ベンゼン	20	0.647	ヘリウム	14	0.0194
グリセリン	20	1456	メタン	0	0.0102

索　引

物理学実験　第9版

1998年3月31日	第5版	第1刷	発行
2008年3月30日	第5版	第10刷	発行
2009年3月20日	第6版	第1刷	発行
2010年3月20日	第6版	第2刷	発行
2011年3月10日	第7版	第1刷	発行
2017年3月20日	第7版	第7刷	発行
2018年3月20日	第8版	第1刷	発行
2021年3月20日	第8版	第4刷	発行
2022年2月25日	**第9版**	**第1刷**	**発行**
2024年2月10日	**第9版**	**第3刷**	**発行**

編　者　名古屋工業大学 物理学教室
発行者　発田和子
発行所　株式会社 学術図書出版社
〒113-0033　東京都文京区本郷5-4-6
TEL 03-3811-0889　振替 00110-4-28454
印刷　中央印刷(株)

定価は表紙に表示してあります.